生态文明视域下城市园林景观设计研究

郄亚微　著

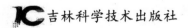
吉林科学技术出版社

图书在版编目（CIP）数据

生态文明视域下城市园林景观设计研究 / 郄亚微著
. -- 长春：吉林科学技术出版社, 2022.9
ISBN 978-7-5578-9765-9

Ⅰ. ①生… Ⅱ. ①郄… Ⅲ. ①城市－园林设计－景观
设计－研究 Ⅳ. ①TU986.2

中国版本图书馆 CIP 数据核字(2022)第 179480 号

生态文明视域下城市园林景观设计研究

著	郄亚微
出 版 人	宛 霞
责任编辑	孟祥北
封面设计	正思工作室
制 版	林忠平
幅面尺寸	185mm×260mm
字 数	304 千字
印 张	13.25
印 数	1-1500 册
版 次	2022年9月第1版
印 次	2023年3月第1次印刷

出 版	吉林科学技术出版社
发 行	吉林科学技术出版社
地 址	长春市福祉大路5788号
邮 编	130118
发行部电话/传真	0431-81629529 81629530 81629531
	81629532 81629533 81629534
储运部电话	0431-86059116
编辑部电话	0431-81629518
印 刷	三河市嵩川印刷有限公司

书 号	ISBN 978-7-5578-9765-9
定 价	95.00元

前　言

随着城市化和工业化高速发展，生态文明已经逐渐影响到人类生产和生活，随着城市化和工业化的不断深入发展，我国风景园林设计在很多方面还在消耗资源与环境成本，没有将生态环境与美好生活和谐融合。

当前，生态文明已被纳入中国特色社会主义事业总体布局，其也从传统的绿色发展理念上升到国家战略层面。城市作为生态文明建设的重要区域，需高度重视可持续发展要求，践行绿色低碳原则，贯彻人与自然和谐发展理念，将生态文明渗透到城市建设的各方面。其中，园林景观在塑造城市人文形象的同时能够有效保护生态环境，为人们打造健康优美的生活空间。为此，城市园林景观设计应坚持绿色发展的新理念，探索出科学的设计方法，打造城市园林景观设计新局面。

本书共分为八章。第一章从历史唯物主义和辩证唯物主义两个方面探讨我国开启生态文明新时代的历史必然性，继而分析我国生态文明建设。第二章从城市生态园林设计角度出发，首先介绍了原理生态系统及城市生态功能圈，再对园林设计指导思想、原则与设计模式进行了详细说明，最后对风景园林绿化工程生态应用设计进行说明。第三章主要从居住区绿地的功能与组成、植物选择与配置、居住区绿地生态规划指导思想与原则、居住区绿地生态规划设计、居住区绿地技术设计五个方面介绍居住区的绿地生态可持续规划。第四章主要分为四个小节，分别介绍了城市道路生态绿地规划设计、交通岛生态绿地规划设计、广场绿地生态规划设计、停车场生态规划设计及其相关的知识要点，并对相关要点进行了举例说明。第五章城市河流护岸景观设计的角度入手，介绍了城市护岸景观设计存在的问题、基本理论以及结构、功能、原则与方法。第六章从城市护岸景观设计的基本理论依据，然后对城市护岸景观设计的结构、功能、原则、方法进行了详细说明。第七章从城市水景观设计角度入手，介绍了生态水景观设计分类与作用、原则、要素与形式，以及自然冰雪景观与冰雕和水与动植物景观。第八章本章将从城市景观生态旅游规划理论、景观生态旅游规划主要内容、生态旅游开发影响这些方面进行详细的介绍。

内容简介

　　随着时代的发展和社会的进步，我国城市化进程不断加快。城市化建设不能仅仅依靠单纯的硬件设施，生态环境的建设也同样不能忽视，加强对城市风景园林的建设迫在眉睫。本书《生态文明视域下城市园林景观设计研究》从多种角度入手，对园林景观设计进行了深入探讨，涵盖了原理景观设计的各种设计方法，内容翔实、全面。

目 录

第一章 时代呼唤生态文明 ……………………………………………… (1)

    第一节 生态文明的历史必然性 ………………………………… (1)

    第二节 生态文明与可持续发展 ………………………………… (3)

第二章 基于生态文明视域的城市生态园林设计 …………………… (6)

    第一节 园林生态系统 …………………………………………… (6)

    第二节 园林植物与生态环境 …………………………………… (11)

    第三节 城市生态功能圈 ………………………………………… (14)

    第四节 园林设计指导思想、原则与设计模式 ………………… (18)

    第五节 风景园林绿化工程生态应用设计 ……………………… (26)

第三章 基于生态文明视域的居住区绿地设计 ……………………… (34)

    第一节 居住绿地功能与组成 …………………………………… (34)

    第二节 居住区绿地植物选择与配置 …………………………… (40)

    第三节 居住区绿地生态规划指导思想与原则 ………………… (44)

    第四节 居住区绿地生态规划设计 ……………………………… (48)

    第五节 居住区绿地技术设计 …………………………………… (59)

第四章 基于生态文明视域的道路广场绿地设计 …………………… (66)

    第一节 城市道路生态绿地规划设计 …………………………… (66)

    第二节 交通岛生态绿地规划设计 ……………………………… (85)

    第三节 广场绿地生态规划设计 ………………………………… (88)

    第四节 停车场生态规划设计 …………………………………… (94)

第五章 基于生态文明视域的城市生态公园景观设计 ……………… (97)

    第一节 城市生态公园近自然设计 ……………………………… (97)

    第二节 城市生态湿地公园景观设计 …………………………… (106)

    第三节 寒地城市生态公园规划设计 …………………………… (120)

第六章 基于生态文明视域的城市河流护岸景观设计 ……………… (128)

    第一节 城市护岸景观设计基本理论 …………………………… (128)

    第二节 城市护岸景观设计结构、功能、原则与方法 ………… (131)

第七章 基于生态文明视域的城市水景观设计 ……………………… (140)

    第一节 生态水景观设计分类与作用 …………………………… (140)

　　第二节　生态水景观设计原则、要素与形式 …………………………（146）

　　第三节　自然冰雪景观与冰雕 ………………………………………（161）

　　第四节　水与动植物景观 ……………………………………………（164）

第八章　基于生态文明视域的城市景观旅游规划设计 ………………**（170）**

　　第一节　城市景观生态旅游规划理论 ………………………………（170）

　　第二节　景观生态旅游规划主要内容 ………………………………（179）

　　第四节　生态旅游开发影响 …………………………………………（199）

参考文献 ………………………………………………………………………**（203）**

第一章　时代呼唤生态文明

第一节　生态文明的历史必然性

一、以历史唯物主义论生态文明的历史必然性

历史唯物主义是关于人类社会普遍规律的科学。同世间一切事物的发展变化都有其内在规律一样，人类社会的发展变化也具有不以人们意志为转移的客观规律。而且，社会存在决定社会意识，社会意识是社会存在的反映，社会存在的性质和变化决定着社会意识的性质和变化。

在原始社会和农业文明时期，由于生产力水平落后，加之人类自觉或不自觉地保持着尊重自然、顺应自然、保护自然的态度，对于"竭泽而渔""杀鸡取卵""拔苗助长"等只图短期利益的行为嗤之以鼻，因此当时的生产和生活实践尚不足以对生态系统造成全局性和颠覆性的破坏。到了工业文明时期，由于机械化生产和标准化管理等带来了生产力的快速提升，加之对物质和资本的狂热追求，人类便荒谬地认为自己有能力征服自然，可以成为"大自然的主宰"，从而给世人留下一个遍体鳞伤、不堪重负的地球。惨痛的现实终于使人类认识到，要想健康生存，就必须转变发展方式，重拾尊重自然、顺应自然、保护自然的传统理念，甘当"自然之友"和"自然之子"，重回人与自然和谐相处之路。可见，从原始社会的敬畏自然到农业文明时代的顺应自然，发展到今天的敬重自然，体现的是人与自然关系的螺旋式回归。

二、以辩证唯物主义论生态文明的历史必然性

对立统一规律、质量互变规律和否定之否定规律是辩证唯物主义的三大规律，这三大规律是对自然界和人类社会发展变化普遍规律的概括和总结。无论自然科学还是社会科学，皆已证明了此三大规律的普遍性和科学性。正因为如此，虽然古今中外曾经出现过众多哲学流派，但无论哪一个流派，其理论都或多或少地体现出对这三大规律的认同。所以，辩证唯物主义三大规律是把握世间万事万物发展变化规律的法宝，以此审视人类社会发展进程中人与自然的关系，有助于理解生态文明建设的历史必

然性。

（一）对立统一规律

对立统一规律告诉我们：事物内部矛盾的统一性和斗争性不断推动着事物的运动、变化和发展，人与自然的关系也同样是既对立又统一的。

首先，人独立于自然而存在，这是人与自然的对立关系。人类社会要不断发展，就必须发挥主观能动性，利用自然和改造自然，以求获得更为丰富的生产和生活资料，这就势必造成与自然的矛盾和冲突。其次，人与自然又是统一的。人在依靠自然界获取物质资料的同时，又通过对自然界的改造，使之更符合人类的发展需求。例如，联合国教科文组织每年组织评选的"最适合人类居住城市"，无一不以安居乐业和环境优美作为重要指标。然而，人类若一味地利用自然而忽略对自然的反哺，就会造成生态系统的破坏，从而自毁家园，受到环境污染和生态恶化的惩罚，甚至危及人类正常的生存和繁衍。可见，人与自然的对立统一关系，决定了人类必须选择尊重自然、顺应自然、保护自然的生态文明之路，使人与自然各美其美，和谐相处。

（二）质量互变规律

量变和质变是事物发展变化的两种基本形式。量突破了度的限制就会发生质变。量变引起质变，质变又引起新的量变。量变与质变的根本区别在于其变化是否超出了"度"。黑格尔是第一个对"度"做出系统论述的哲学家，马克思和恩格斯在继承黑格尔辩证法之合理成分的基础上认为，凡事皆有其质，凡质皆有其度。例如，每种金属都有特殊的熔点，每种气体都有特殊的凝点，每种液体都有特殊的冰点和沸点，每座建筑物都有特殊的最大负荷，每种生物都有特殊的生命周期等等。质的稳定性以一定量的活动界限为条件，度是质和量的统一，是某一事物区别于其他事物的内在规定性，质变是通过量变实现的，当量变超过度的限制或突破了"临界阈值"，就会产生质变。这就说明：包括人类社会在内的任何事物都遵循着由量变到质变的演化规律，人类对自然界的改造必须尊重自然规律，若不加节制，必然引起自然生态系统的质变，包括部分质变和整体质变。例如，在草原地区，过度的开垦、樵采、放牧，虽然在短时间内有利于满足人们的需求，但长此以往就会造成严重的甚至难以逆转的沙漠化，使人与自然之间陷入"越穷越垦，越垦越穷"的恶性循环。灾难题材电影《后天》讲述了由于人类长期对大地进行肆意破坏，导致地球在一天之内骤然降温进入严寒的冰期，从而使所有人都陷入空前的生存危机的故事。作品虽属虚构，但其警示意义却不可忽视。倘若人类仍不觉醒，这样的"后天"恐怕为时不远。

（三）否定之否定规律

否定之否定规律的原理是：任何事物的发展变化都表现为螺旋式上升的过程，此过程始终伴随着继承和扬弃，或曰"取其精华，去其糟粕"，然后轮回至新的高度。中国古代对于自然的认识有"人制于天""人定胜天""天人合一"三种观念，由最初敬畏自然，到征服自然再到敬重自然，这种自然观的变化也在一定程度上体现出否定之否定规律的螺旋式上升。

人类学研究表明，人类自诞生以来已经历了 250 万年的发展历程。这 250 万年中的前249万年，人类对地球环境的干扰相较于今日可谓微乎其微。当时人类主要使用石器、木器、骨器等进行采集和渔猎，这种低下的生产力水平决定了早期人类信奉敬畏自然、神化自然的观念和文化。世界各民族的宗教、禁忌、习俗及不成文的规定中，都包含有顺应自然、祈求自然庇佑的内容。

恩格斯指出："我们连同我们的肉、血和头脑都是属于自然界和存在于自然之中的；我们对自然界的全部统治力量，就在于我们比其他一切生物强，能够认识和正确运用自然规律。"在经历了从原始社会到农业文明，再到工业文明的发展过程后，人类违背自然规律的行为给人类自身带来了惨痛经历，也催生了当代环境保护运动的兴起。

发达国家最先出台并完善了一系列环境保护的相关法律，如德国20世纪50年代颁布《自然保护法》，美国1969年底颁布《环境政策基本法》，日本1991年颁布《资源有效利用促进法》和《废弃物处理法》。这反映出人类不会将对自然的利用和破坏演绎到不可挽回的地步，面对灾难预兆，人类会悬崖勒马，重归敬重自然、顺应自然、保护自然的道路。这也是对生态文明符合否定之否定规律的一个诠释，如表1-1显示不同文明发展阶段人类自然观的转变历程。

表1-1 不同文明发展阶段人类自然观的转变历程

社会发展阶段	自然观
原始社会	敬畏自然
农业文明	顺应自然
工业文明	征服自然
生态文明	敬重自然

在人类认识自然、改造自然的过程中，认识具有反复性与无限性，随着实践的积累，认识也不断加深。迈向人与自然和谐相处的生态文明之路是历史发展的必然，诚如有学者所指出的："生态文明是人类文明螺旋上升发展过程中的一个阶段，是对工业文明生产方式的否定之否定，生态文明并不是对工业文明的完全否定和遗弃，而是对工业文明的扬弃，是对以往的农业文明和现存的工业文明之优秀成果的继承和保存，同时更有超越……当人类文明进程发展到从价值观念到生产方式，从科学技术到文化教育，从制度管理到日常行为都在发生深刻变革的时候，就标志着文明形态开始发生转变。从农业文明经过工业文明而进入生态文明，这将是人类社会文明发展的必然趋势。"

第二节　生态文明与可持续发展

一、生态文明建设是可持续发展的必然选择

人类曾经幼稚地认为，通过技术手段和资金投入可以解决环境问题。这是"先污染后治理"观念流行一时的原因之一。但严酷的现实表明：环境危机的症结在于人类不合理的社会经济活动，即便是拥有先进的环保技术和充足的环保资金，仍然不能遏

制环境恶化的态势。实际上，只有从生产方式、社会制度和意识形态层面向生态文明全面转型，才能从根本上化解和规避环境与发展之间的尖锐对立，实现可持续发展。

改革开放以来，我国仅用了三十多年的时间便经历了西方发达国家上百年的发展历程，但同时产生了空气污染、水污染、生态破坏、资源耗竭等多种严重的生态危机，且污染问题呈现出复合型、浓缩型、结构型特征。同时，作为"世界工厂"的中国在对外贸易中长期存在的"生态逆差"，也给本已脆弱的自然环境带来巨大压力。发展是我国未来相当长时期内的第一要务，但选择怎样的发展道路，却是一个必须审慎思考和选择的战略命题。

首先，中国的国情决定了中国没条件选择西方国家走过的工业化老路。曾几何时，这些国家在殖民主义发展观的主导下，将整个地球都视为可以任意取用各种资源的"源"和可以任意排放各种废弃物的"汇"。而我国"地大物不博"的国情和本已脆弱的生态根底，根本无法支撑"高消耗、高污染"发展所需承受的代价。

其次，世界形势的变化决定了中国无法选择转嫁污染的发展道路。西方国家实现经济发达与环境优美的"双赢"，是以占有殖民地和发展中国家的各种资源为代价的。时至今日，在所谓的"经济全球化"背景下，发达国家与发展中国家的这类不平等关系依然存在。然而，我国不可能效仿西方国家行事：首先，中国历来奉行和平共处五项原则，不但不会以强凌弱、以大欺小，反而会自觉履行应尽的国际义务；其次，全球的主要战略性资源或已消耗殆尽，或已被发达国家直接或间接控制；再次，一些国家常常以所谓的中国威胁论遏制我在国外寻求资源的努力，对中国的改革开放设置障碍和阻力。

因此，中国只能选择一条既适合中国国情又可应对世界政治博弈的发展道路，即既能确保经济快速、稳定发展，又不能超越资源与环境承载力的生态文明建设之路。

二、生态文明建设

建设生态文明必须树立尊重自然、顺应自然、保护自然的生态文明理念，把生态文明建设融入经济建设、政治建设、文化建设和社会建设中。

（一）将生态文明建设融入经济建设

将生态文明建设融入经济建设必须以转变经济发展方式为出发点，推动绿色发展、循环发展和低碳发展，着力解决发展中的不平衡、不协调以及资源环境约束加剧等问题，以生态文明建设作为推动产业优化升级的契机和动力，促进自然资源的合理开发和利用。

（二）将生态文明建设融入政治建设

将生态文明建设融入政治建设应从以下几方面入手：在全党、全社会加强生态文明宣传教育，强化生态文明理念，确立生态文明建设的地位和目标；健全环境保护的法律法规；在环境监管、环境执法、生态补偿等方面进行制度创新；明确各级政府在生态文明建设中的职能和任务，将环境审计和生态文明建设业绩作为衡量、考核各级领导干部政绩的重要指标。

（三）将生态文明建设融入文化建设

生态文明建设是一场新的社会大变革，而观念转变和舆论准备是任何社会大变革的基础，正所谓"没有生态文化的土壤，就不会结出生态文明的硕果"。将生态文明建设融入文化建设，增强中国特色社会主义文化整体实力和竞争力，可从以下几方面入手：

第一，重新定位人与自然的关系。在社会各阶层中构建生态文明的自然观和价值观，改变人类是"自然主宰"的观念，树立人类是"自然之友"和"自然之子"的观念。第二，汲取和借鉴传统生态文化。我国传统的"天人合一""道法自然"等生态文化与当前倡导的生态文明理念几相契合，应汲取其精华，丰富生态文明的内涵，同时传承、创新中华传统文化。第三，大力发展生态文化产业。我国的生态文化博大精深，生态文明元素精妙绝伦，但目前很少被发掘利用。以此为素材，可有效促进生态产业、生态建筑、生态景观、生态养生的发展，使生态文化产业成为世界上独具特色的新型产业和经济增长点。

（四）将生态文明建设融入社会建设

社会主义现代化的突出表征是显著改善民生，不断增加社会福祉。生态环境的优劣与人民群众的切身利益息息相关，正日益成为广大公众关切的社会热点。只有实现人与自然的和谐，才能实现人与人的和谐，才能最终实现建成和谐社会的目标。因此，生态文明建设是建成人民安居乐业、幸福指数不断提高的小康社会的必由之路和根本保障。

第二章　基于生态文明视域的城市生态园林设计

城市的发展在城市布局、城市空间形态、生产力发展等方面，尤其是在城市的生态建设上既有共性，也有各自的特点。有关城市生态建设的概念目前尚无统一定论，但学术界多认为它是按照生态学原理和方法，应用工程性的和非工程性的措施建立合理的城市生态系统结构，提高城市生态系统的功能，促进系统的物质循环和能量合理流动，协调人与自然的关系，使人类在城市空间的利用方式、程度等方面与生态系统的发展过程相适应。其最终目标是建设结构合理、功能高效、关系协调的生态城市。城市的生态建设应是在城市生态规划的指导下，按照规划目标具体实施城市生态环境对策的建设性行为。

第一节　园林生态系统

具有自净能力及自动调节能力的城市园林绿地，被称为"城市之肺"，它构成城市生态系统中唯一执行自然"纳污吐新"负反馈机制的子系统；是城市生态系统的一个重要组成部分，是以生态学、环境科学的理论为指导，以人工植物群落为主体，以艺术手法构成的一个具有净化、调节和美化环境的生态体系；是实现城市可持续发展的一项重要基础设施。在环境污染已发展为全球性问题的今天，城市园林生态系统作为城市生态系统中主要的生命保障系统，在保护和恢复绿色环境，维持城市生态平衡和改善环境污染，提高城市生态环境质量方面起着其他基础设施所无法代替的重要作用。

一、园林生态系统组成

（一）园林生态环境

园林生态环境通常包括园林自然环境、园林半自然环境和园林人工环境三部分。

1. 园林自然环境

园林自然环境包含自然气候和自然物质两类。

（1）自然气候即光照、温度、湿度、降水、气压、雷电等为园林植物提供生存基础。

（2）自然物质是指维持植物生长发育等方面需求的物质，如自然土壤、水分、氧气、二氧化碳、各种无机盐类以及非生命的有机物质等。

2. 园林半自然环境

园林半自然环境是经过人们适度的管理，影响较小的园林环境。即经过适度的土壤改良、适度的人工灌溉、适度的遮风等人为干扰或管理下的环境，仍以自然属性为主的环境。通过各种人工管理措施，使园林植物等受各种外来干扰适度减小，在自然状态下保持正常的生长发育。各种大型的公园绿地环境、生产绿地环境、附属绿地环境等都属于这种类型。

3. 园林人工环境

园林人工环境是人工创建的，并受人类强烈干扰的园林环境。该类环境下的植物必须通过强烈的人工干扰才能保持正常的生长发育，如温室、大棚及各种室内园林环境等都属于园林人工环境。在该环境中，协调室内环境与植物生长之间的矛盾时要采用的各种人工化的土壤、人工化的光照条件、人工化的温湿度条件等是园林人工环境的组成部分。

（二）园林生物群落

园林生物群落是园林生态系统的核心，是园林生态系统发挥各种效益的主体。园林生物群落包括园林植物、园林动物和园林微生物。

1. 园林植物

凡适合于各种风景名胜区、休闲疗养胜地和城乡各类型园林绿地应用的植物统称为园林植物。园林植物包括各种园林树木、草本、花卉等陆生和水生植物。

2. 园林动物

园林动物指在园林生态环境中生存的所有动物。园林动物是园林生态系统中的重要组成成分，对于维护园林生态平衡，改善园林生态环境，特别是指示园林环境，有着重要的意义。

3. 园林微生物

园林微生物指在园林环境中生存的各种细菌、真菌、放线菌、藻类等。园林微生物通常包括园林环境空气微生物、水体微生物和土壤微生物等。

二、园林生态系统的结构

（一）物种结构

园林生态系统的物种结构是指构成系统的各种生物种类以及它们之间的数量组合关系。园林生态系统的物种结构多种多样，不同的系统类型，其生物的种类和数量差别较大。

（二）空间结构

园林生态系统的空间结构指系统中各种生物的空间配置状况，通常包括：1. 垂直结构。园林生态系统的垂直结构即成层现象，是指园林生物群落，特别是园林植物群落的同器官和吸收器官在地上的不同高度和地下不同深度的空间垂直配置状况。2. 水平结构。园林生态系统水平结构是指园林生物群落，特别是园林植物群落在一定范围内植物类群在水平空间上的组合与分布。

（三）时间结构

园林生态系统的时间结构指由于时间的变化而产生的园林生态系统的结构变化。其主要表现为两种变化：1.季相变化。是指园林生物群落的结构和外貌随季节的更迭依次出现的改变。2.长期变化。即园林生态系统经过长时间的结构变化。

（四）营养结构

园林生态系统的营养结构是指园林生态系统中的各种生物通过食物为纽带所形成的特殊营养关系。其主要表现为由各种食物链所形成的食物网。

三、园林生态系统的建设与调控

（一）园林生态系统的建设

园林生态系统的建设是以生态学原理为指导，利用绿色植物特有的生态功能和景观功能，创造出既能改善环境质量，又能满足人们生理和心理需要的近自然景观。

1.园林生态系统建设的原则

园林生态系统是一个半自然生态系统或人工生态系统，在其营建的过程中必须从生态学的角度出发，遵循以下生态学的原则，才能建立起满足人们需求的园林生态系统。

（1）森林群落优先建设原则

在园林生态系统中，如果没有其他的限制条件，应适当优先发展森林群落。因为森林群落结构能较好地协调各种植物之间的关系，最大限度地利用各种自然资源，是结构最为合理、功能健全、稳定性强的复层群落结构，是改善环境的主力军；同时，建设、维持森林群落的费用也较低。因此，在建设园林生态系统时，应优先建设森林群落。

（2）地带性原则

园林生态系统的建设要与当地的植物群落类型相一致，即以当地的主要植被类型为基础，以乡土植物种类为核心，这样才能最大限度地适应当地的环境，保证园林植物群落的成功建设。

（3）充分利用生态演替理论

生态演替是指一个群落被另一个群落所取代的过程。在自然状态下，如果没有人为干扰，演替次序为杂草→多年生草本和小灌木→乔木等，最后达到"顶极群落"。生态演替可以达到顶极群落，也可以停留在演替的某一个阶段。园林工作者应充分利用这种理论，使群落的自然演替与人工控制相结合，在相对小的范围内形成多种多样的植物景观，即丰富群落类型，满足人们对不同景观的观赏需求；还可为各种园林动物、微生物提供栖息地，增加生物种类。

（4）保护生物多样性原则

保护园林生态系统中生物多样性，就是要对原有环境中的物种加以保护，不要按统一格式更换物种或环境类型。另外，应积极引进物种，并使其与环境之间、各生物之间相互协调，形成一个稳定的园林生态系统。当然，在引进物种时要避免盲目性，以防生物入侵对园林生态系统造成不利影响。

（5）整体性能发挥原则

园林生态系统的建设必须以整体性为中心，发挥整体效应。各种园林小地块的作用相对较弱，只有将各种小地块连成网络，才能发挥更大的生态效应。另外，将园林生态系统建设为一个统一的整体，才能保证其稳定性，增强园林生态系统对外界干扰的抵抗力，从而大大减少维护费用。

2.园林生态系统建设的一般步骤

园林生态系统的建设一般可按照以下几个步骤进行：

园林环境的生态调查，包括：（1）地形与土壤调查；（2）小气候调查；（3）人工设施状况调查。

园林植物种类的选择与群落设计，包括：（1）园林植物的选择；（2）园林植物群落的设计。

种植与养护。

（二）园林生态系统的调控

1.园林生态系统的平衡

园林生态系统的平衡指系统在一定时空范围内，在其自然发展过程中，或在人工控制下，系统内的各组成成分的结构和功能均处于相互适应和协调的动态平衡。园林生态系统的平衡通常表现为以下三种形式：（1）相对稳定状态；（2）动态稳定状态；（3）"非平衡"的稳定状态。

2.园林生态失调

园林生态系统作为自我调控与人工调控相结合的生态系统，不断地遭受各种自然因素的侵袭和人为因素的干扰，在生态系统阈值范围内，园林生态系统可以保持自身的平衡。如果干扰超过生态阈值和人工辅助的范围，就会导致园林生态系统本身自我调控能力的下降，甚至丧失，最后导致生态系统的退化或崩溃，即园林生态失调。

3.园林生态系统的调控

园林生态系统作为一个半自然与人工相结合或完全的人工生态系统，其平衡要依赖于人工调控。通过调控，不但可保证系统的稳定性，还可增加系统的生产力，促进园林生态系统结构趋于复杂等。当然，园林生态系统的调控必须按照生态学的原理来进行。

（1）生物调控

园林生态系统的生物调控是指对生物个体，特别是对植物个体的生理及遗传特性进行调控，以增加其对环境的适应性，提高其对环境资源的转化效率。其主要表现在新品种的选育上。

（2）环境调控

环境调控是指为了促进园林生物的生存和生产而采取的各种环境改良措施。

（3）合理的生态配置

充分了解园林生物之间的关系，特别是园林植物之间、园林植物与园林环境之间的相互关系，在特定环境条件下进行合理的植物生态配置，形成稳定、高效、健康、结构复杂、功能协调的园林生物群落，是进行园林生态系统调控的重要内容。

（4）适当的人工管理

园林生态系统是在人为干扰较为频繁的环境下的生态系统，人们对生态系统的各种负面影响必须通过适当的人工管理来加以弥补。

（5）大力宣传，增加人们的生态意识

大力宣传，提高全民的生态意识，是维持园林生态平衡，乃至全球生态平衡的重要基础。只有让人们认识到园林生态系统对人们生活质量、人类健康的重要性，才能从我做起，爱护环境，保护环境；并在此基础上主动建设园林生态环境，真正维持园林生态系统的平衡。

四、园林生态规划

（一）园林生态规划的含义

园林生态规划即生态园林和生态绿地系统的规划，其含义包括广义和狭义两方面。从广义上讲，园林生态规划应从区域的整体性出发，在大范围内进行园林绿化，通过园林生态系统的整体建设，使区域生态系统的环境得到进一步改善，特别是人居环境的改善，促使整个区域生态系统向着总体生态平衡的方向转化，实现城乡一体化、大地园林化。从狭义上讲，园林生态规划主要是以城市（镇）为中心的范围内，特别是在城市（镇）用地范围内，根据各种不同功能用途的园林绿地，进行合理布置，使园林生态系统改善城市小气候，改善人们的生产、生活环境条件，改善城市环境质量，营建出卫生、清洁、美丽、舒适的城市。

（二）园林生态规划的步骤

1. 确定园林生态规划原则；

2. 选择和合理布局各项园林绿地，确定其位置、性质、范围和面积；

3. 根据该地区生产、生活水平及发展规模，研究园林绿地建设的发展速度与水平，拟定园林绿地各项定量指标；

4. 对过去的园林生态规划进行调整、充实、改造和提高，提出园林绿地分期建设及重要修建项目的实施计划，以及划出需要控制和保留的园林绿化用地；

5. 编制园林生态规划的图纸及文件。

（三）园林生态规划的布局形式

1. 园林绿地一般布局的形式

城市园林绿地的布局主要有八种基本形式：点状（或块状）、环状、放射状、放射环状、网状、楔状、带状和指状。从与城市其他用地的关系来看，可归纳为四种：环绕式、中心式、条带式和组群式。

2. 园林生态绿地规划布局的形式

实践证明："环状+楔形"式的城市绿地空间布局形式是园林生态绿地规划的最佳模式，并已经得到普遍认可。

因为"环状+楔形"式的城市绿地系统布局有如下优点：首先，利于城乡一体化的形成，拥有大片连续的城郊绿地，既保护了城市环境，又将郊野的绿引入城市；其次，楔形绿地还可将清凉的风、新鲜的空气，甚至远山近水都借入城市；再次，环状绿地功不可没，最大的优点是便于形成共同体，便于市民达到，而且对城市的景观有一定的装饰性。

第二节　园林植物与生态环境

园林植物是城市生态环境的主体，在改善空气质量、除尘降温、增湿防风、蓄水防洪，以及维护生态平衡、改善生态环境中起着主导和不可替代的作用。因此，只有了解植物的生态习性，根据实际情况合理地配置植物，才能更好地发挥植物的城市绿化功能，改善我们的生存环境。

一、植物与生态环境的生态适应

（一）植物与环境关系所遵循的原理

1. 最小因子定律

定律的基本内容是：任何特定因子的存在量低于某种生物的最小需要量，是决定该物种生存或分布的根本因素。为了使这一定律在实践中运用，奥德姆（E.P.Odum）等一些学者对它进行两点补充：（1）该法则只能用于稳定状态下；（2）应用该法则时，必须要考虑各种因子之间的关系。

2. 耐性定律

任何一个生态因子在数量上或质量上的不足或过多，即当其接近或达到某种生物的耐受限度时，就会影响该种生物的生存和分布。即生物不仅受生态因子最低量的限制，而且也受生态因子最高量的限制。生物对每一种生态因子都有其耐受的上限和下限，上下限之间就是生物对这种生态因子的耐受范围，称"生态幅"。在耐受范围当中包含着一个最适区，在最适区内，该物种具有最佳的生理或繁殖状态，当接近或达到该种生物的耐受性限度时，就会使该生物衰退或不能生存。

3. 限制因子

耐受性定律和最小因子定律相结合便产生了限制因子（limiting factors）的概念。在诸多生态因子中，使植物的生长发育受到限制、甚至死亡的因子称为"限制因子"。任何一种生态因子只要接近或超过生物的耐受范围，就会成为这种生物的限制因子。

（二）植物的生态适应

生物有机体与环境的长期相互作用中，形成了一些具有生存意义的特征，依靠这些特征，生物能免受各种环境因素的不利影响和伤害，同时还能有效地从其生境获取所需的物质能量以确保身体生长发育的正常进行，这种现象称为生态适应。生物与环境之间的生态适应通常可分为两种类型：趋同适应与趋异适应。

1. 趋同适应

不同种类的生物，生存在相同或相似的环境条件下，常形成相同或相似的适应方式和途径，称为趋同适应。

2，趋异适应

亲缘关系相近的生物体，由于分布地区的间隔，长期生活在不同的环境条件下，因而形成了不同的适应方式和途径，称为趋异适应。

（三）植物生态适应的类型

植物由于趋同适应和趋异适应而形成不同的适应类型：植物的生活型和生态型。

1. 植物的生活型

长期生活在同一区域或相似区域的植物，由于对该地区的气候、土壤等因素的共同适应，产生了相同的适应方式和途径，并从外貌上反映出来的植物类型，都属于同一生活型。植物的生活型是植物在同一环境条件或相似环境条件下趋同适应的结果，它们可以是同种，也可以是不同种类。

2. 植物的生态型

同种植物的不同种群分布在不同的环境里，由于长期受到不同环境条件的影响，在生态适应的过程中，发生了不同种群之间的变异与分化，形成不同的形态、生理和生态特征；并且通过遗传固定下来，这样在一个种内就分化出不同的种群类型。这些不同的种群类型就称为"生态型"。

二、生态因子对园林植物的生态作用

组成环境的因素称为环境因子。在环境因子中对生物个体或群体的生活或分布起着影响作用的因子统称为生态因子，如岩石、温度、光、风等。在生态因子中生物的生存所不可缺少的环境条件称为生存条件（或生活条件）。各种生态因子在其性质、特性和强度的方面各不相同，但各因子之间相互组合，相互制约，构成了丰富多彩的生态环境（简称生境）。

生态因子对于植物的影响往往表现在两个方面：一是直接作用，二是间接作用。

直接作用的生态因子一般是植物生长所必需的生态因子，如光照、水分、养分元素等。它们的大小、多少、强弱都直接影响植物的生长甚至生存。如水分的有或无将影响植物能否生存；光强也直接影响植物的生长、发育甚至繁殖，过弱的光照使植物生长不良，甚至死亡，过强光照则使植物受到灼烧。

间接作用的生态因子一般不是植物生长过程中所必需的因子，但是它们的存在间接影响其他必需的生态因子而影响植物的生长发育，如地形因子。地形的变化间接影响着光照、水分、土壤中的养分元素等生态因子而影响植物的生长发育。如火，不是植物生长中的必需因子，但是由于火的存在而使大部分植物被烧死而不能生存。

三、园林植物的生态效应

（一）园林植物的净化作用

1. 吸收有毒气体，降低大气中有害气体浓度

在污染环境条件下生长的植物，都能不同程度地拦截、吸收和富集污染物质。园林植物是最大的"空气净化器"，植物首先通过叶片能够吸收二氧化硫、氟化氢、氯气和致癌物质——安息香吡啉等有多种有害气体或富集于体内而减少大气中的有毒物质含量。有毒物质被植物吸收后，并不是完全被积累在体内，植物能使某些有毒物质在体内分解、转化为无毒物质，或毒性减弱，从而避免有毒气体积累到有害程度，从而达到净化大气的目的。

2. 净化水体

城市和郊区的水体常受到工厂废水及居民生活污水的污染而影响环境卫生和人们的身体健康，而植物有一定的净化污水的能力。许多植物能吸收水中的毒质而在体内富集起来，富集的程度，可比水中毒质的浓度高几十倍至几千倍，因此水中的毒质降低，得到净化。而在低浓度条件下，植物在吸收毒质后，有些植物可在体内将毒质分解，并转化成无毒物质。

3. 净化土壤

植物的地下根系能吸收大量有害物质而具有净化土壤的能力。

4. 减轻放射性污染

绿化植物具有吸收和抵抗光化学烟雾污染物的能力，能过滤、吸收和阻隔放射性物质，减低光辐射的传播和冲击波的杀伤力，并对军事设施等起隐蔽作用。

（二）园林植物的滞尘降尘作用

城市园林植物可以起到滞尘和减尘作用，是天然的"除尘器"。树木之所以能够减尘，一方面由于枝叶茂密，具有降低风速的作用，随着风速的降低，空气中携带的大颗粒灰尘便下降到地面。另一方面是由于叶子表面是不平滑的，有的多褶皱，有的多绒毛，有的还能分泌黏性的油脂和汁浆，当被污染的大气吹过植物时，它能对大气中的粉尘、飘尘、煤烟及铅、汞等金属微粒有明显的阻拦、过滤和吸附作用。蒙尘的植物经过雨水淋洗，又能恢复其吸尘的能力。由于植物能够吸附和过滤灰尘，使空气中灰尘减少，从而也减少了空气中的细菌含量。

（三）园林植物的降温增湿作用

园林植物是城市的"空调器"。园林植物通过对太阳辐射的吸收、反射和透射作用以及水分的蒸腾，来调节小气候，降低温度，增加湿度，减轻了"城市热岛效应"。降低风速，在无风时还可以引起对流，产生微风。冬季因为降低风速的关系，又能提高地面温度。在市区内，由于楼房、庭院、沥青路面等比重大，形一个特殊的人工下垫面，对热量辐射、气温、空气湿度都有很大影响。盛夏在市区内形成热岛，因而对市区增加湿度、降低温度尤为重要。植物通过蒸腾作用向环境中散失水分，同时大量地从周围环境中吸热，降低了环境空气的温度，增加了空气湿度。这种降温增湿作用，特别是在炎热的夏季，起着改善城市小气候状况，提高城市居民生活环境舒适度的作用。

（四）园林植物的减噪作用

城市园林植物是天然的"消声器"。城市植物的树冠和茎叶对声波有散射、吸收的作用，树木茎叶表面粗糙不平，其大量微小气孔和密密麻麻的绒毛，就像凹凸不平的多孔纤维吸音板，能把噪声吸收，减弱声波传递，因此具有隔音、消声的功能。

（五）园林植物的杀菌作用

空气中的灰尘是细菌的载体，由于植物的滞尘作用外，减少了空气病原菌的含量和传播，另外许多植物还能分泌杀菌素。据调查，闹市区空气里的细菌含量比绿地高7倍以上。

园林植物之所以具有杀菌作用，其原因一方面是由于有园林植物的覆盖，使绿地上空的灰尘相应减少，因而也减少了附在其上的细菌及病原菌；另一方面城市植物能释放分泌出如酒精、有机酸和菇类等强烈芳香的挥发性物质——杀菌素（植物杀菌素），它能把空气和水中的杆菌、球菌、丛状菌等多种病菌和真菌及原生动物杀死。

（六）园林植物的环境监测评价作用

许多植物对大气中有毒物质具有较强抗性和吸毒净化能力，这些植物对园林绿化都有很大作用。但是一些对毒质没有抗性和解毒作用的"敏感"植物对环境污染的反映，比人和动物要敏感得多。这种反应在植物体上以各种形式显示出来，或为环境已受污染的"信号"。利用它们作为环境污染指示植物，既简便易行又准确可靠。我们可以利用它们对大气中有毒物质的敏感性作为监测手段以确保人民能生活在合乎健康标准的环境中。

（七）园林植物的吸碳放氧作用

绿地植物在进行光合作用时能固碳释氧，对碳氧平衡起着重要作用。这是到目前为止，任何发达的技术和设备都代替不了的，植物在光合作用和呼吸作用下，保持大气中氧气和二氧化碳相对平衡的特殊地位。

第三节　城市生态功能圈

城市生态绿地系统以人类为主要服务对象，其生态效益可以改善人体的生理健康，城市生态绿地系统是城市的基础设施，建设生态绿地系统已成为当代城市园林绿化发展的必然趋势。随着科技水平的提高，城市生态绿地系统在传统的观赏游憩功能基础上，更注重其生态功能的充分发挥；同时，兼顾经济与社会效益，从而实现城市可持续发展的客观要求。

一、城市生态功能圈的划分

(一) 划分的意义和目的

以城市生态学理论为指导，把人类的居室和城市的郊区、郊县作为城市生态环境工程建设的重要组成部分，将城市区域由室内空间到室外空间、由中心城区到郊区郊县划分为五大城市生态功能圈；构建了城市由室内空间到室外空间、由中心城区到郊县的居室、社区、中心城区、郊区、郊县五大生态功能圈及其绿化工程，提出了城市绿化新模式。这种模式的建立有利于发展生态系统的多样性、物种与遗传基因的传播与交换，提高绿地系统中植物的多样性；同时，也有利于发展城市园林的景观多样性，提高绿地的稳定性，形成一个和谐、有序、稳定的城市保护体系，促进城市的可持续发展。

(二) 构建依据

1. 生态学原理

建设生态园林，主要是指以生态学原理为指导（如互惠共生、生态位、物种多样性、竞争、化学互感作用等）来建设的园林绿地系统。

2. 环境的基本属性

环境具有三个属性：一是整体性；二是区域性；三是动态性。整体性决定了城市市区和市郊的生态环境是一个整体；区域性决定了环境质量的差异性；居住的动态性则表现为：室内环境→室外环境→小区环境→居住区环境→中心城市环境→大城市环境。

3. Park 的城市社区结构理论

Park 将社区作为城市的基本结构单元，建立起由城市、社区、自然区组成的三级等级单元。

4. Burgess 的城市地域景观结构的同心圆模式理论

Burgess 认为城市的空间扩展本质上都是集中与分散，在向心力的作用下，产生人口的向心流动，在离心力的作用下，产生离心反动。由此形成社区解体与组合的两个互补的过程，构成城市空间地域的同心圆结构。

5. 霍德华的"田园城市"模式理论

霍德华在《明日的田园城市》（1898）中提出了自己的城市规划思想，并专门设计了"田园城市"模式图，是由一个核心、六条放射线和几个圈层组合的放射同心圆结构，每个圈层由中心向外分别是：绿地、市政设施、商业服务区、居住区、外围绿化区，然后在一定距离内配置工业区，整个城市区被绿带网分割成不同城市单元。每个单元都有一定人口容量限制（3万人左右），新增人口再沿放射线向外面新城扩建。该理论对后来的城市规划、城市生态学、城市地理学的影响很大。另一方面，"田园城市"思想更多考虑的是城市的生活功能，而对其经济职能考虑较少，对于人口众多、经济落后的第三世界国家，它只是一种难以实现的理想化模式。

6. 生态环境脆弱带原理

生态环境脆弱带在生态环境改变速率、抵抗外部干扰能力、生态系统稳定和适应全球变化的敏感性上表现出相对明显的脆弱性。随着社会经济的发展，生态环境脆弱带的空间范围和脆弱程度，都明显增长。

（三）城市生态功能圈的划分（五大功能圈）

我们以人为中心，依据人类生活的环境由近及远，并从城市环境整体出发，将城市区域划分为五大生态功能圈。

1. 居室生态功能圈

"生态"直接所指是人类与环境的关系。城市居民与其居室周围环境的相互作用所形成的结构和功能关系，称居室生态。现代生态学与城市研究的结合，自然地要求建立生态城市。而生态学与居室研究的结合也自然地要求建立生态居室。生态居室是生态城市的重要内容，也是21世纪人类居室发展的必然趋势。

2. 社区生态功能圈

在社区包括与人关系比较密切的两种功能圈：居住区功能圈和工业区功能圈。

（1）居住区功能圈

家庭是组成社会的细胞。家庭生活的绝大部分是在住宅和居住区中度过的。因而，居住区可说是城市社会的细胞群。居住环境质量是人类生存质量的基础，也是影响城市可持续发展、居民身心健康极其重要的关键所在。居住区绿化是普遍绿化的重点，是城市人工生态平衡的重要一环。

（2）工业区功能圈

有着多种防护功能的工业区绿地是城市绿化建设重要组成部分，不仅能改善被污染的环境，而且对城市的绿化覆盖率也有举足轻重的影响。而绿地的面积、规模、结构、布局及植物种类直接影响各种生态效益能否充分有效地发挥。为了使工厂中宝贵的绿地发挥出最大的综合效益，首先必须对绿地进行周密的规划设计，对绿地的空间进行合理的艺术的布局，对绿地中使用的植物，进行科学的选择和配置。只有选择多种多样、各具特色的植物，在绿地中配合使用，才能实现绿化的多种综合效益。

3. 中心城区生态功能圈

中心城区生态功能圈是城市人口、产业最密集、经济最发达地区，也是生态环境最脆弱、环境污染最严重地区。中心城区是城市的主体，因而城市中心城区生态功能圈是城市生态环境建设的基础和重点，在维护整个生态平衡中具有特殊的地位和作用。其良好的生态环境是人类生存繁衍和社会经济发展的基础，是社会文明发达的标志。

4. 郊区生态功能圈

此圈位于城市人工环境和自然环境的交接处，是城市的"弹性"地带，为城市的城乡交错地带，属于生态脆弱带地区。在改善城区生态功能的重要环节中除了通过旧城改造增加有限绿地措施外，更重要的是强化城周辅助绿地系统建设，以改善城乡交错带市郊绿地系统的整体生态功能。

5. 郊县生态功能圈

对于城市生态绿化建设，郊县的绿化工程建设也是重要的组成部分。在城郊绿地的建设过程中，要根据周边地区主要风向、粉尘、风沙和工业烟尘的走向等有计划地进行规划设计，确定种植哪些树种、多少排、密度多少等重要问题。将城郊大范围地区建成与城内紧密相连的绿色森林，形成良好的城市生态大系统。

二、城市生态人工植物群落类型

（一）观赏型人工植物群落

观赏型人工植物群落是生态园林中植物利用和配置的一个重要类型，它选择有观赏价值、多功能性的观赏植物，遵循风景美学原则，以植物造景为主要手段，科学设计、合理布局，用植物的体形、色彩、香气、风韵等构成一个有地方特色的景观。

在观赏型的种群和群落应用中，植物配置应按不同类型，组成功能不同的观赏区、娱乐区等植物空间；在对植物的景色和季相上要求主调鲜明和丰富多彩，能充分体现出小环境与周围生态环境的不同气氛。

（二）环保型人工植物群落

环保型人工植物群落是以保护城市环境、减灾防灾、促进生态平衡为目的的植物群落。其主要是根据污染物的种类及群落功能要求，利用能吸收大多数污染物质及滞留粉尘的植物进行合理选择配置，形成有层次的群落，发挥净化空气的功能，使城市生态环境中形成多层次复杂的人工植物群落，为城市涤荡尘污，创造空气新鲜的环境。

（三）保健型人工植物群落

保健型人工植物群落是利用具有促进人体健康的植物组成种群，合理配置植物，形成一定的植物生态结构，从而利用植物的有益分泌物质和挥发物质，达到增强人体健康、防病治病的目的。

保健型植物群落的意义在于当植物群落与人类活动相互作用时，可以产生增强体质、防止疾病或治疗疾病的功能。植物杀菌是植物保护自身的一种天然免疫因素。在公园、绿地、居民区，尤其是医院、保健区等医疗单位，应根据不同条件设计具有观赏价值的健身活动功能区域，将植物分别配置，创造医疗保健的场所，使绿地发挥综合功能，使居民增强体质，促进身心健康。

（四）科普知识型人工植物群落

科普知识型的种群和人工植物群落，是在公园、植物园、动物园、林场、风景名胜区中辟建，以保护物种和保护生态环境为目的的生态园林。园林植物的筛选，不仅要着眼于色彩丰富、花大重瓣的栽培品种，还应将濒危和珍稀的野生植物引入园内，以保护植物种质基因资源，将其作为基因库来逐步发展。这样做不仅丰富了景观，又保存与利用了种质资源，还能引发广大群众爱护植物、保护植物的意识，从而进一步提高做好城市绿化工作及生态工程建设的自觉性和积极性。

（五）生产型人工植物群落

在城市绿化中，还可以在近郊区或远郊县结合生态园林的建设，在不同的立地条件下，建设具有食用、药用及其他实用价值的植物组成的人工植物群落。发展具有经济价值的乔、灌、花、果、草、药和苗圃基地，并与环境协调，既满足了市场的需要，又能增加社会效益。

（六） 文化环境型人工植物群落

在具有特定的文化环境如历史文化纪念意义的建筑物、历史遗迹、纪念性园林、风景名胜、宗教寺庙、古典园林和古树名木的场所等，要求通过各种植物的配置，创造相应的具有独特风格的，与文化环境氛围相协调的文化环境型人工植物群落。它能起到保护文物而且提高其观赏价值的作用，使人们产生各种主观感情与宏观环境之间的景观意识，引起共鸣和联想。

（七） 综合型绿地的人工植物群落

指建设公共绿地、街心花园等同时具有多种功能的人工植物群落。这种类型的绿地建设是以植物的观赏特性结合其适应性和改善环境的功能选用植物种类，可选用的园林植物种类最为丰富，绝大部分的乡土园林植物和大量引种成功的园林植物都可适当地加以应用。

第四节 园林设计指导思想、原则与设计模式

在现代景观以人为本的思想指导之下，结合现代生产生活的发展规律及需求，在更深层的基础上创造出更加适合现代的园林景观。更多地从使用者的角度出发，在尊重自然的前提下，创造出具有较强舒适性和活动性的园林景观。一方面要在建筑形式和空间规划方面要有适宜的尺度和风格的考虑，居住环境上应体现对使用者的关怀；另一方面要对多年龄层的使用者加以关注，特别是适合老人和儿童的相应服务设施和精神空间环境。创造更多的积极空间，以满足大多数人的精神家园。

一、园林设计指导思想

（一） 融于环境

园林景观依托于周围广阔的自然环境，贴近于自然，田园风光近在咫尺，有利于创造舒适、优美的景观。自然资源是这一区域的最重要的景观优势，设计者应当充分维护自然，为利用自然和改造自然打好坚实的基础：1.创造良好的生态系统；2.园林景观与城市景观相互协调；3.建立高效的园林景观。

（二） 以人为本

人与自然之间的关系和不同土地利用之间关系的协调在现代景观设计中越来越重要，以人为本的原则更是重中之重。这一原则应深入到园林景观设计当中：尊重自然，满足人的各种生理和心理要求，并使人在园林中的生活获得最大的活动性和舒适性。具体地说，要从两个层次入手：第一个层次是建筑造型上，应使人感到亲切舒服；空间设计上，尺度要适宜。能够充分体现设计者对使用者居住环境的关怀。第二

个层次是园林景观设计不应该只考虑成年人，还应当更多地去考虑老人与儿童。增加相应的服务设施，使老人与儿童心理上得到满足的同时精神生活也更加丰富和多姿多彩，将空间设计成为所有人心目中的精神家园。

（三）营造特色

一个城市的园林景观能否树立一个良好形象的关键在于它是否拥有自己的特色要达到这一要求，不能将景观要素简单地罗列在一起，而是应该总揽全局，有主有次，充分利用已有的景观要素，通过对当地环境、地理条件、经济条件、社会文化特征以及生活方式的了解，加入自己的构思，充分体现地方传统和空间特征（包括植物、建筑形式等地方特色），将其园林景观特色发挥得淋漓尽致。

（四）公众参与

无论是古代中国的园林还是世界各地的园林景观，在其出现之初，公共参与就与之相伴。然而园林景观发展到现在，现代理念不断更新，公众参与却逐渐消失。对于园林景观的建设就要努力创造条件，从当地的环境出发，创造出可以使居民对周围环境产生共鸣和认同感，对居民的行为进行引导，提高公众参与的兴趣与意识。结合当地的民风民俗及人文景观，利用当地、政府企事业单位的带头作用，激发园林景观的活力，形成公众参与的社会氛围。

（五）精心管理

靓丽的园林景观是一个发展中的动态美，要始终展现出一个较为完美的景观状态是一个比较复杂生物系统的工程，需要社会各界人士的广泛支持，更需要公众对其有意识地维护。特别是在大力投资建设之后，管护的作用就更加突显，要坚持"三分建设、七分管理"，特别要注重长期性，经常性维护。

二、园林设计的原则

（一）协调发展

耕地不多，可利用土地紧张是我国现有土地的总体情况，合理利用土地是当务之急。在园林景观的设计建设中，首先要合理地选择园林景观用地，使得园林景观有限的用地更好地发挥改善和美化环境的功能与作用；其次在满足植物生长的前提下，要尽可能地利用不适宜建设和耕种的破碎地区，避免良田面积的占用。

园林景观用地规划是综合规划中的一部分，要与城市的整体规划相结合，与道路系统规划、公共建筑分布、功能区域划分相互配合协作。切实地将园林景观分布到城市之中，融合在整个城市的景观环境之间。例如，在工业区和居住区布置时，就要考虑到卫生防护需要的隔离林带布置；在河湖水系规划时，就要考虑水源涵养林带及城市通风绿带的设置；在居住区规划中，就要考虑居住区中公共绿地、游园的分布以及宅旁庭园绿化布置的可能性；在公共建筑布置时，就要考虑到绿化空间对街景变化、镇容、镇貌的作用；在道路管网规划时，要根据道路性质、宽度、朝向、地上地下管线位置等统筹安排，在满足交通功能的同时，要考虑到植物种植的位置与生长需要的良好条件。

（二）因地制宜

中国的国土面积广阔，跨越多个地理区域，囊括了众多的地理气候，拥有各色自然景观的同时也具有各自不同的自然条件。城市就星罗棋布地散落在广阔的国土上。因而在城市的园林景观的设计中要根据各地的现实条件、绿化基础、地质特点、规划范围等因素，选择不同的绿地、布置方式、面积大小、定额指标，从实际需要和规范出发，创造出适合城市自身的景观，切忌生搬硬套，脱离实际地单纯追求形式。

（三）均衡分布

园林景观均衡分布在城市之中，在充分利用空间的基础上增加了新的功能。这种均衡的布局更方便公众的使用与参与，比较适合城市的建设。在建筑密度较为低的区域可依据当地实际情况的要求增加数量较少的具有一定功能性质的大面积城市绿地等，这些公共场所必将进一步提升城市的生活品质。

（四）分期建设

规划建设就是要充分满足当前城市发展及人民生活水平，更要制定出满足社会生产力不断发展所提出的更高要求的规划，还要能够创造性地预见未来发展的总趋势和要求。对未来的建设和发展做出合适的规划，并进行适时的调整。在规划中不能只追求当前利益，避免对未来的发展造成困难。在建设的同时更要注重建设过程中的过渡措施和整体资源利益。

（五）展现特色

地域性原则主要侧重的是城市的历史文化和具有乡土特色的景观要素等方面的问题。建筑是城市景观形象与地域特色的决定因素，原生态的建筑的形制、建筑群体的整体节奏以及所形成的城市整体面貌就是城市的主体景观形象的体现。创造具有地方特色的城市景观就是要在景观设计中保护和改造具有传统地方特色的建筑，以及由建筑组合形成的聚落、城市。

（六）注重文化

文化景观包括社会风俗、民族文化特色、人们的宗教娱乐活动、广告影视以及居民的行为规范和精神理念。这是城市的气质、精神和灵魂。通常形象鲜明、个性突出、环境优美的城市景观需要有优越的地理条件和深厚的人文历史背景做依托。无论城市景观设计从何种角度展开，它必定是在一定的文化背景与观念的驱使下完成的，要解决的是城市的文化景观和景观要素的地域特色等方面的设计问题。因此，成功的景观设计，其文化内涵和艺术风格应当体现鲜明的地域特色、民俗与宗教信仰。具有地域特色的历史文脉和乡土民俗文化是祖先留给我们的宝贵财富，在设计中应该尊重民俗，注重保护城市传统地方特色，并有机地融入现代文明，创造具有历史文化特色的、与环境和谐统一的新景观。

三、园林设计模式

（一）园林景观的形式与空间设计

1. 点——景观点

点是构成万事万物的基本单位，是一切形态的基础。点是景观中已经被标定的可见点，它在特定的环境烘托下，背景环境的高度、坡度及其构成关系的变化使点的特性产生不同的情态。这些景观点通过不同的位置组合变化，形成聚与散的空间，起到界定领域的作用，成为独立的景点。具有标志性、识别性、生活性和历史性的城市入口绿地、道路节点、街头绿地及历史文化古迹等景点是城市园林景观规划设计中的重要因素。

2. 线——景观带

景观中存在着大量的、不同类型和性质的线形形态要素。线有长短粗细之分，它是点不断延伸组合而成的。线在空间环境中是非常活跃的因素。线有直线、曲线、折线、自由线，拥有各种不同的性格。如直线给人以静止、安定、严肃、上升、下落之感；斜线给人以不稳定、飞跃、反秩序、排他性之感；曲线具有节奏、跳跃、速度、流畅、个性之感；折线给人转折，变幻的导向感；而自由线即给人不安、焦虑、波动、柔软、舒畅之感。景观环境中对线的运用需要根据空间环境的功能特点与空间意图加以选择，避免视觉的混乱。

3. 面——景观面

从几何学上讲，面是线的不断重复与扩展。平面能给人空旷、延伸、平和的感受；曲面在景观的地面铺装及墙面的造型、台阶、路灯、设施的排列等广泛运用。

（1）矩形模式

在园林景观环境中，方形和矩形是较常见的组织形式。这种模式最易与中轴对称搭配，经常被用在要表现正统思想的基础性设计。矩形的形式尽管简单，它也能设计出一些不寻常的有趣空间，特别是把垂直因素引入其中，把二维空间变为三维空间以后。由台阶和墙体处理成的下陷和抬高的水平空间的变化，丰富了空间特性。

（2）三角形模式

三角形模式带有运动的趋势能给空间带来某处动感，随着水平方向的变化和三角形垂直元素的加入，这种动感会愈加强烈。

（3）圆形模式

圆是几何学中堪称最完美的图形，它的魅力在于它的简洁性、统一感和整体感。

4. 体——景观造型

体属于三维空间，它表现出一定的体量感，随着角度的不同变化而表现出不同的形态，给人以不同的感受。它能体现其重量感和力度感，因此它的方向性又赋予本身不同的表情，如庄重、严肃、厚重、实力等。另外，体还常与点、线、面组合构成形态空间。对于景观点、线、面上有形景观的尺度、造型、竖向、标高等进行组织和设计。在尺度上，大到一个广场、一块公共绿地，小到一个花坛或景观小品，都应结合周围整体环境从三维空间的角度来确定其长、宽、高。如坐凳要以人的行为尺度来确定，而雕塑、喷泉、假山等则应以整个周围的空间以及功能、视觉艺术的需要来确定其尺度。

5.园林景观设计的布局形态

（1）"轴线"

轴线通常用来控制区域整体景观的设计与规划，轴线的交叉处通常有着较为重要的景观点。轴线体现严整和庄严感，皇家园林的宫殿建筑周边多采用这种布局形式。北京故宫的整体规划严格地遵循一条自南向北的中轴线，在东西两侧分布的各殿宇分别对称于东西轴线两侧。

（2）"核"

单一、清晰、明确的中心布局具有古典主义的特征，重点突出、等级明确、均衡稳定。在当代建筑景观与城市景观中，多中心的布局形式已经越发常见。

（3）"群"

建筑单体的聚集在景观中形成"群"，体现的是建筑与景观的结合。基本形态要素直接影响"群"的范围、布局形态、边界形式以及空间特性。

（4）自然的布局形态

景观环境与自然联系的强弱程度取决于设计的方法和场地固有的条件。城市园林景观设计是重新认识自然的基本过程，也是人类最低程度地影响生态环境的行为。人工的控制物，如水泵、循环水闸和灌溉系统，也能在城市环境中创造出自然的景观。这需要设计时更多地关注自然材料如植物、水、岩石等的使用，并以自然界的存在方式进行布置。

6.园林景观设计的分区设计

（1）景观元素的提取

城市园林景观应充分展现其不同于城市景观的特征，从城市的乡村园林景观、自然景观中提取设计元素。城市独具特色的景观资源是园林景观设计的源泉所在。城市园林景观设计从乡村文化中寻找某些元素，以非物质性空间为设计的切入点，再将它结合到园林规划设计中，创造新的生命力与活力。景观元素可以是一种抽象符号的表达，也可以是一种意境的塑造，它是对现代多元文化的一种全新的理解。在现代景观需求的基础上，强化传统地域文化，以继承求创新。

城市园林景观元素的来源既包括自然景观也包括生活景观、生产景观，这些传统的、当地的生活方式与民俗风情是园林景观文化内涵展现的关键要素。城市园林景观的形式与空间设计恰恰是从当地的景观中提炼元素，以现代的设计手段创造出符合人们使用需求的景观空间，来承载城市人群的生活与生产活动。

（2）景观形式的组织

城市的园林景观具有很强的地域表象，如起伏的山峦、开阔的湖面、纵横密布的河流和一望无际的麦田等等，这些独特的元素形成的肌理是重要的形式设计来源。在这些当地传统的自然与人文景观肌理、形态基础上，城市园林景观设计以抽象或隐喻的手法实现形式的拓展。

（二）园林景观意境拓展

1. 中国传统造园艺术

（1）如诗如画的意境创作

中国传统山水城市的构筑不仅注重对自然山水的保护利用，而且还将历史中经典的诗词歌赋、散文游记和民间的神话传说、历史事件附着在山水之上，借山水之形，构山水之意，使山水形神兼备，成为人类文明的一种载体；并使自然山水融于文明之中，使之具有更大的景观价值。中国传统山水城市潜在的朴素生态思想至今值得探究、学习、借鉴。

①"情理"与"情景"结合。在中国传统城市意境创造过程中，"效天法地"一直是意境创造的主旨。但同时也有"天道必赖人成"的观念，其意是指：自然天道必须与人道合意，意境才能生成。"人道"可用"情"和"理"来概括。在城市园林景观中，"情"是指城市意境创造的主体——人的主观构思和精神追求；"理"是指城市发展的人文因素，如城市发展的历史过程，社会特征、文化脉络、民族特色等规律性因素。

②对环境要素的提炼与升华。在城市园林景观的总体构思中，应对城市自然和人文生态环境要素细致深入地分析，不仅要借助于具体的山、水、绿化、建筑、空间等要素及其组合作为表现手法；而且要在深刻理解城市特定背景条件的基础上，深化景观艺术的内涵，对环境要素加以提炼、升华和再创造，营造蕴含丰富意境的"环境"，建立景观的独特性，使之反映出应有的文化内涵、民族性格以及岁月的积淀、地域的分野，使其成为城市环境美的核心内容，使美的道德风尚、美的历史传统、美的文化教育、美的风土人情与美的城市的园林景观环境融为一体。

③景观美学意境的解读和意会。城市景观的人文含义与意境的解读和意会，不仅需要全民文化水准和审美情趣的提高，还需要设计师深刻理解地域景观的特质和内涵，提高自身的艺术修养和设计水平，把握城市景观的审美心理，把握从形的欣赏到意的寄托的层次性和差异性，并与专门的审美经验和文化素养相结合，创造出反映大多数人心理意向的城市景观，以沟通不同文化阶层的审美情趣，成为积聚艺术感染力的景观文化。

（2）理想的居住环境应和谐有情趣

一般而言，能够满足安全安宁、空气清新、环境安静、交通与交往便利，较高的绿化率、院景及街景美观等要求，就是很好的居住环境。但这离"诗意地居住"尚有一定的距离。笔者认为，"诗意地居住"的环境，大体上应满足如下要求：

一是背坡临水、负阴抱阳。这是诗意栖居者基本的生态需求。背坡而居，有利于阻挡北来的寒流，便于采光和取暖。临水而居，在过去便于取水、浇灌和交通，现在它更重要的是风景美的重要组成。当代都市由于有集中供暖和使用自来水，似乎不背坡临水也无大碍。但从景观美学上考察，无山不秀、无水不灵，理想的居住环境还是要有山有水的。从生态学意义上看，背坡临水、负阴抱阳处，有良好的自然景观生态景观、适宜的照度、大气温度、相对湿度、气流速度、安静的声学环境以及充足的氧气等。在山水相依处居住，透过窗户可引风景进屋。

二是除祸纳福、趋吉避凶。由于中国传统文化根深蒂固的影响，今天这二者依然是人们选择居所时的基本心理需求。住宅几乎关系到人的一生，至少与人们的日常生活密切相关。因此住宅所处的地势、方位朝向、建筑格局、周边环境应能满足"吉祥如意"的心理需求。

三是内适外和，温馨有情。这是诗意的居住者精神层面的需求。人是社会的人，同时又是个体的人，有空间的公共性和空间的私密性、领域性需求。很显然，如果两幢房子相距太近，对面楼上的人能把房间里的活动看得一清二楚，就侵犯了人们的私密性和领域感，会倍感不适，难以"诗意地居住"。但如果居住环境周围很难看到一个人，也同样会有不适感。鉴于人的这种需求特点，除楼间距要适宜外，居所周围也应有足够的、相对封闭的公共空间供住户散步、小憩、驻足、游戏和社交。公共空间尺度要适宜，适当点缀雕塑、凉亭、观赏石、小石几等小品，使交往空间更富有人情味，体现出温馨的集聚力。

四是景观和谐，内涵丰富。这是诗意的居住者基本的文化需求。良好的居住环境周围应富有浓郁的人文气息。周边有民风淳朴的村落、精美的雕塑、碧绿的草坪、生机盎然的小树林是居住的佳地。极端不和谐的例子是别墅区内很精美，周围却是垃圾填埋场；或者一边是洋房，一边是冒着黑烟的大工厂。只有环境安宁、景观和谐、文化内涵丰厚的环境，才能给人以和谐感、秩序感、韵律感和归属感、亲切感，才能真正找到"山随宴座图画出，水作夜窗风雨来"的诗情画意。

（3）建设充满诗意的园林社区

如何适应现代人的居住景观需求，建设富有特色的城市景观，开发人与环境和谐统一的住宅社区是摆在设计师面前的重要课题。由于涉及的技术细节是多方面的，这里仅谈几点建议：

其一，将建设"花园城市""山水城市""生态城市"作为城市建设和社区开发的重要目标。没有良好的城市大环境，诗意地居住将会"皮之不存，毛将焉附"。因此，在建设实践中要高度重视建筑与自然环境的协调，使之在形式上、色彩运用上既统一，又有差别。在城市开发建设中不能单纯地追求用地大范围，建设高标准，不能忽视城市绿地、林荫道的建设，至于挤占原有的广场、绿化用地的做法更应力避之。还要注意城市景观道路的建设，如道路景观、建筑景观、绿化景观、交通景观、户外广告景观、夜景灯光景观等。景观道路虽是静态景观，但若以审美对象而言，随着欣赏角度的变化，人坐在车上像看电影一样，又是动态的。

其二，在城市建设或住宅开发中注意对原有自然景观的保护和新景观的营建。有人误以为自然景观都是石头、树木，没什么好看的，只有多搞一些人工建筑才能增加环境美。因此，在建设中不注意对原有山水和自然环境的保护，放炮开山，大兴土木，撕掉了青山绿衣，抽去了绿水之液，弄得原有的青山千疮百孔。有很多城市市内本不乏溪流，甚至本身就是建在江畔、湖滨、海边，可走遍城市却难以找到一处可供停下来观赏水景的地方。有很多城市依山建城，或城中本来有小山，但山却被楼宇房舍所包围。这些都是应注意纠正的。

其三，建设富有人情味的园林型居住社区。所谓建设园林型社区，就是要吸收中国古典园林的设计思想，在楼宇的基址选择、排列组合、建筑布局、体形效果、空间分隔、入口处理、回廊安排、内庭设计、小品点缀等方面做到有机地统一，或在住宅社区规划中预留足够的空间建设园林景观，使居住者走入小区就可见园中有景，景中有人，人与景合，景因人异。在符合现状条件的情况下，可在山际安亭，水边留矶，使人亭中迎风待月，槛前细数游鱼，使小区内花影、树影、云影、水影、风声、水声、无形之景、有形之景交织成趣。在社区中心应有足够的社区公共交往空间，可以建绿地花园，也可以设富有乡土气息的井台、戏台、鼓楼，或以自然景观为主题的空间。小区内的道路除供车辆出行所必需外，应尽可能铺一些鹅卵石小路，形成"曲径通幽"的效果。住宅底层的庭园或入口花园也可以考虑用栅栏篱笆、勾藤满架来美化环境，使居住环境更别致典雅。

其四，充分运用景观学和生态学的思想，建设宜人的家居环境。现代的住宅环境全部要求居住之所依山临水不大现实，但住宅新区开发中应吸收景观生态学的基本思想，建设景观型住宅或生态型住宅。可在建房时注意形式美和视觉上的和谐，注意风景予人心理上和精神上的感受，并使自然美与人工美结合起来。注意不要重复千篇一律的"火柴盒""兵营"式的主筑，应充分运用生态学原理和方法，尽量使建筑风格多样化，富有人情味，使整个居住环境生机盎然。

2. 乡村园林的自然属性

（1）山谷平川

地壳的变化造成地形的起伏，千变万化的起伏现象赋予地球以千姿百态的面貌。在城市景观的创作中，利用好山势和地形是很有意思的。当山城相依时，城市建筑就应很好地结合地形变化，利用地形的高差变化创造出别具特色的景观。这就要求建筑物的体量和高度与山体相协调，使之与山地的自然面貌浑然一体。

（2）江河湖海

山有水则活，城市中有水则顿增开阔、舒畅之感。不论是江河湖泊，还是潭池溪涧，在城市中都可以被用作创造城市景观的自然资源。当水作为城市的自然边界时，需要十分小心地利用它来塑造城市的形象。精心控制界面建筑群的天际轮廓线，协调建筑物的体量、造型、形式和色彩，将其作为显示城市面貌的"橱窗"。当利用水面进行借景时，要注意城市与水体之间的关系作用。自然水面的大小决定了周围建筑物的尺度；反之，建筑物的尺度影响到水体的环境。当借助水体造景时，须慎重考虑选用。水面造景要与城市的水系相通，最好的办法就是利用自然水体来造景而不是选择非自然水来造景。如我国江南的许多城市，河与街道两旁的房屋相互依偎。有的紧靠河边的过街门楼似乎伸进水中，人们穿过一个又一个的拱形门洞时，步移景异，妙趣横生。此外，也可以充分利用城市中水流，在沿岸种植花卉苗木，营造"花红柳绿"的自然景观。

（3）植物

很多城市或毗邻树林，或有良好的绿带环绕，这些绿色生命给人们带来的不仅仅是气候的改善，还有心理上的满足。从大的方面来讲，带状的防护林网是中国大地景观的一大特色。在城市园林景观设计过程中，可以把这些防护林网保留并纳入城市绿地系统规划中。对于沿河林带，在河道两侧留出足够宽的用地，保护原有河谷绿地走廊，将防洪堤向两侧退后或设两道堤，使之在正常年份，河谷走廊可以成为市民休闲的沿河绿地；对于沿路林带，当要解决交通问题时，可将原有较窄的道路改为步行道和自行车专用道，而在两林带之间的地带另辟城市交通性道路。此外由于城市中建设用地相对宽余，在当地居民的门前屋后还常常种植经济作物，到了一定季节，花开满院、挂果满枝，带来了独具生活气息的独特景观。

3. 园林景观的文化传承

快速的城市化脚步已将城市的灵魂——城市文化远远地甩在了奔跑的身影之后。在这个景观空间已经由生产资料转化为生产力的时代，又有哪个城市会为传统文化中的"七夕乞巧""鬼节祭祖""中秋赏月""重阳登高"等人文活动留下一点点空间？创造新的城市景观空间成了一种追求，为了更快、更高、更炫，可以毫不犹豫地遗弃过去。但城市的过去不应只是记忆，它更应该成为今日生存的基础、明日发展的价值所在。瑞士史学家雅各布·布克哈特（Jacob Burckhardt）曾说："所谓历史，就是一个时代从另一个时代中发现的、值得关注的东西"。无疑，传统文化符合这样的判断，它是历史，值得关注，但更应该依托于今天的城市园林景观，并不断发展并传承下去。

4. 城市园林景观的适应性

在当今城市园林景观发展中拓展其适应性，并使之成为维系景观空间与文化传承之间的重要纽带，也是避免因城市空间的物质性与文化性各自游离甚至相悖而造成园林景观文化失谐现象的有效措施。通过梳理城市的文化传承脉络，重拾传统文化中"有容乃大"的精神内涵，创造博大的文化底蕴空间以减轻来自物质基础的震荡，建立柔性文化适应性体系，进而催化出新的城市文化，是从根本上消融城市园林景观文化失谐现象的有效途径。同时，这也是提高城市文化抵御全球化冲击的能力，使之融于城市现代化进程中得以传承并发展的必要保证。

传统文化中"海纳百川"的包容性、适应性精神也构成了中国传统城市园林景观设计理念的重要核心，以"空"的哲学思辨作为营建空间的指导思想是最具有价值的观念。城市园林景观设计及管理中缺少对文化的传承，应该重新审视设计中对于不同的气候、土壤等外界条件的适应性考虑，加大对于人的行为、心理因素等内在需求的适应性探索，最为重要的是对于城市园林景观设计中"空"的本质理念的回归。"空"是产生城市园林景观功能性的基础，是赋予景观空间生活意义的舞台，更是激发人们在城市中进行人文景观再创作热情的行动宣言。

第五节　风景园林绿化工程生态应用设计

每个城市都有自己特定的地理环境、历史文化、乡土风情，特定的地理环境以及人对环境的适应和利用方式，形成了特定的文化形态，从而对城市的风景园林建设与发展起着重要的作用。本节即来介绍有关风景园林绿化工程生态应用设计的相关内容。

一、中心城区绿化工程生态应用设计

（一）中心城区生态园林绿地系统人工植物群落的构建

1. 城市人工植物群落的建立与生态环境的关系

植物群落是一定地段上生存的多种植物组合的，是由不同种类的植物组成，并有一定的结构和生产量，构成一定的相互关系。建立城市人工植物群落要符合园林本身生态系统的规律，城市园林本身也是一个生态系统，是在园林空间范围内，绿色植物、人类、益虫害虫、土壤微生物等生物成分与水、气、土、光、热、路面、园林建筑等非生物成分以能量流动和物质循环为纽带构成的相互依存、相互作用的功能单元。在这一功能单元中，植物群落是基础，它具有自我调节能力，这种自我调节能力产生于植物种间的内稳定机制，内稳定机制对环境因子的干扰可以通过自身调节，使之达到新的稳定与平衡。这就是我们提倡建立城市人工植物群落的主要依据。

在园林绿地建设中，我们应该重视以生态学原理为指导的园林设计和自然生物群落的建立。创造人工植物群落，要求在植物配置上按照不同配置类型组成功能不同、景观异趣的植物空间，使植物的景色和季相千变万化，主调鲜明，丰富多彩。

2. 城市人工植物群落构建技术

城市人工植物群落构建技术主要包括：（1）遵循因地制宜、适地适树的原则，建设稳定的人工植物群落。（2）以乡土树种为主，与外来树种相结合，实现生物多样化和种群稳定性。（3）以乔木树种为主，乔、灌、花、草、藤并举，建立稳定而多样化的复层结构的人工植物群落。（4）在人工群落中要合理安排各类树种及比例。（5）突出市花市树，反映城市地方特色的风貌。（6）注意特色表现。（7）高大荫浓与美化、香化相结合。（8）注意人工群落内种间、种群关系，趋利抑弊，合理搭配。（9）尽量选择经济价值较高的树种。

（二）城市街道绿化

街道人工植物群落，主要包括市区内一类、二类、三类街道两旁绿化和中间分车带的绿化。其目的是给城市居民创造安全、愉快、舒适、优美和卫生的生活环境。在市区内组成一个完整的绿地系统网，不仅给市区居民提供一个良好生活环境的污染。道路绿化还有保护路面，使其免遭烈日暴晒，延长道路使用寿命的作用；还能组织交通，保证行驶安全；还有美化街景，烘托城市建筑艺术，同时也可利用街道绿化隐蔽有碍观瞻的地段和建筑，使城市面貌显得更加整洁生动、活泼优美。

（三）行道树选择

1. 行道树选择原则

（1）应以成荫快、树冠大的树种为主；

（2）在绿化带中应选择兼有观赏和遮阴功能的树种；

（3）城市出入口和广场应选择能体现地方特色的树种为主，它是展示城市绿化、美化水平的一个非常重要的窗口，关系到我们的城市形象，所以必须给它们确立一个鲜明而富有特色的主题；

（4）乔灌草结合的原则。

2. 行道树树种的运用对策

（1）突出城市的基调树种，形成独特的城市绿化风格。

（2）树种运用必须符合城市园林的可持续发展原则。

（3）注重景观效果，形成多姿多彩的园林绿化景观。

（4）尽量减少行道树的迁移，提倡在新建区或改造区路段植小树。

（5）完善配套设施，改变行道树的生长环境。行道树的生长条件相对较差，除了尽量避免各种电线、管道，选择抗瘠薄、耐修剪的行道树种外，还应完善配套设施，努力改善行道树的生长环境。

（6）建立行道树备用苗基地，按标准进行补植。备用苗基地中的树木与行道树基本同龄，这样就为使用相近规格的假植苗进行补植提供了保障。一方面可以提高种植苗成活率，另一方面又可避免补植时因没有合适的苗木而补植其他树种或规格相差很远的树苗。

（四）城市垂直绿化与屋顶绿化

1. 垂直绿化

垂直绿化（又称立体绿化、攀缘绿化或竖向绿化），是利用植物攀附和缠绕的特性在墙面、阳台、棚架、亭廊、石坡、临街围栅、篱架、立交桥等处进行绿化的形式。由于这种绿化形式多数是向物体垂直立面发展的，故称垂直绿化。垂直绿化的主要形式有：墙体绿化、阳台和窗台绿化、架廊绿化、篱笆与栅栏绿化和立交桥绿化等。

垂直绿化是在城市建成区平面绿地面积无法再扩大的情况下有效增加城市绿化面积，改善城市生态环境、美化城市景观的重要方法。垂直绿化占地少，绿化效果大，又能达到美化环境的目的，促进、维护良好的生态环境。垂直绿化可以利用攀缘、下垂、缠绕等性质的植物来装饰建筑物，使外貌增加美观，也可以掩饰其简陋的部分（如厕所、棚屋、破旧的围墙等）一、因此在建筑密集的城市里的机关、学校医院、工厂、居住区、街道两侧进行垂直绿化，具有现实意义。

2. 屋顶绿化（屋顶花园）

屋顶绿化是指植物栽植或摆放于平屋顶的一种绿化形式。从一般意义上讲，屋顶花园是指在一切建筑物、构筑物的顶部、天台、露台之上所进行的绿化装饰及造园活动的总称。它是人们根据屋顶的结构特点及屋顶上的生境条件，选择生态习性与之相适应的植物材料，通过一定的技术艺法，从而达到丰富园林景观的一种形式。它是在一般绿化的基础上，进行园林式的小游园建设，为人们提供观光、休息、纳凉的场所。绿化屋顶不单单是为居民提供另一个休息的场所。对一个城市来说，它更是保护生态、调节气候、净化空气、遮阴覆盖、降低室温的一项重要措施，也是美化城市的一种办法。屋顶花园可以广泛地理解为在各类古今建筑物、构筑物、城围、桥梁等的屋顶、露台、天台、阳台或大型人工假山山体上进行造园、种植树木花卉的统称。它在改善城市生态环境，增加城市绿化面积，美化城市立体景观，缓解人们紧张情绪，改变局部小气候环境等方面起着重要的作用。因此，利用建筑物顶层，拓展绿色空间，具有极重要的现实意义。

二、社区绿化工程生态应用设计

（一）居住区绿化

1.城市居住区绿化存在的问题

随着城市现代化进程，居住区的规划建设进入新的阶段，居住区的绿化工作也面临着新的课题，出现了以下一些新的问题：

（1）居住区绿地水平低，未达到国家规定的标准；

（2）部分居住区绿化不够完善；

（3）居住绿化建设未能"因地制宜"，绿化设计缺乏特色；

（4）过分强调草坪绿化；

（5）居住区环境绿地利用率低；

（6）未能针对环境功能开展绿化。

2.居住区绿化植物选择与配置

由于居民每天大部分时间在居住区中度过，所以居住区绿化的功能、植物配置等不同于其他公共绿地。所以居住区的绿化要把生态环境效果放在第一位，最大限度地发挥植物改善和美化环境的功能，具体包括：（1）以乡土树种为主，突出地方特色；（2）发挥良好的生态效益；（3）考虑季相和景观的变化，乔灌草有机结合；（4）以乔木为主，种植形式多样且灵活；（5）选择易管理的树种；（6）提倡发展垂直绿化；（7）注意安全卫生；（8）注意与建筑物的通风、采光，并与地下管网有适当的距离；（9）注意植物生长的生态环境，适地种树。

3.居住区的绿化规划与设计

（1）居住区园林绿地规划

居住区园林绿地规划一般分为：道路绿化、小型的公共绿地规划及住宅楼间绿地规划。

（2）居住区绿化设计

居住区绿化的好坏直接关系到居住区内的温度、湿度、空气含氧量等指标。因此，要利用树木花草形成良好生态结构，努力提高绿地率，达到新居住区绿地率不低于30%，旧居住区改造不宜低于25%的指标，创造良好的生态环境。

（二）工业区绿化

1.厂区绿化植物的选择

工厂绿化植物的选择，不仅与一般城市绿化植物有共同的要求，而又有其特殊要求。要根据工厂具体情况，科学地选择树种，选择具有抵抗各种不良环境条件能力（如抗病虫害，抗污染物以及抗涝、抗旱、抗盐碱等）的植物，这是绿化成败的关键。不论是乡土树种，还是外来树种，在污染的工厂环境中，都有一个能否适应的问题。即使是乡土树种，未经试用，也不能大量移入厂区。不同性质的工矿区，排放物不同，污染程度不同；就是在同一工厂内，车间工种不同，对绿化植物的选择要求也有差异。为取得较好的绿化效果，根据企业生产特点和地理位置，要选择抗污染、防火、降低噪声与粉尘、吸收有害气体、抗逆性强的植物。

2.厂区绿化布局

依据厂区内的功能分区，合理布局绿地，形成网络化的绿地系统。工厂绿地在建设过程中应贯彻生态性和系统性原则，构建绿色生态网络。合理规划，充分利用厂区内的道路、河流、输电线路，形成绿色廊道，形成网络状的系统格局，增加各个斑块绿地间的连通性，为物种的迁移、昆虫及野生动物提供绿色通道，保护物种的多样性，以利于绿地网络生态系统的形成。

工厂在规划设计时，一般都有较为明显的功能分区，如原料堆场、生产加工区、行政办公及生活区。各功能区环境质量及污染类型均有所不同。另外，在生产流程的各个环节，不同车间排放的污染物种类也有差异。因此，必须根据厂区内的功能分区，合理布局绿地，以满足不同的功能要求。例如，在生产车间周围，污染物相对集中，绿地应以吸污能力强的乔木为主，建造层次丰富、有一定面积的片林。办公楼和生活区污染程度较轻，在绿地在规划时，以满足人群对景观美感和接近自然的愿望为主，配置树群、草坪、花坛、绿篱，营造季相色彩丰富、富有节奏和韵律的绿地景观。为职工在紧张枯燥的工作之余，提供一处清静幽雅的休闲之地，有利于身心健康。

三、居室绿化工程生态应用设计

（一）居室污染

1.居室污染特点

（1）空气污染物由室外进入室内后其浓度大幅度递减。

（2）当室内也存在同类污染物的发生源时，其室内浓度比室外为高。

（3）室内存在一些室外所没有或量很少的独特的污染物，如甲醛、石棉、氯及其他挥发性有机污染物。

（4）室内污染物种类繁多，危害严重的只有几十种，它们可分为化学性物质、放射性物质和生物性物质三类。

2.居室污染来源

（1）居室空气污染

①居民烹调、取暖所用燃料的燃烧产物是室内空气污染的主要来源之一。

②吸烟也是造成居室空气污染的重要因素。

③家具、装修装饰材料、地毯等。

④人体污染。人体本身也是一个重要污染来源，人体代谢过程中能散发出几百种气溶胶和化学物质。

⑤通过室内用具如被褥、毛毯和地毯而滋生的尘螨等各种微生物污染。

⑥室外工业及交通排放的污染物通过门窗、空调等设施及换气的机会进入室内，如粉尘、二氧化硫等工业废气。

（2）居室噪声污染

室内噪声污染也危害人们的健康。室外传入室内的工业、交通、娱乐生活噪声等以及室内给排水噪音、各种家用电器使用的噪声等。

（3）居室辐射污染

各种家电通电工作时可产生电磁波和射线辐射，造成室内污染。由于使用家用电器和某些办公用具导致的微波电磁辐射和臭氧。其中微波电磁辐射可引起头晕、头痛、乏力以及神经衰弱和白细胞减少等，甚至可损害生殖系统。

（二）居室污染危害症状

1．"新居综合征"

一些人住进刚落成的新居不久，往往会有头痛、头晕、流涕、失眠、乏力、关节痛和食欲减退等症状，医学上称为"新居综合征"。这是因为新房在建筑时所用的水泥、石灰、涂料、三合板及塑料等材料都含有一些人体健康有害的物质，如甲醛、苯、铅、石棉、聚乙烯和三氯乙烯等。这些有毒物质可通过皮肤和呼吸道的吸收侵入人体血液，影响肌体免疫力，有些挥发性化学物质还有致癌作用。

2．"空调综合征"（又称现代居室综合征）

长时间使用空调的房间，受污染的程度更大。因为在使用空调的房间里，由于大多数门窗紧闭，室内已污染的空气往往被循环使用，加之现代人生活节奏加快，脑力消耗大，室内氧气无法满足人体健康的需要。同时大气污染造成了氧资源的缺乏，加之室内煤气灶、热水器、冰箱等家电与人争夺氧气，也使人很容易出现缺氧症状，给身体健康带来危害。

（三）室内防污植物的研究与选择

1．室内防污植物选择的原则

（1）针对性原则。针对室内空气品质而选择防污植物。

（2）多功能原则，即该植物防污范围较广或种类较多。

（3）强功能原则。可以使有限空间的植物完成净化任务。

（4）适应性原则，即所选物种适合室内生长并发挥净化功能。

（5）充分可利用性原则。

（6）自身防污染原则。

2．室内防污植物选择

花草植物之所以能够治理室内污染，其机理是：化学污染物是由花草植物叶片背面的微孔道吸收进入花草体内的，与花卉根部共生的微生物则能有效地分解污染物，并被根部所吸收。根据科学家多年研究的结果，在室内养不同的花草植物，可以防止乃至消除室内不同的化学污染物质。特别是一些叶片硕大的观叶植物，如虎尾兰、龟背竹、一叶兰等，能吸收建筑物内目前已知的多种有害气体的80%以上，是当之无愧的治污能手。

四、市郊绿化工程生态应用设计

（一）环城林带

环城林带主要分布于城市外环线和郊区城市的环线，从生态学而言，这是城区与农村两大生态系统直接发生作用的界面，主要生态功能是阻滞灰尘，吸收和净化工业废气与汽车废气，遏制城外污染空气对城内的侵害，也能将城内的工业废气、汽车排放的气体，如二氧化碳、二氧化硫、氟化氢等吸收转化，故环城林市可起到空气过滤与净化的作用。因而环城林带的树种应注意选择具有抗二氧化硫、氟化氢、一氧化碳和烟尘的功能。

（二）市郊风景区及森林公园

森林公园的建设是城市林业的主要组成部分，在城市近郊兴建若干森林公园，能改善城市的生态环境，维持生态平衡，调节空气的湿度、温度和风速、净化空气，使清新的空气输向城区，能提高城市的环境质比增进人们的身体健康。

在大环境防护林体系基础上，进一步提高绿化美化的档次。重点区域景区以及相应的功能区，要创造不同景区景观特色。因此树种选择力求丰富，力求各景区重点突出。群落景观特征明显，要与大环境绿化互为补充，相得益彰。乔木重点选择大花树种和季相显著的种类，侧重花灌木、草花、地被选择。

（三）郊区绿地和隔离绿地

在近郊与各中心副城、组团之间建立较宽绿化隔离带，避免副城对城市环境造成的负面影响，避免城市"摊大饼"式发展，形成市郊的绿色生态环，成为向城市输送新鲜空气的基地。

市郊绿化工程应用的园林植物应是抗性强、养护管理粗放、具有较强抗污染和吸收污染能力，同时有一定经济应用价值的乡土树种。有条件的地段，在作为群落上层木的乔木类中，适当注意用材、经济植物的应用；中层木的灌木类植物中，可选用药用植物、经济植物；而群落下层，宜选用乡土地被植物，既可丰富群落的物种、丰富景观造成乡村野趣，也可降低绿化造价和养护管理的投入。

五、郊县绿化工程生态应用设计

（一）城市生态园林郊县绿化工程生态应用设计的布局构想

1. 生态公益林（防护林）

生态公益林（防护林）包括沿海防护林、水源涵养林、农田林网、护路护岸林。依据不同的防护功能选择不同的树种，营建不同的森林植被群落。

2. 生态景观林

生态景观林是依地貌和经济特点而发展的森林景观。在树种的构成上，应突出物种的多样性，以形成色彩丰富的景观，为人们提供休闲、游憩、健身活动的好场所。海岛片林的营造应当选用耐水湿、抗盐碱的树种，同时注意恢复与保持原有的植被类型。

3. 果树经济林

郊县农村以发展经济作物林和乡土树种为主，利用农田、山坡、沟道、河汉发展果林、材林及其他经济作物林，既改善环境又增加了收入。要发展农林复合生态技术，根据生态学的物种相生相克原理，建立有效的植保型生态工程，保护天敌，减少虫口密度。

4. 特种用途林

因某种特殊经济需要，如为生产药材、香料、油料、纸浆之需而营造的林地或用于培育优质苗木、花卉品种以及物种基因保存为主的基地，也属于这一类型。

（二）植物的配置原则

1. 生态效益优先的原则

最大限度地发挥对环境的改善能力，并把其作为选择城市绿地植物时首要考虑的条件。

2. 乡土树种优先的原则

乡土植物是最适应本地区环境并生长能力强的种类，品种的选择及配植尽可能地符合本地域的自然条件，即以乡土树种为主，充分反映当地风光特色。

3. 绿量值高的树种优先原则

单纯草地无论从厚度和林相都显得脆弱和单调，而乔木具有最大的生物量和绿量，可选择本区域特有的姿态优美的乔木作为孤植树充实草地。

4. 灌草结合，适地适树的原则

大面积的草地或片植灌木，无论从厚度和林相都显得脆弱和单调，所以，土层较薄不适宜种植深根性的高大乔木时，需种植草坪和灌木的灌草模式。

5. 混交林优于纯林的原则

稀疏和单纯种植一种植物的绿地，植物群落结构单一，不稳定，容易发生病虫害，其生物量及综合生态效能是比较低的。为此，适量地增加阔叶树的种类，最好根据对光的适应性进行针阔混交林类型配置。

6. 美化景观和谐原则

草地的植物配置一定要突出自然，层次要丰富，线条要随意，色块的布置要注意与土地、层次的衔接，视觉上的柔和等问题。

第三章　基于生态文明视域的居住区绿地设计

　　随着城市化和工业化进程的加速，城市环境污染、资源短缺、生态恶化等一系列环境问题日益突出，城市面临着严重的生态危机，城市的生态环境问题已成为举世瞩目的焦点，舒适健康的人居环境建设成为人们追求的共同目标。本章主要从居住区绿地的功能与组成、植物选择与配置、居住区绿地生态规划指导思想与原则、居住区绿地生态规划设计、居住区绿地技术设计五个方面介绍居住区的绿地生态可持续规划。

第一节　居住绿地功能与组成

一、居住绿地的功能

（一）生态防护功能

1. 防护作用

（1）保持水土、涵养水源

　　居住区绿地植物对保持水土有非常显著的功能。由于树冠的截流、地被植物的截流以及地表植物残体的吸收和土壤的渗透作用，绿地植物能够减少和减缓地表径流量和流速，因而起到保持水土、涵养水源的作用。

（2）防风固沙

　　某些居住区会受周边环境中大风及风沙的影响，当风遇到树林时，受到树林的阻力作用，风速可明显降低。

（3）其他防护作用

　　居住区绿地植物对防震、防火、防止水土流失、减轻放射性污染等也有重要作用。居住区绿地在发生地震时可作为人们的避难场所；在地震较多地区的城市以及木结构建筑较多的居住区，为了防止地震引起的火灾蔓延，可以用不易燃烧的植物作隔离带，既有美化作用又有防火作用；绿化植物能过滤、吸收和阻隔放射性物质，降低光辐射的传播和冲击波的杀伤力。

（4）监测空气污染

　　许多植物对空气中有毒物质具有较强抗性和吸收净化能力，这些植物对居住区绿化都有很大作用。但是一些对毒质没有抗性和解毒作用的"敏感"植物在居住区绿地中也有着重要作用，这些植物对一些有害气体反应特别敏感，易表现受害症状。可以利用它们对空气中有毒物质的敏感性作为监测依据，以确保人们能生活在符合健康标准的居住区环境中。

2. 改善环境

（1）净化空气

居住区绿地植物能吸收烟灰、粉尘，分泌杀菌素，减少空气中的含菌量，从而减少居民患病的机会；能通过光合作用吸收二氧化碳，释放出大量氧气，调节大气中的碳氧平衡；能吸收、降解或富集二氧化硫、氟化氢、氯气和致癌物质安息香吡啉等有害气体于体内从而减少空气中的毒物量，并具有吸收和抵抗光化学烟雾污染物的能力。

（2）改善居住区小气候

居住区绿地可以调节居住区温度，减少太阳辐射，尤其是大面积的绿地覆盖对气温的调节则更加明显，立体绿化可以起到降低室内温度和墙面温度的作用；居住区绿地植物还可以通过叶片蒸发大量水分来调节居住区湿度；居住区绿地植物具有通风防风的功能，植物的方向、位置都可以加速和促进气流运动或使风向得到改变。

（3）净化水体

居住区绿地中的水常受到居民生活污水的污染而影响环境卫生和人们的身体健康，而植物有一定的净化污水的能力，许多植物能吸收水中的毒质并在体内富集起来，富集的程度，可比水中毒质的浓度高几十倍至几千倍，从而使水中的毒质含量降低，使水体得到净化。而在低浓度条件下，植物在吸收毒质后，有些植物可在体内将毒质分解，并转化成无毒物质。

（4）降低光照强度

植物所吸收的光波段主要是红橙光和蓝紫光，而反射的部分，主要是绿色光，所以从光质上来讲，居住区绿地林中及草坪上的光线具有大量绿色波段的光。这种绿光比广场铺装路面的光线更加柔和，对眼睛具有良好的保健作用，而就夏季而言，绿色光能使居民在精神上感到舒适和宁静。

（5）降低噪声

植物是天然的"消声器"。居住区植物的树冠和茎叶对声波有散射作用，同时树叶表面的气孔和粗糙的毛，就像多孔纤维吸声板，能把噪声吸收，因此居住区植物具有隔声、消声的功能，使环境变得较为安静。

（6）净化土壤

居住区绿地植物的地下根系能吸收大量有害物质而起到净化土壤的作用。有的植物根系分泌物能使进入土壤的大肠杆菌死亡；有些植物根系分布的土壤中好气性细菌较多，能促使土壤中有机物迅速无机化，既净化了土壤，又增加了肥力。

（二）美化功能

随着人们生活水平的不断提高，人们的爱美、求知、求新、求乐的愿望也逐渐增强。居住区绿地不仅改善了居住区生态环境，还可以通过千姿百态的植物和其他园艺手段，创造优美的景观形象，美化环境，愉悦人的视觉感受，更使其具有振奋精神的美化和欣赏功能。优美的居住区环境不仅能满足居民游憩、娱乐、交流、健身等需求，更使人们远离城市而得到自然之趣，调节人们的精神生活，美化情操，陶冶性情，获得高尚的、美的精神享受与艺术熏陶。

居住区绿地中，可通过植物的单体美来体现美化功能，主要着重于形体姿态、色彩光泽、韵味联想、芳香以及自然衍生美。居住区绿地植物种类繁多，每个树种都有自己独具的形态、色彩、风韵、芳香等美的特色。这些特色又能随季节及年龄的变化而有所丰富和发展。例如，春季梢头嫩绿、花团锦簇；夏季绿叶成荫、浓荫覆地；秋季果实累累、色香俱全；冬季白雪挂枝、银装素裹。一年之中，四季各有不同的风姿与妙趣。一般说来，居住区绿地植物观赏期最长的是株形和叶色，而花卉则是花色，将不同形状、叶色的树木或不同色彩的花卉经过妥善的安排和配植，可以产生韵律感、层次感等种种艺术组景的效果。

居住区绿地的美化功能不仅体现在植物单体美上，还体现在植物搭配及与构筑物结合的绿地景观美上。居住区绿地中的建筑、雕像、溪瀑、山石等，均需有恰当的植物与之相互衬托、掩映以减少人工做作或枯寂的气氛，增加景色的生趣。如庭前朱栏之外、廊院之间对植玉兰，春来万蕊千花，红白相映，会形成令人神往的环境。

居住区环境的美化功能体现在绿地景观上，景观有软质景观、硬质景观和文化景观之分。由于居住区内建筑物占了相当大的比例，因此，环境绿地的设计应以植物、水体等软质景观为主；园林构筑物、铺装、雕塑等硬质景观为辅。文化景观与之相互渗透，以缓冲建筑物相对生硬、单调的外部线条。园林植物种类繁多，色彩纷呈，形态各异，并且随着季节的变化而呈现不同的季相特征。大自然中的日月晨昏、鸟语花香、阴晴雨雪、花开花落、地形起伏等都是自然美的源泉，设计者要进一步运用美学法则因地制宜去创造美，将自然美、人工美与人文美有机结合起来，从而达到形式美与内容美的完美统一。

（三）使用功能

1. 生理功能

处在优美的居住区绿色环境中的居民，脉搏次数下降，呼吸平缓，皮肤温度降低；绿色是眼睛的保护色，可以消除眼睛的疲劳。如果绿色在人的视野中占25%时，可使人的精神和心理最舒适，产生良好的生理效应。

2. 心灵功能

优美的居住区绿色环境可以调节人们的精神状态，陶冶情操。优美清新、整洁、宁静、充满生机的居住区绿化空间，使人们精力充沛、感情丰富、心灵纯洁、充满希望，从而激发了人们为幸福去探索、去追求、去奋斗的激情，更激发了人们爱家乡、爱祖国的热情。

3. 教育功能

在城市居住区绿地中，园林植物是最能让人们感到与自然贴近的物质，儿童在与居住区绿地植物接触的过程中，容易对各种自然现象产生联想与疑问，从而激发孩子们对人与其他生物，人与自然的思考，激发他们热爱自然、热爱生活的兴趣。

优美的居住区绿地环境，具有优美的山水、植物景观，它体现着当地的物质文明和精神文明风貌，是具有艺术魅力的活的实物教材，除了使人们获得美的享受外，更能开阔眼界，增加知识才干，有益于磨炼人们的意志和增加道德观念。

4. 服务功能

服务功能是居住区绿地的本质属性。为居住区居民提供优良的生活环境和游览、休憩、交流、健身及文化活动等场所，始终是居住区绿化的根本任务。

居住区绿地应当为居民提供丰富的户外活动场地，具有满足居民多种户外活动需求的功能。居民最基本的户外活动需求是与自然的亲近和与人的交往。为了增进人与自然的亲和力，居住区绿地应尽量减少绿篱的栽植，多种植一些冠大荫浓的乔木以及耐践踏的草坪，使人能进入其内活动，尽情享受自然环境的乐趣。同时要注意不同空间的分离，因为居住区内居民的年龄、文化层次、兴趣爱好各不相同，活动的内容也不尽一致，因此，应充分考虑为不同人群提供不同的使用空间。在空间的划分上，既要开辟公共活动的开敞式空间，也要考虑设置一些相对私密的半开敞空间，二者互不干扰，又互相衔接、过渡自然。为方便居民使用，绿地中应设置适量的铺装、道路、桌凳、凉亭、路灯以及小型游乐设施和文化活动设施也是十分必要的。可结合园林小品加以布置，增加小品设施的观赏性、趣味性。

（四）文化功能

具有配套的文化设施和一定的文化品位，这是当今创建文明社区的基本标准。居住区绿地对居住区的文化具有重要作用，不仅体现在视觉意义上，还体现在绿地中的文化景观设施上。这种绿化与文化设施（如园林建筑、雕塑、水景、小品等）共同形成的复合型空间，有利于居民在此增进彼此间的了解和友谊，有利于大家充分享受健康和谐、积极向上的社区文化生活。

不同民族或地区的人民，由于生活、文化及历史上的习俗等原因，对居住区绿地中的不同植物常形成带有一定思想感情的看法，有的更上升为某种概念上的象征，甚至人格化。例如中国人对四季常青、抗性极强的松柏类，常用以代表坚贞不屈的革命精神；而对富丽堂皇、花大色艳的牡丹，则视为繁荣兴旺的象征。另外，由于树木的不同自然地理分布，会形成一定的乡土景色和情调；因此，它们在一定的艺术处理下，便具有使人们产生热爱家乡、热爱祖国，热爱人民的思想感情和巨大的艺术力量。一些具有先进思想的文学家、诗人、画家们，更常用植物的这种特性来借喻、影射、启发人们；因此，居住区绿地植物又常成为美好理想的文化象征。

（五）生产功能

居住区绿地除具有以上各种功能外，还具有生产功能。居住区绿地的生产功能一方面指大多数的园林植物均具有生产物质财富、创造经济价值的作用。某些大型居住区可以利用部分绿地种植不仅具有观赏价值而且具有经济价值的植物，植物的全株或其一部分，如叶、根、茎、花、果、种子以及其所分泌乳胶、汁液等，都具有经济价值或药用、食用等价值。有的是良好的用材，有的是美味的蔬果食物，有的是药材、油料、香料、饮料、肥料和淀粉、纤维的原料。总之，创造物质财富，也是居住区绿地的固有属性。

另一方面，由于对园林植物、园林建筑、水体等园林要素的综合利用提高了某些大型居住区公共绿地的景观及环境质量；因此，某些居住区可以通过向居住区外人员开放并收费等方式增加经济收入，并使游人在精神上得到休息，这也是一种生产功能。

总之，居住区绿地的主要任务是美化环境、改善居民的生活、游憩环境，其生产功能的发挥必须从属于居住区绿地的其他主要功能。

生态功能、美化功能和教育、心灵、心理、服务功能以及生产功能是居住区绿地环境设计的基本要素，它们各不相同，但又互相联系，缺一不可。居住区绿地可以划分为公共绿地、生态防护景观绿地、形象景观绿地和休闲游憩景观绿地等几个功能区域。不同功能区域其功能各有侧重，如生态防护景观绿地侧重的是生态功能，而公共景观绿地和休闲游憩景观绿地则侧重美化功能及其他使用功能。然而，一个高质量的居住区绿地环境必定是各种功能的完美统一。因此，在进行居住区绿地生态规划设计时应将这几个方面有机地结合起来，从而为居民提供一个舒适、优美、实用的宜居环境。

二、居住绿地的组成

（一）居住区公共绿地

居住区公共绿地作为居住区内全体居民公共使用的绿地，是居住区绿地的重要组成部分，应根据居住区不同的规划组织结构类型，设置相应的中心公共绿地，包括居住区公园（居住区级）、小游园（小区级）和组团绿地（组团级），以及儿童游戏场和其他块状、带状公共绿地等。

居住区公共绿地是居民进行邻里交往、休憩娱乐的主要活动空间，也是儿童嬉戏、老人聚集的重要场所。居住区公共绿地最好设在居民经常来往的地方或商业服务中心附近。公共绿地与自然地形和绿化现状结合，布局形式为自然式、规则式或两者混合式。植物多为生态保健型，有毒、有刺、有异味的植物应用较少。居住区公共绿地用地大小与全区总用地、居民总人数相适应。

1.居住区公园

居住区公园是居住区级的公共绿地，它服务于一个居住区的居民，具有一定活动内容和设施，是居住区配套建设的集中绿地，服务半径为0.5～1.0km。

居住区公园是居民休息、观赏、游乐的重要场所，布置有适合于老人、青少年及儿童的文娱、体育、游戏、观赏等活动设施，且相互间干扰较少，使用方便。功能分区较细，且动静结合，设有石桌、凳椅、简易亭、花架和一定的活动场地。植物的配置，便于管理，以乔、灌、草、藤相结合的生态复层类植物配置模式为主，为居住区公园营造一个优美的生态景观环境。

2.居住区小游园

居住区小游园是居住小区级的公共绿地，一般位于小区中心，它服务于居住小区的居民，是居住小区配套建设的集中绿地，小游园规模要与小区规模相适应，一般面积以 0.5～3hm² 为宜，服务半径为 0.3～0.5km。

居住区小游园应充分利用居住区内某些不适宜的建筑以及起伏的地形、河湖坑洼等条件，主要为小区内青少年和成年人日常休息、锻炼、游戏、学习创造良好的户外环境。园内分区不会过细，动静分开。静区安静幽雅，地形变化与树丛、草坪、花卉配置结合，小径曲折。小游园也可用规则式布局形式，布局紧凑。小游园内除有一定面积的街道活动场所（包括小广场）外设置有一些简单设施，如亭、廊、花架、宣传栏、报牌、儿童活动场地及园椅、石桌、石凳等，以供居住小区内居民休息、游玩或进行打拳、下棋及放映电影等文体活动。小游园以种植树木花草为主，园内当地群众喜闻乐见的树种采用较多，一般为春天发芽早，秋天落叶退的树种居多。花坛布置多以能减轻园务管理劳动强度的宿根草本花卉为主。

居住区小游园与周围环境绿化联系密切，但也保持一个相对安静的静态观赏空间，避免机动车辆行驶所造成的干扰。

3. 居住区组团绿地

居住区组团绿地在居住区绿地中分布广泛、使用率高，是最贴近居民、居民最常接触的绿地，尤其是老人与儿童使用方便，是居民沟通和交流最适合的空间。一般一个居住小区有几个组团绿地，组团绿地的空间布局分为开敞式、半封闭式、封闭式，规划形式包括自然式、规则式、混合式。

居住区组团绿地结合住宅组团布局，以住宅组团内的居民为服务对象。居住区组团绿地的重要功能是满足居民日常散步、交谈、健身、儿童游戏和小坐等休闲活动的需要。绿地内设置有老年和儿童休息活动场所，离住宅人口最大步行距离在 100m 左右。每个组团绿地用地小、投资少、见效快，面积一般在 0.1～0.2hm²。

4. 居住区其他公共绿地

居住区的其他公共绿地包括儿童游戏场以及其他的块状、带状公共绿地。

（二）居住区宅旁绿地

居住区宅旁绿地是居住区绿地最基本的一种绿地形式，一般包括建筑前后以及建筑物本身的绿地，多指在行列式住宅楼之间的绿地，是居住区绿地内总面积最大，且分布最为广泛的一种绿地类型。宅旁绿地也是居民出入住宅的必经之地，与居民联系最为密切，具有私密性、半私密性的特点。

宅旁绿地的面积大小及布置受居住区内的建筑布置方式、建筑密度、间距大小、建筑层数以及朝向等条件影响。宅旁绿地能形成比较完整的院落布局，绿地可集中布置，形成周边式建筑绿地；行列式能使住宅具有较好的朝向，因此是目前采用较多的住宅区规划形式，而行列式布置的建筑之间，除道路外，常形成建筑前后狭长的绿地；此外还有混合式和点状式布置的建筑，其绿地的布置也应与建筑布置相协调，一般建筑密度小，间距大，层数高，则绿地面积大，反之则绿地面积小。

（三）居住区配套公建所属绿地

居住区配套公建所属绿地，又称专用绿地，指在居住区用地范围内，各类公共建筑及公用服务设施的专属绿地。主要包括居住区学校、商业中心、医院、垃圾站、图书馆、老年及青少年活动中心、停车场等各场所的专属绿地。

托儿所、幼儿园一般位于小区的独立地段，或者在住宅的底层，需要一个安静的绿地环境。托儿所、幼儿园包括室内和室外活动场地两部分。室外活动场地设置有公共活动场地、班组活动场地、菜园、果园、小动物饲养地等。幼、托机构绿地的植物种类多样，景观效果及环境效应良好，气氛活跃。绿地植物不宜多刺、恶臭和有毒，以免影响儿童健康。

商店、影剧场前设置具有人群集散功能的宽敞空间，这些区域的绿化能满足交通和遮阴功能的要求，且具有艺术效果；锅炉房附近留有足够面积的堆煤场地（尤其是北方）和车辆通道，周围乔灌木居多，可以与周围隔离。

（四）居住区道路绿地

居住区道路绿地指居住区内主要道路两侧红线以内的绿化用地以及道路中央的绿化带，包括行道树带、沿街绿地及道路中央的绿化带。居住区道路绿地是居住区绿地的重要组成部分，具有遮阴防晒、保护路面、美化景观等作用，也是居住区"点、线、面"绿地系统中"线"的部分，具有连接、导向、分割、围合等作用，能沟通和连接居住区公共绿地、宅旁绿地等各种绿地。

居住区内除较宽的主干道能够区分车行道与人行道外，一般道路都是车行道和人行道合二为一。道路两侧以行列式乔木庇阴为主。较窄的道路两侧植物以中、小乔木为主，如女贞、棕榈、柿、银杏、山楂等；较宽的道路，通常在人行道与车行道之间、通道与建筑之间设绿带。

第二节　居住区绿地植物选择与配置

一、居住区绿地植被选择配置的依据和标准

由于居民每天大部分时间都在居住区中度过，居住区绿地的主要服务对象要以老人和儿童为主体。因此，居住区绿地规划设计要把杀菌保健功能放在首位，最大限度地发挥植物改善和美化环境的功能，植物配置力求科学、合理、规范。居住区绿地植物要在提高植物种植丰实度的基础上，构建观赏型、保健型等乔木、灌木、草本、藤本有机结合的复层人工植物群落，以最大限度地发挥植物的生态效益。在植物配置上，应体现出季相的变化，做到"三季有花，四季常青"，在植物种类上要应用一定的新优植物。

（一）以乡土树种为主，突出地方特色

居住区绿化应强调以植物造景为主，植物选择以乡土树种为主，外来树种为辅，着重突出地方特色。乡土树种是经过长期的自然选择留存的植物，反映了区域植被的历史，对本地区各种自然环境条件具有较好的适应性，易于成活、生长良好、种源多、繁殖快，还能体现地方植物特色。乡土树种是构成地方性植物景观的主要树种，是反映地区性自然生态特征的基调树种，也是植物多样性就地保存的内容之一。因

此，无论从景观因素还是从生态因素上考虑，居住区绿地树种选择都必须优先应用乡土树种。一些外来树种经过引种驯化后，特别是其原产地的生境与本地区近似的树种，一些确认适应性较强的优良树种也可以引进用来作为居住区绿化树种，乡土树种与外来树种相结合，以丰富树种的选择，增加居住区人工复层植物群落的多样性和稳定性。

（二）发挥良好的生态效益

居住区绿地的功能是多方面的，而环境优美、整洁、舒适方便和追求生态效益，满足居民游憩、健身、观景和交谊的需要仍然是最本质的功能。居住区是人居环境最为直接的空间，居住区绿地设计应体现以人为本的原则，以创造舒适、卫生、宁静的生态环境为目的。

在植物品种的选择及布局上，要充分考虑居住区绿地植物的医疗保健作用，适当多用松柏类植物、香料植物、香花类植物。这些植物的叶片或花，可分泌一些芳香类物质，不仅能杀死空气中的细菌，而且对人有提神醒脑、沁心健身的作用。另外，要充分利用植物造景，创造好的生态效益及景观效果。

居住区绿地是构成整个城市点、线、面结合的绿地系统中分布最广的"面"，而面又需要有合理的绿地布局，不能只靠某一种绿地来实现，要公共绿地、道路绿地、宅旁绿地、专用绿地相结合。合理配置树种，使居住区绿地具有保健、科普以及防尘、减噪、避震等多种功能。在人们密集活动区和安静休息区都应有必要的隔离绿带，结合景区划分，进行功能分区。

（三）考虑季相和景观的变化，乔、灌、草、藤有机结合

在居住区，人们生活在一个相对固定的室外空间，每天面对相同的居住环境，因而增强居住区季相和景观的变化显得较为重要。良好的居住区环境绿化除了有一定数量的植物种类以外，还应有植物类型和组成层次的多样性作基础。应采用常绿树与落叶树、乔木和灌木、速生树和慢生树、重点树种与一般树种相结合的植物配置方式。对于北方城市居住区的绿化，要注意常绿树的比例，达到四季常青的效果。速生树与慢生树结合，可以尽快达到理想的、长远稳定的绿化效果；种植绿篱、花卉、草皮、地被植物等，使其相互结合，以增大绿地率、增强景观效果，美化居住环境；特别应在植物配置上运用不同树形、色彩的树种搭配种植，并用一定量的花卉植物来体现季相的变化。

如春夏两季可采用的有柳树、糖槭；灌木有丁香、榆叶梅、碧桃、黄刺玫、珍珠梅、连翘、月季、玫瑰、绣线菊、茶藨子、胡枝子等；宿根花卉如牡丹、芍药、萱草、玉簪、大丽花、百合、荷包牡丹、唐菖蒲、美人蕉等。在进行居住区绿地规划设计时，应充分考虑到植物开花的先后顺序，花期长短，使之衔接、配置得当，花朵竞相开放，延长花期，即可形成一个百花争艳、万紫千红的绿化彩化环境。

秋季植物的景观变化，主要体现在植物的叶色同周围环境衬托。如加拿大杨、白蜡树、复叶槭、元宝槭、卫矛等。

冬季里用红皮云杉、红瑞木相配置；种植五针松、白皮松、黑松、柞树、白杆云杉、樟子松等都是有色彩的树种；与冬季雪景相衬托，茶条槭红色的叶子与白雪相映，红白分明，以体现冬季的美景。

除色彩外，还可利用树姿来创造美。如：杜松的圆锥状树形、油松的高雅气质、锦鸡儿的绿色树皮、暴马丁香落叶后的树姿，都具美的特性。

另外，三叶地锦等藤本植物的应用不仅增加居住区植物群落的多样性，而且藤本植物对墙面、屋顶、阳台、廊架等具有很好的遮阴、美化效果，提高了居住区环境的绿视率和美景度。

（四）选择易管理的树种

由于大部分居住区的绿地管理相对落后，同时考虑资金的因素，宜选择生长健壮、管理粗放、病虫害少、有地方特色的优良植物种类。还可栽植些有经济价值的植物，特别在庭院内、专用绿地内可多栽既经济又有较好观赏价值的植物，如核桃、樱桃、葡萄、玫瑰、连翘等。

花卉的布置可以使居住区增色添景，可考虑大量种植宿根花卉及自播繁衍能力强的花卉，以省工节资，获得良好的观赏效果，如美人蕉、蜀葵、玉簪、芍药等。

（五）提倡发展垂直绿化

在绿化建筑物墙面、各种围栏、矮墙上宜选用多种攀缘植物，利用爬藤植物的攀缘性增加绿色空间。这样，既扩大了绿色范围，又由于植物季相的丰富变化补充了建筑的立面效果，使得这些给人以生硬感的景观，转化为具有生命力、柔和、亲切感的软质景观，提高了居住区立体绿化效果及绿视率；而且可用攀缘植物遮拦丑陋之物，这是一种早已被人们所接受和广泛采用的扩大绿色空间的办法，使人们生活在一个绿色的环境里。主要攀缘植物有地锦、五叶地锦、金银花、蔓生月季、南蛇藤、紫藤、美国凌霄、葡萄等。

（六）注意植物生长的生态环境，适地适树

由于居住区建筑往往占据光照条件好的方位，绿地常常受挡而处于阴影之中。在阴面应考虑耐阴植物的选用，如珍珠梅、金银木、桧柏等。对于一些引种树种要慎重，以免"水土不服"，生长不良。同时可以从生态功能出发，建立有益身心健康的香花、有益招引鸟类的保健型植物群落。

总之，居住区绿地的质量直接关系到居住区内的温度、湿度、空气含氧量等指标。因此，要利用树木花草形成良好的生态结构，努力提高绿地率，达到新居住区绿地率不低于30%，旧居住区改造不宜低于25%的指标，创造良好的生态环境。然而，居住区绿化不能只是简单地种些树木，应该从改善居住区的环境质量、增加景观效果、提高生态效益及卫生保健等方面统筹考虑，满足居民生理和心理上的需求。

植物选择要考虑多样性，丰富的树种类别不仅能与居住区内多种设施的结合形成多样景观，而且能增加居住区人工植物群落的稳定性以及植物景观丰富度和美景度。植物配置方面也应注意多样性，特别在植物组合上，乔木、灌木、地被、草坪、藤本的合理组合，常绿树与落叶树的比例、搭配方式等，都要充分注重生物的多样性。只有保证物种的多样性，才能保持生态的良性循环。为了充分发挥生态效益，尽早实现环境美，应进行适当密植；并依照季节变化，考虑树种搭配，做到常绿与落叶相结合、乔木与灌木相结合、木本与草本相结合、观花与观叶相结合，形成三季有花、四季常青的植物景观。

二、居住区绿地典型植被配置模式

在居住区绿地规划设计中，要合理确定各类植物的比例，除了应达到一些表面的指数指标如绿地率、物种多样性等标准之外，还应满足以下条件：

（一）植物群落功能多样性

居住区绿地中的植物群落首先应具有观赏性，能创造景观，美化环境，为人们提供休憩、游览和文化生活的环境；其次具有改善环境的生态性，通过植物的光合、蒸腾、吸收和吸附作用，调节小气候，吸收固定环境中的有害物质、削减噪声、防风防尘、维护生态平衡、改善生活环境；再次是具有生态结构的合理性，它具有合理的时间结构、空间结构和营养结构，与周围环境组成和谐的统一体。

（二）群落类型的多样性和布局合理性

在居住区绿地的规划设计中，应考虑各项绿地的类型和方位，合理布置不同类型的绿地，充分利用现状条件，综合运用环境艺术处理手法，尽量创造多样的植物群落类型，比如生态保健型植物群落、生态复层型植物群落等。

（三）景观体现文化艺术内涵

居住区环境具有人类文化艺术的属性。因此，居住区绿地规划设计不能忽略其与文化艺术的联系，缺乏文化含义和美感的居住区绿地是不会被接受的。居住区绿地规划设计应结合当地的大环境，运用植物最本身的特色，力争赋予居住区各类绿地的植物景观以文化艺术内涵。

根据对城市居住区常用绿化植物的综合评价、分级及对现状树种普查的综合结果，从以下三个方面对相关配置模式进行筛选、构建。

1. 筛选出适合城市居住区绿地最常用的10～20种园林植物。

2. 归纳总结出各类绿地的基本配置模式。

3. 综合考虑植物配置模式的群落结构、观赏特性、观赏时序和生态绿量等因素。

结合城市生态园林植物配置的经验，构建适合城市居住区、能够长期稳定共存的复层混交立体植物群落，有利于人与自然的和谐共处，充分发挥居住区绿地的生态效益、经济效益和社会效益。

三、工业污染居住区绿地植物配置模式

处于城市工业污染地区范围内的居住区景观植物配置要以通风较好的复层结构为主，组成抗性较强的植物群落，有效地改善工业污染区域内的生态环境，提高生态效益。适用于工业污染居住区的耐污型人工植物群落如下：

（一）隔离带绿化植物配置模式

桧柏/侧柏-泡桐/毛白杨/构树-紫叶李/木槿/小叶女贞/黄杨/紫丁香-马尼拉草/麦冬。也可以种植一些防火隔离的树种，如银杏，冬青等。

（二）减噪效果好的植物配置模式

毛白杨/法国冬青/海桐/广玉兰/紫叶小案/凤尾兰-红花酢浆/鸢尾/葱兰。可选择叶面大、枝叶茂密、减噪能力强的树种，一般采用乔灌木组成的复层混交林和枝叶密集的绿篱、绿墙减噪。

（三）滞尘能力强的植物配置模式

泡桐/臭椿/毛白杨/臭椿/国槐-榆叶梅/紫叶小果/大叶黄杨-忍冬/鸢尾。

（四）综合抗污染能力强的植物配置模式

侧柏/云杉-泡桐/银杏/臭椿-紫穗槐/金银木-铺地柏/地被；国槐/刺槐/栾树-丁香/珍珠梅-玉簪/石竹。

上述几种种植模式设计，以抗性强的树种为主，结合抗污性强的新优植物，既丰富了植物种类，美化了环境，又适合粗放管理，满足工业居住区绿地养护管理的需要。

第三节　居住区绿地生态规划指导思想与原则

一、居住区绿地生态规划指导思想

（一）以生态学理论为指导

生态学是研究人类、生物与环境之间复杂关系的科学。随着城市化进程的加快，全球生态环境不断恶化，20世纪60年代以来，为保护人类赖以生存的环境，欧美一些发达国家的学者将生态学与环境科学引入城市科学，从宏观上改变人类环境，体现人与自然的最大和谐。生态学及相关理论不仅对生态城市建设具有重要意义，而且也成为园林规划设计和居住区绿地规划设计的重要指导思想。居住区绿地作为城市绿地的重要组成部分，其生态规划设计及建设是改善城市生态环境的重要途径。居住区绿地规划设计应以生态学的理论为指导，以居住区生态绿地系统整体性和维护居住区生态系统平衡为出发点，遵循相互依存与相互制约、物质循环与再生、物质输入与输出动态平衡、相互适应与补偿的协同进化、环境资源的有效极限、反馈调节规律等，构建良好的居住区生态系统，营造生态、和谐的良好居住区环境。

（二）科学性与艺术性协调统一

居住区绿地的生态规划设计必须同时满足科学性和艺术性。科学性要求掌握植物学、测量学、土壤、建筑构造、气象等知识，艺术性要求了解美学、美术、文学等方面的理论。唯有如此，才能把握住居住区绿地的艺术性、经济实用性和发展性。艺术性是指居住区绿地在满足居民欣赏、活动、游憩需要的同时能够创造出美感。经济实用性是指在达到上述目的过程中，应将所需投资减至最小；并使游人在可能的情况下，获取一些实用价值。发展性往往被忽略，实际上每种文化都在参与甚至于支配社会的运作，发达的社会背后必有先进的文化作为一种精神消费。在居住区生态绿地规划设计过程中要注重体现地方特色，丰富其文化内涵，增加其发展延续性。只有将以上三原则和谐地统一起来，才能创造出符合时代要求的精品，创造生态和谐的居住环境。

（三）遵循继承与创新理念

在居住区绿地生态规划设计过程中，必须遵循继承与创新相结合的理念。作为与人民生活息息相关的居住区绿地的生态规划设计及建设，必须要遵循"百家争鸣"和"百花齐放"的方针。在居住区绿地生态规划设计发展的过程中，积累了一定的理论与实践经验，我们要继承居住区绿地生态规划设计发展过程中形成的先进理念及最新技术，如因地制宜、以人为本等设计理念都体现了对居住区绿地的生态建设。同时由于时代不同，现代居住区绿地所包含的内容和它应发挥的功能已今非昔比；而且由于居住区气候、土壤等自然条件不同对居住区绿地的要求也有所不同。因此，要因地制宜进行创新性规划设计。变是绝对的、永恒的，不变是相对的、暂时的，因此根据变化发挥一定的创新精神是有必要的，居住区绿地规划设计必将跟随时代潮流在继承与创新中发展。

（四）创建宜居环境

创建宜居环境，是城市人工生态平衡的重要一环。随着城市现代化进程的加快，城市住宅将向标准化、多样化发展，居住区绿地生态规划设计和建设也将出现一个新的阶段，加上中国居住区的发展现状，不但给居住区的绿化工作提出了新的课题，而且也将使居住区绿地在城市居住环境质量提升以及城市建设方面发挥更大的作用。创建宜居环境是城市环境建设的重要环节。创建宜居环境，提高环境绿化美化水平不仅关系到千家万户安居乐业、社会稳定和长治久安等国计民生大计，而且关系到现代化国际大都市建设的质量和进度。

居住区绿地是居住区中不可缺少的有机组成部分。它利用植物材料构成了一个既有统一变化和节奏感，又有韵律感的生活空间；它是环境质量的一个重要标志，对居民的身心健康有着不可估量的影响。居住区绿地具有其特殊性，它是居民室外主要活动空间，其分布最广，最靠近居民，为居民经常利用和享有的最经济的绿地。虽然其面积较小，但它的利用率高。创建宜居环境，居住区绿地规划设计应依据中国居住区绿地现状，力求创新，创建各具特色居住环境；交通道路应合理分流，减少对居住的影响；构建物种、色彩、布局丰富的复层植物群落，改善居住区生态环境同时增强其艺术性，加强绿地与景观设施的结合，营造多样的人际交往空间。

二、居住区绿地生态规划设计的原则

（一）"适用、经济、美观"原则

"适用、经济、美观"是居住区绿地生态规划设计必须遵循的首要基本原则。居住区绿地生态规划设计具有较强的综合性，所以要求做到适用、经济、美观三者之间的辩证统一。适用、经济、美观是评价事物的标准，人们为了生存而创造的事物都可以用这个标准来衡量。三者之间的关系是相互依存、不可分割的。当然，同任何事物发展规律一样，三者之间的关系在不同的情况下，根据不同性质、不同类型、不同环境的差异，彼此之间有所侧重。

一般情况下，居住区绿地生态规划设计首先要考虑"适用"的问题。所谓"适用"，一层含义是居住区绿地生态规划设计时要"因地制宜"，使其具有一定的科学性；另一层含义是居住区绿地的不同类型、不同空间、不同设施等都应该有其相适应的功能服务于不同的居民。"适用"原则具有一定的永恒性与长久性。居住区绿地生态规划设计不能盲目注重观赏性而忽视适用性。"适用"原则要求在居住区绿地生态规划设计中体现其功能性、生活性，减少形式化。但是，当前的居住区绿地生态规划设计过于注重形式而忽略适用性，造成大量人力、物力、财力的浪费。

在"适用"的前提下需要考虑"经济"问题。"经济"就是在居住区绿地规划设计和建设中通过对原有环境资源的利用，合理地投入资金，以获得最大的综合效益。居住区绿地规划设计中普遍存在"高投资等于高质量"的错误观点。在居住区绿地建设的投资中，地形的处理占据了很大比例。如果在规划设计过程中，充分考虑利用原有的地形、气候条件和地域特色等进行适当的地形改造，做到设计区域内的土方平衡，就会在营造出良好景观效果的同时节省大量资金投入。"经济"原则的实质，是尽量在投资少的情况下达到良好的规划设计效果。

在"适用""经济"前提下，尽可能做到"美观"，即满足居住区绿地布局、造景艺术要求。在某些特定条件下，"美观"要求被提到最重要的地位。实质上，"美观"本身就具有"适用"的含义，也就是观赏价值。居住区绿地中的假山、雕塑作品等起到装饰、美化环境，创造出感人的精神文明氛围的作用，这就是一种独特的"适用"价值。居住区绿地所追求的美是和谐美，要避免矫揉造作，在满足居住区绿地功能的同时与周围环境和谐统一，与居住区环境所蕴藏的地域文化特色、时代特征相统一，赋予整个环境文化的底蕴。在对自然环境热爱与尊重的基础上，还应体现出居住区绿地的个性美，和谐会更加突出个性。

居住区绿地规划设计中，"适用、经济、美观"原则之间不是孤立的，而是紧密联系不可分割的整体。单纯地追求"适用、经济"，不考虑艺术的美感，就会降低居住区绿地的艺术水准，丧失吸引力；如果单纯地追求"美观"，不能全面考虑到"适用"或"经济"问题，就会产生不切实际的居住区绿地规划设计方案。所以，居住区绿地的规划设计必须在"适用"和"经济"的前提下，尽可能地做到"美观"，三者必须协调，统一考虑，最终创造出理想的居住区绿地景观。

（二）生态性原则

实现可持续发展是居住区绿地规划设计的目标，在居住区绿地生态规划设计中坚持生态性，对实现居住区可持续发展具有重要作用。强调在发展过程中合理利用原有资源，提倡将先进的生态技术运用到居住区绿地规划设计及建设中，减少施工过程中对环境的破坏，避免资源、材料的浪费。

提倡使用地方材料，达到资源永续利用，提高物质、能量的利用率，改变居住区环境输入养分、水分、能源而输出废气、废水、废物的单向消费方式。例如，可利用有机垃圾制造肥料，在居住区绿地内种植花卉和蔬菜；通过屋顶蓄水，地面吸水来排除雨水，使地下水得到补充和恢复等。

居住区绿地生态规划设计与建设中，适当采用新技术、新材料、新设备。如采用被动式太阳能设施，节约热水及采暖系统中消耗的能源采用简单而合理的技术手段，改善居住区环境质量。例如，少设硬质铺地，增加软质地面，扩大植被覆盖率；通过地表环境设施的色彩、形状、立体的绿化等，改善地面辐射状况，减少热岛效应，创造理想的微气候，使居住区环境得到永恒持续的发展。

（三）整体性原则

居住区绿地生态规划设计必须建立在整体性的基础上，坚持从系统分析的原理和方法出发，强调居住区绿地生态规划设计的目标与区域或城市总体规划目标的一致性，符合城市总体规划的要求，即：居住环境是城市环境的一个组成部分，应与周边环境相互依存、相互制约；不能只为居住区绿地生态环境的营造或发展而损害、侵占、掠夺周边环境的资源，或是将自身的污染扩散、转嫁到周边环境中。

在居住区绿地生态规划设计阶段应根据居住区不同的规划布局形式，采用集中与分散相结合，点、线、面相结合的方式，使绿地指标及其功能得到平衡，方便居民使用。追求社会、经济和生态环境的整体最佳效益。各种具体规划要在遵循该原则的基础上强调各自的最佳效益，努力创造一个社会文明、经济高效、生态和谐、环境洁净的人工复合生态系统。

居住区绿地生态规划设计的整体性还体现在居住区景观的总体规划上。居住区绿地的生态规划设计应反映自身特色，将绿地的构成元素、周围建筑的功能特点、居民的行为心理需求和当地的文化艺术因素等综合考虑，处理好绿化空间与建筑物的关系，使二者相辅相成融为一体。各种居住区绿地小地块的作用相对较弱，只有将各种小地块连成网络，才能发挥更大的生态效应。另外，将居住区绿地生态系统建设为一个统一的整体，才能保证其稳定性，增强居住区绿地生态系统对外界干扰的抵抗力，从而大大减少维护费用。

居住区绿地生态规划设计的整体性还表现在居住区人地系统的协调共生，居住区人地系统各子系统之间和各生态要素之间相互影响、相互制约。其不仅影响到整个居住区绿地系统的稳定性，而且直接关系到居住区绿地系统的结构和整体功能的发挥。居住区人地系统的协调是指要保持居住区与城乡、部门与子系统、各层次、各要素以及周围环境之间相互关系的协调、有序和平衡，保持生态规划与总体规划、近期目标与远期目标的协调一致。居住区人地系统的共生是居住区绿地不同种类的子系统合作共存、互惠互利的现象，其结果是在居住区绿地生态规划设计及建设过程中，原材料、能量和运输量得到明显的节约，系统获得了多重效益。

（四）因地制宜的原则

所谓"因地制宜""巧于因借"就是要根据居住区绿地原有地形的特点，对其进行不同风格、属于本地域的居住区生态绿地规划设计，达到"虽由人作，宛自天开"的景观效果。居住区绿地生态规划设计需要综合考虑居住区及其所在城市的性质、气候、民族、习俗和传统风貌及居住群体类型等特点以及居住区绿地周围的环境条件，充分利用原有条件，节约用地和投资。对原有古树名木加以保护和利用，并作为规划设计的一部分。充分发掘地方文化、传统精神、文物古迹、建筑文脉、生活形态和社区精神等，因地制宜地创造出具有时代特征和地域特色的居住环境。

居住区绿地生态规划设计的因地制宜原则还体现在植物的选择与配置应用上，任何一个植物群落都有其特定的分布范围；同样，特定的区域往往有特定的植物群落与之适应。因此，在居住区绿地的生态规划设计过程中，要注重采用当地的植物群落，即以当地的主要植被类型为基础，以乡土植物种类为核心，这样才能最大限度地适应当地的环境，保证居住区绿地植物群落稳定，营造良好的居住区植物景观环境。

（五）以人为本原则

以人为本是人们在居住区绿地生态规划设计过程中一直追求的高层次原则，是对设计师提出的更高要求。以人为本的居住区绿地生态规划设计原则要求站在人性的高度上进行规划设计，综合协调景观设计所涉及的深层次问题，注重整体性、实用性、艺术性、趣味性的结合。

居住区绿地受居住区用地的限制，规模不等，其生态规划设计要处处以人为本，通过人的活动尺度掌握绿化和各项公共设施的尺度，以取得平易近人的感观效果，营造亲切的人性空间；合理组织、分隔空间，满足不同年龄居民活动、休息的需要。当绿地有一面或几面开敞时，要在开敞面用绿化等设施加以围合，使居民免受外界视线和噪声的干扰，当居住区绿地被建筑包围产生封闭感时，则宜采用"小中见大"的手法，创造软质空间，模糊绿地与建筑的边界，同时防止在这样的绿地内放置体量过大的构筑物或尺度不适宜的小品，有利于建立良好的环境卫生和小气候条件；居住区公共绿地，无论集中或分散设置，都必须选址于居民经常经过并能到达的地方；对于行动不便的老年人、残疾人或自控能力低的幼童，更应该考虑其通行能力，强调绿地中的无障碍设计和安全保障措施，为其生活和社会活动提供条件。在注重以人为本原则的同时，应赋予环境景观亲切宜人的艺术感召力，通过美化生活环境，体现社区文化，促进人际交往和精神文明建设，并提倡公共参与设计、建设和管理，这也是居住区环境可持续发展的重要要求。

第四节 居住区绿地生态规划设计

一、居住区生态绿地系统

广义地讲，生态系统是指一定地段上所包括的生物与非生物环境的综合。居住区生态绿地系统是居住区内不同类型、不同性质和规模的各类绿地共同组合构建而成的一个稳定持久的居住区绿色环境体系。居住区生态绿地系统由居住区生态环境和居住区内生物群落两部分组成。居住区生态环境是居住区生物群落存在的基础，为居住区生物的生存、生长发育提供物质基础；居住区生物群落是居住区生态绿地系统的核心，是与居住区生态环境紧密相连的部分。居住区生态环境与居住区生物群落互为联系，相互作用，共同构成了居住区生态绿地系统。居住区广泛分布在城市建设区内，居住区生态绿地系统构成了整个城市生态绿地系统点、线、面上绿化的主要组成部分，是最接近居民的最为普遍的生态绿地系统形态。

人类与其他物种一样，参与了生物圈内的物质能量循环。一般生态循环的基本功能是从外界输入能量和物质，通过内部能量流动和物质循环，把经过生物过程制造的产品或多余的物质和能量输出或释放，居住区绿地系统明显有固碳释氧、防风防污、降温增湿等生态系统所具有的一些功能。一个生物系统总是占据一定空间并随时间的流逝发生演变，居住区绿地系统也会随着绿色植物的生长、衰亡及物种的增减而使系统功能逐渐增强或减弱。一个相对稳定的生态系统总是具有一定的保持平衡、抵抗干扰的能力，居住区绿地虽然常受到不同程度的污染、破坏等，但都有一定的恢复功能。

（二）居住区生态绿地系统的组成

居住区生态绿地系统作为一个独立发生功能的生态系统，包括生产者、消费者、分解者和居住区非生物环境。

1. 生产者

主要指居住区绿地植物。居住区绿地植物包括各种树木、草本、花卉等陆生和水生植物。居住区绿地植物是居住区生态绿地系统的初级生产者，利用光能（自然光能和人工光能）合成有机物质，为居住区生态绿地系统的良性运转提供物质、能量基础。

2. 消费者

主要是人及居住区内的动物。居民作为居住区生态绿地系统的消费者，处于主导地位，与其他物种一样，参与居住区生态绿地系统的物质能量循环。居住区内动物是居住区生态绿地系统中的重要组成成分，对维护居住区生态绿地系统生态平衡，改善居住区生态环境，有着重要的意义。常见的动物主要有各种鸟类、哺乳类、两栖类、爬行类、鱼类以及昆虫等。由于人类活动的影响，居住区环境中大中型兽类早已绝迹，小型兽类偶有出现，常见的有蝙蝠、刺猬、蛇、蜥蜴、花鼠等。居住环境中昆虫的种类相对较多，以鳞翅目的蝶类、蛾类的种类和数量最多。

3. 分解者

即在居住区环境中生存的各种细菌、真菌、放线菌、藻类等。居住区微生物通常包括居住区环境空气微生物、水体微生物和土壤微生物等。

4. 居住区非生物环境

主要是指：（1）太阳辐射；（2）无机物质；（3）有机化合物，如蛋白质、糖类等；（4）气候因素。

（三）居住区生态绿地系统的结构

居住区生态绿地系统的结构主要指构成居住区生态绿地系统的各种组成成分及量

比关系，各组分在时间、空间上的分布，以及各组分同能量、物质、信息的流动途径和传递关系。居住区生态绿地系统的结构主要包括物种结构、空间结构、营养结构、功能结构和层次结构五方面。

1. 物种结构

居住区生态绿地系统的物种结构是指构成系统的各种生物种类以及它们之间的数量组合关系。居住区生态绿地系统的物种结构多种多样，不同的系统类型，其生物的种类和数量差别较大。草坪类型物种结构简单，仅由一个或几个生物种类构成；小型绿地如小游园等由几个到十几个生物种类构成；居住区公园则是由众多的植物、动物和微生物所构成的物种结构多样、功能健全的生态单元。

2. 空间结构

居住区生态绿地系统的空间结构指系统中各种生物的空间配置状况。通常包括垂直结构和水平结构。

（1）垂直结构

居住区生态绿地系统的垂直结构即成层现象，是指居住区生物群落，特别是居住区植物群落的同化器官和吸收器官在地上的不同高度和地下不同深度的空间垂直配置状况。目前，居住区生态绿地系统垂直结构的研究主要集中在地上部分的垂直配置上。主要表现为以下6种配置状况：

①单层结构。仅由一个层次构成，或草本，或木本，如草坪、居住区道路行道树等。

②灌草结构。由草本和灌木两个层次构成。

③草结构。由乔木和草本两个层次构成，如简单的绿地配置。

④乔灌结构。由乔木和灌木两个层次构成。

⑤乔灌草结构。由乔木、灌木、草本三种层次构成，如居住区小游园的植物配置。

⑥多层结构。除乔灌草以外，还包括各种附生、寄生、藤本等植物配置，如居住区公园的植物配置。

（2）水平结构

居住区生态绿地系统水平结构是指园林生物群落，特别是居住区植物群落在一定范围内的水平空间上的组合与分布。它取决于物种的生态学特性、种间关系及环境条件的综合作用，在构成群落的静态、动态结构和发挥群落的功能方面有重要作用。居住区生态绿地系统的水平结构主要表现在自然式结构、规则式结构和混合式结构三种类型。

①自然式结构。

居住区植物在平面上的分布没有表现出明显的规律性，各种植物的种类、类型，以及其各自的数量分布，都没有固定的形式，常表现为随机分布、集群分布、均匀分布和镶嵌式分布四种类型。

②规则式结构。

居住区植物在水平分布具有明显的外部形状，或有规律性地排列。如圆形、方形、菱形、折线等规则的几何形状，对称式、均匀式等规律性排列，具某种特殊意义如地图类型的外部形态等。

③混合式结构。

居住区植物在水平上的分布有自然式结构又有规则式结构的内容，将二者有机地结合。在实践中，有的场地单纯的自然式结构往往缺乏其庄严肃穆氛围，而纯粹的规则式结构则略显呆板，将二者有机地结合、则可取得较好的景观效果。

3. 时间结构

居住区生态绿地系统的时间结构指由于时间的变化而产生的居住区绿地生态系统的结构变化。其主要表现为以下两种变化：

（1）季相变化

是指居住区生物群落的结构和外貌随季节的更迭依次出现的改变。植物的物候现象是居住区植物群落季相变化的基础。在不同的季节，会有不同的植物景观出现，如传统的春花、夏叶、秋果、冬型等。随着各种园林植物育种、切花等新技术的大范围应用，人类已能部分控制传统季节植物的生长发育，未来的季相变化会更丰富。

（2）长期变化

即居住区生态绿地系统经过长时间的结构变化。一方面表现为居住区生态绿地系统经过一定时间的自然演替变化，如各种植物，特别是各种高大乔木经过自然生长所表现出来的外部形态变化等，或由于各种外界干扰使居住区生态绿地系统所发生的自然变化；另一方面是通过对居住区的长期规划所形成的预定结构表现，这以长期规划和不断的人工抚育为基础。

4. 营养结构

居住区生态绿地系统的营养结构是指居住区生态绿地系统中的各种生物以食物为纽带所形成的特殊营养关系。其主要表现为由各种食物链所形成的食物网。

居住区生态绿地系统的营养结构由于人为干扰严重而趋向简单，特别在城市环境中表现尤为明显。居住区生态绿地系统的营养结构简单的标志是居住区内动物、微生物稀少，缺少分解者。这主要是由于居住区植物群落简单、土壤表面的各种动植物残体，特别是各种枯枝落叶被及时清理造成的。居住区生态绿地系统营养结构的简单化，迫使既为居住区生态绿地系统的消费者，又为控制者和协调者的人类不得不消耗更多的能量以维持系统的正常运行。按生态学原理，增加园林植物群落的复杂性，为居住区内各种动物和微生物提供生存空间，既可以减少管理投入，维持系统的良性运转，又可营造自然氛围，为人类保持身心的生态平衡奠定基础。

二、居住区绿地系统布局的主要模式

（一）哈罗模式

这种模式以英国哈罗新城为典型。新城的居住区之间、居住区内各小区之间、各住宅组团之间均有绿地隔开。这些绿地是城市绿地由郊野连续不断地渗入居住区内部，形成联系紧密的有机整体。这种模式具有最大的整体性与连续性，从景观和生态角度看，最为有利。在哈罗之后美国的哥伦比亚新城、法国的玛尔拉瓦雷新城等均采用这种模式。苏联在1990年的《建筑法规》中规定，居住区必须用干道或宽度不小于100m的绿化带将居住生活用地分为若干个面积不超过250hm²的区域，城市和居民点必须考虑建立连续不断的绿地和其他开阔空间系统等。

这种模式因为需要大片的绿地，仅适用于用地条件比较宽松的城市和居住区。由绿带和干道隔离的居住区具有单一中心和内向封闭性，从居民认知角度看，易于产生明确的边界和区域意象；但有时由于公共服务设施的可选择性较小，居民容易产生孤独感。所以，这种模式适用于远离中心区的独立居住区。

（二）昌迪加尔模式

这种模式以印度昌迪加尔为典型，特点是以带状公共绿地贯穿居住区，这些公共绿地相互联系成为纵贯城区的绿带。居住区内部，带状公共绿地与住宅组群接触比较充分，住宅组群的绿地可直接与之连通。这种模式住宅群可以保持较高密度，绿带宽窄变化比较灵活，居民对公共服务设施有较多的选择余地；绿带方向与夏季主导风向一致，有利于通风，居民也便于形成明确的环境意象。在小规模居住区采用这种模式的较多，美国底特律花园新村、苏联一些小区规划及上海浦东新区锦华小区等都有类似的规划意图。

（三）日本模式

这是在用地紧张的情况下的一种居住区绿地布局模式。居住区以交通干道为界，各级公共绿地作为嵌块位于相应规模的用地中心，各嵌块之间由绿道相联系，基本上也是一种向心封闭的模式。在住宅高密度条件下可以保证公共绿地的均匀分布，适用于城市中心区附近的居住区和用地紧张的城市。嵌块面积和绿道数量、宽度决定了系统的整体性与连续性的强弱，1963年的日本草加松原居住区为日本模式的典型实例。

（四）散点式模式

这种模式与日本的绿地分布模式有相似之处。由于中国人多地少，城市用地紧张，长期以来绿地指标与国外许多发达国家相比一直偏低，居住区的绿地系统也长期得不到重视；同时由于深受苏联游憩绿地分级均匀分布思想的影响，中国居住区绿地系统布局基本是散点式布局。按照公共绿地不同层次，目前中国绿地的结构模式有以下几种类型：

1. 居住区公园+小区游园+组团绿地+宅间绿地，如北京方庄居住区。
2. 居住区公园+组团绿地+宅间绿地，如江西乐平凤凰-世纪华城住宅小区。
3. 小区游园+组团绿地+宅间绿地，如厦门蓝湾国际居住区。

三、居住区公园生态规划设计

居住区公园是居住区中规模最大，服务范围最广的中心绿地，为居民提供交往、游憩的绿化空间。居住区公园的面积一般都在10hm²以上，相当于城市的小型公园。公园内的设施比较丰富，有体育活动场地、各年龄组休息活动设施、画廊、阅览室、茶室等。居住区公园是为整个居住区的居民服务的，通常布置在居住区中心位置，以方便居民使用。服务半径以800～1000m，居民步行到居住区公园约10min的路程为宜。

（一）居住区公园的生态规划设计要求

1. 满足健身、教育等功能要求

居住区公园作为居住区中最大、最开放的户外空间，其用地规模不能小于 $10hm^2$，通常为 $10～21hm^2$ 应有一定的地形地貌、水体水系和功能上的分区；按照居民各种活动的要求来布置观赏休憩、文化娱乐、体育锻炼、儿童游戏及人际交往等各种活动的场地与设施，能够为居民提供进行文化教育、娱乐、休息的场所；并且对提升城市面貌、改善城市环境以及丰富人民的文化生活等方面都具有十分重要的作用。此外，居住区公园还可以改善市民居住空间中的自然环境，从而促进人们的交往，引导人们参加有益身心的各种活动，最终达到改善人文环境（社会环境、艺术环境、文化环境）的目的。居住区公园为中老年人和青少年提供了休闲、交往以及文化娱乐的场所，成为居住区生态绿地系统的核心。居住区公园应作为居住区建筑环境的有机组成部分来进行设计布局，而不应机械地模仿或照搬城市公园中的片段。

2. 满足审美的要求

居住区公园视野一般较为开阔，植物搭配方式灵活多样，空间变化极为丰富，能够较好地将自然之美展现出来。与小游园、组团绿地相比较，居住区公园在处理上更加贴近自然，更易满足居民"回归自然"的需要。作为居住区中最大的开放空间，公园周围的建筑甚至城市远景都可纳入到公园景观的构图中来，形成因借关系，包括采光、通风、视野、景观，甚至听觉、嗅觉等。在对其进行规划设计时应注意创造意境，并且充分利用园林景观构成要素来塑造景观，形成具有特色的景观效果。

3. 满足游览的要求

从居民游憩活动的角度出发，居住区公园与住宅区的距离在 $800～1000m$ 为宜，步行时间在 10 分钟左右，因此公园利用率远大于大部分的城市公园。园路的规划在满足交通需要的前提下，使游览的线路更加合理。若园路能与居住区道路有机地联系起来，将会进一步增强居住区公园的使用率，方便居民的生活。居住区公园人工造景不宜过多，而应考虑到为居民提供充分的休息、活动场地。中国北方地区的大型喷泉、水池等水景还应充分考虑冬季的景观效果。

4. 满足改善环境质量的要求

居住区公园面积一般相对较大，在植物配植时利于模拟自然环境，进行生态栽植。大量种植树木、花卉、草皮等，形成乔、灌、草、藤复层结构的人工植物群落，最大限度发挥植物的生态功能。植物通过对周围空气的不断净化，改善居住区的自然环境，对居住区环境发挥着至关重要的作用。大量种植可吸收 SO_2、氯气等毒气体的植物，降低大气中有害气体浓度，达到净化大气的目的。另外，居住区绿地植物可以起到滞尘作用，其中叶片表面能分泌黏液或油脂的植物效果最佳。同时，植物通过对太阳辐射的吸收、反射和透射作用以及水分的蒸腾，来调节小气候，降低温度，增加湿度，减轻了"城市热岛效应"。

（二）居住区公园的功能分区

随着城市人口老龄化速度的加快，老年人群在城市人口中所占比例日益增加，成了居住区公园使用频率最高的人群。所以居住区公园的功能分区在过去的休憩游览区、休闲娱乐区、运动健身区、儿童活动区、服务区和管理区六大分区基础上，应该增加老年人活动的功能区域，以满足老年人日常的娱乐、健身等需求。各功能分区包含的物质要素见表3-1。

表3-1 居住区公园功能分区与物质要素

功能分区	物质要素
休憩游览区	休息场地、散步道、凳椅、廊、亭、榭、展览室、草坪、花架、花境、花坛、树木、水面等
休闲娱乐区	电动游戏设施、文娱活动室、凳椅、树木、草地等
运动健身区	运动场地及设施、健身场地、凳椅、树木、草地等
儿童活动区	儿童乐园及游戏器具、凳椅、树木、草地等
老年活动区	老年运动健身设施、老人活动室、凳椅、亭、廊等
服务区	茶室、餐厅、售货亭、公共厕所、凳椅、花草等
管理区	管理用房、公园大门、暖房、花圃等

（三）居住区公园的设计要点

1.自然景观的营造

（1）水体

居住区公园的设计中水体的设计应当表现出人们与水之间的感情。首先在尺度上应与居住区整体环境相协调，水体内各要素的关系要做到主次分明，同时要把握人的亲水程度；其次，水在形态上有动静之分，平静的水常给人以安静、轻松、安逸的感觉；流动的水则令人兴奋和激动；瀑布气势磅礴，令人遐想；涓涓的细水，让人欢快活泼；喷泉的变化多端，给人以动感美；再次，水体在形式上又分为自然式与规则式两种。

（2）山石

山石在当下居住区公园中应用广泛，可与树木、溪流、驳岸、小品等配合使用，体现出不同的意境，主要依据造景要素的特征与组景的需要而定。

（3）绿化

绿化是自然元素中的重中之重，有调节光照强度、温度、湿度，改善气候，净化环境，益于居住者身心健康的功能。首先，植物的配置应做到拟自然植物群落的绿化特点。其二，树木的种植方式要按照场地规模及功能布局而定。再次，树种的选择上，我们应考虑到植物对当地环境和气候的适应度，做到"适地适树"。最后，在空间布局上应体现点、线、面相结合以创造鸟语花香的意境。

2.空间的处理

（1）空间边界的处理

空间的边界可以通过堆砌地形、护墙、台阶来完成，还可以通过长椅的靠背等设施实现。因此，一个可以让人以不同高度欣赏的环境才是最好的，这样既能被青少年利用，又能够为老年人或其他年龄段的人提供方便。尽管公共场所里的活动大多是事先安排好的，设计者同样应当考虑到那些非计划性的活动。路人或居民应当能够观察到绿地中公共活动的进行情况，以便决定是否参与其中，因此绿地的边界不能过于封闭，应在适当的地方增加其开放性。

（2）座位布置

在设计时座位的安排应按照人们习惯的社交方式来布置。两把垂直的长椅可以增进人们之间的交流，而把一条长椅放在另一条长椅的后面则会产生相反的效果，如果面对面放置的话，则距离过近容易产生压迫感、局促感，距离太远则不利于人们的交往。

（3）道路引导

设计者在进行交通系统的设计时，可以通过设计上的引导使人们通过潜在的交往空间，而不要强迫人们留下。人们在与他人交往与否的问题上希望有选择的权利，所以道路允许人们紧贴这些场所经过，而不是直通或停止于可能发生交往的地方。

3.活动场地的设计

（1）老年活动场地

随着城市人口老龄化速度的加快，老年人在城市人口中所占的比例越来越大，居住区中的老年人活动区在居住区的使用率中是最高的。在一些大中型城市，很多老年人已养成了白天在公园锻炼活动，晚上在公园散步的生活习惯，因此在居住区公园设计中老年人活动区的设置是不可忽视的一部分。在设计的过程中应当考虑分为动态和静态两类活动区域。动态活动区主要以一些健身活动为主，如单杠（高度宜低）、压腿杠、球网、漫步机等一些容易使用的体育健身设施。在活动区的外围应设有一些林荫以及休息设施，如设置些亭、廊、花架、坐凳等，作为老人在活动之后的休息空间。这类空间不需要太大，相反较小空间能增强私密感和舒适感。静态活动区主要为老人们晒太阳、下棋、聊天、学习、打牌、谈心等提供场所，场地的布置上应有林荫、廊、花架等，保证在夏季能有足够的遮阴，冬季又能保证足够的阳光。

（2）青少年运动场地

在居住区公园中应布置一定的运动场所，供青少年使用。比如篮球场、羽毛球场甚至小型足球场等，这些场地的设计应当满足相应的规范要求。应把比赛场地安排在公园边缘，以减少噪声对居民产生的干扰。在场地周围为观众布置一些长椅，如果条件允许还可把场地设置在缓坡下面，方便观众观看整个场地。运动场地应远离儿童活动区，场地周围布置一些类似衣架之类的设施满足人们运动时换衣服的需求。场地周围不要栽植太多落果、落花的树木，防止对运动场地产生不利的影响，降低安全隐患。

（3）儿童游乐场地

居住区公园是儿童使用频率最高的场所，在规划设计儿童娱乐场地和设施时应注意以下几点：充分了解儿童的需求，这一点极其重要，确定游乐场的服务年龄段，这在游乐场的规划中具有重要意义；划定游乐场的面积和边界，要特别注意会影响游乐设施放置的客观因素，如下水道、障碍物、灯柱等设施；游乐场的选址必须充分考虑周边的交通状况，是否方便儿童在游乐场内骑自行车或滑滑板，是否方便携带婴儿车或者轮椅进入等；场地的颜色对儿童影响是十分显著的，明亮欢快的颜色能够让儿童感到愉悦。

4. 休息及服务设施

居住区公园"以人为本"的设计理念，要求必须为居民提供休息场所和服务设施。如适量的亭、廊、花架、座椅、坐凳等休息场地以及停车场、洗手间、饮水处、垃圾箱等一些必要的服务设施，这些在居住区公共环境中都有着较高的使用率。

5. 文化的塑造与体现

在环境中体现居住区的文化脉络，也就是保持和发展了居住环境的一大特色。失去文化的传承将导致场所感与邻里关系的衰亡，并有可能会由此引发各种社会心理疾患。而居住区公园正是人们了解一个居住区居民在文化上的追求，是居住区文化的载体，在设计时应充分凸显出公园的人文信息内涵。在公园中尽量多地设置一些科技或其他信息的艺术区域，比如合理地使用壁画、尺度宜人的雕塑品、人性化的环境设施等。

（四）居住区公园的植物配置

居住区公园的植物配置应在植物造景的前提下，结合植物的生态功能与适应性来构建复层结构的人工植物群落。以乡土树种为主，突出地方特色；同时在植物品种的布置上，注重选择杀菌保健类植物，使居住区公园起到医疗保健的作用，利于居民的健康。在安静休憩区可采用生态复层类、观花观果类、彩叶乔灌类配置模式来构建观赏型植物群落。

植物种类丰富的植物群落不仅具有很强的生态功能，而且能丰富居住区公园植物景观的空间层次和色彩效果，形成疏朗通透的遮阴空间、半通透空间等。居住区公园的树种搭配应考虑景观季相变化，通过不同树形、色彩、花期的植物配置，做到"三季有花，四季常青"的季相效果。同时植物景观的空间变化丰富，与组团绿地和小游园相比，更能展现自然之美，根据观赏性的不同，居住区公园可选植物如下：

1. 秋色叶树

鸡爪槭（鲜红）、三角枫（暗红）、日本槭（深红）、五角枫（红、黄）、复叶槭（红）、黄伊（红）、漆树（红）、盐肤木（鲜红）、火炬树（红、橙黄）、黄连木（红、橙黄）、枫香（鲜红）、柿树（红）、卫矛（紫红）、扶芳藤（红）、五叶地锦（红）、三叶地锦（红）、小案（红）、棚树（橙黄、红）、银杏（柠檬黄）、鹅掌楸（黄）、无患子（金黄）、南天竹（黄、红）、石楠（红）、金钱松（金黄）、落羽杉（红棕）、水杉（红棕）等。

2. 有色叶树种

红枫、紫叶李、紫叶小案、金叶女贞、金边大黄杨等。

3. 常绿阔叶树

广玉兰、樟树、大叶樟、蚊母树、法国冬青、女贞、桂花等。

4. 常绿针叶树

臭冷杉、马尾松、湿地松、日本五针松、罗汉松、雪松、南洋杉、柳杉、侧柏、千头柏、日本花柏、圆柏、龙柏、铺地柏、竹柏等。

5. 落叶针叶树

金钱松、水杉、落羽杉、池杉等。

6. 观果类

柿树、葡萄、五色椒、冬珊瑚、葫芦、火棘、构骨等。

7. 球类

海桐球、大叶黄杨球、黄杨球、雀舌黄杨球、金叶女贞球、细叶女贞球、龙柏、火棘球、构骨球、石楠球、洒金柏球、含笑等。

8. 地被植物

常春藤、杜鹃、吉祥草、细叶麦冬、阔叶麦冬、书带草、射干、鸢尾、地被石竹、酢浆草等。

居住区公园的植物配置因其组成不同的群落结构有着各自不同的配置模式，例如"雪松-开花小乔木/常绿针叶-开花灌木群-草本植物"，此模式既是生态复层类又是观花观果类群落结构，植物种类、层次丰富，以观花为主。又如"紫叶李-彩叶灌木群-地被植物"，此模式为彩叶乔灌类群落结构，以观叶为主，色彩对比鲜明。

四、居住区配套公建所属绿地生态规划设计

（一）幼儿园及中小学所属绿地生态规划设计

儿童、青少年是国家重视的一个群体，他们的成长环境也备受关注，幼儿园及中小学是培养教育他们，使其在德、智、体、美各方面全面发展、健康成长的场所。所以在幼儿园及中小学的所属绿地生态规划设计中，应考虑创造一个清新优美、安全舒适的环境。

幼儿园的开阔草坪中可开辟一块100m²左右的场地，设置儿童游戏器械。为保护儿童免于跌伤，场地的地面可选用塑胶材料铺砌。为阻挡风沙、烟尘及噪声，应在沿周边的地方种植高大乔木及灌木形成隔离带。庭院之中应以大乔木为主，形成比较开阔的空间。为使儿童有充足的室外活动空间，可在房前屋后、边角地带点缀开花灌木，这样做到冬天可晒太阳，夏季又可遮阴玩耍，又有丰富多彩的四季景色。幼儿园中的公共活动场地是儿童游戏活动场，是幼儿园重点绿化区。该区绿化应根据场地的大小，结合各种游戏活动器械的布置，适当设置小亭、花架、涉水池、沙坑。在活动器械附近，以种植遮阴的落叶乔木为主，角隅处适当点缀花灌木，场地应开阔通畅，不能影响儿童活动。

幼儿园绿地植物的选择，要考虑儿童的心理特点和身心健康，选择形态优美、色彩鲜艳、适应性强、便于管理的植物，禁用有飞絮、毒、刺及能引起过敏的植物，如垂柳、夹竹桃、黄刺玫、漆树等。同时，幼儿园建筑周围应注意通风采光，5m内不能栽植高大乔木。

中小学用地分为建筑用地、体育场地和自然科学实验用地。中小学建筑用地绿地，往往沿道路广场、建筑周边和围墙边呈条带状分布，以建筑为主体。绿地设计要

考虑建筑的使用功能，如通风、采光、遮阴、交通集散，又要考虑建筑物的体量、色彩等。大门出入口、建筑门厅及庭院，是校园绿化的重点，应结合建筑、广场及主要道路进行绿化布置，注意色彩层次的对比变化，配置四季花木、建花坛、铺草坪、植绿篱等衬托大门及建筑物入口空间和正立面景观，丰富校园景色，构筑校园文化。建筑物前后作低矮的基础栽植，内部种植高大乔木，设置乒乓球台、阅报栏等文体设施，供学生课余活动之用。校园道路的绿地以遮阴为主，构建乔、灌、草植物生态复层结构。

体育场周围植高大遮阴落叶乔木，少种植花灌木。地面铺草坪（除跑道外），尽量不铺设硬质材料。运动场地要留出较大空地供活动之用，空间要通透、开阔，保证学生的安全和体育比赛的进行。

中小学绿化构建与教育相结合的科普知识型人工植物群落，绿化树种的选择同幼儿园遵循安全原则；同时，要兼顾选择具有科普教育的树种，树木应挂牌，标明树种名称，便于学生识别和学习。学校周围沿围墙植绿篱或乔灌木林带，与外界环境相对隔离，避免相互干扰。

中、小学校绿化在植物材料选择上，应尽可能做到多样化，其中应该有不同体形、不同生态习性、不同种类与品种的乔灌木、绿篱、攀缘植物与花卉等；并力求有不同的种植方式，以便于扩大学生在植物方面的知识领域，并使校园生动活泼、丰富多彩。中、小学校种植的树木，应该选择适应性强、容易管理的树种，也不宜选用刺多、有臭味、有毒或易引起过敏反应的树种。

（二）商业、服务中心所属绿地生态规划设计

居住小区的商业、服务中心是与居民生活息息相关的场所，居民日常生活需要就近购物，如日用小商店、超市等，还需理发、洗衣、储蓄等。这里是居民时刻都要进出的地方。因此，生态规划设计可考虑以规则式为主，留出足够的活动场地，便于居民来往、停留、等候等。场地上可以设置一些简洁耐用的坐凳、果皮箱等设施。商业、服务中心所属绿地的绿化种植要精心规划设计，使其与环境、建筑协调一致，使功能性和艺术性很好地结合，呈现出较好的景观效果。要特别注意植物的形态、色彩，要和街道环境相结合。绿化、树种应以冠大荫浓、挺拔雄伟的乔木和无刺、无异味，花艳、花期长的花灌木为主，如选用槐树、悬铃木、枫树等作行列式栽植，花木以修剪整齐的绿篱、花篱为主。花盆的形式应逐步提高艺术造型，如高脚的玻璃钢材料、陶瓷材料等容器，甚至具有艺术造型的小品，逐步改变目前直接用泥盆摆放的简陋现状。此外，需考虑遮阴与日照的要求，在休息空间应采用高大的落叶乔木，夏季茂盛的树冠可遮阴，冬季树叶脱落，又有充足的光照，为居民提供舒适的环境。

（三）医疗卫生场所所属绿地生态规划设计

医疗卫生用地包括医院、门诊等，生态规划设计中注重使半开敞的空间与自然环境（植物、地形、水面）相结合，形成良好的隔离条件。医疗卫生场所所属绿地应阳光充足，环境优美，院内种植花草树木，并设置供人休息的座椅。道路设计中采用无障碍设施，以方便病员休息、散步。同时，医院用地应加强环境保护，利用绿化等措施防止噪声及空气污染，以形成安静、和谐的气氛，消除病人的恐惧和紧张的心理。该用地内树种宜选用树冠大、遮阴效果好、病虫害少的乔木及具有杀菌作用的植物。

第五节　居住区绿地技术设计

居住区绿地的技术设计是居住区绿化工程施工的依据。因此，要严格按照设计及施工标准、规范，按比例设计并绘制技术设计图，图中需要标明每棵树的定位点、树木之间的株行距、植物品种、数量和规格等，标明道路广场的长度、宽度等尺寸数据，标明竖向及断面图的各项数据。总之，技术设计图中所包括的内容应准确无误地达到居住区绿地的施工要求。

一、居住区生态绿地的技术设计

（一）居住区绿地的生态设计理念

1. 生态伦理观

具备生态伦理观就是要人类承认非人类的自然界有存在的权力，限制人类对自然的伤害行为，并担负起维护自然环境自我更新的责任。生态伦理观包括下列几点：

（1）人类存在于一定的生态系统中，人类的生存也依赖于这种生态关系。如果人类忽视或破坏了它，将会自取灭亡。土地沙漠化、河水泛滥都是人类对自然过度掠夺的后果。近年来中国沙漠化的严峻现实，即是因急功近利而造成的植被破坏的结果。

（2）人类对作为整体的生态群落和组成群落的个体负有道义责任。封山育林、建立自然保护区是人类的觉醒。

（3）这种道义责任可以从非人类有机体和非生命元素在环境中存在的权力上体现出来。

（4）生态伦理可以用一系列由生态系统行为衍生的原理或原则具体化，以指导人们的行为或活动。

生态伦理观要求人们对自然保持一种敬意和爱护之心。虽然居住区是人类居住的环境，但并不意味着人类有权随心所欲地占据其他生物的领地，如动辄铲平山丘、填埋河湖，使鸟兽虫鱼无安身之所，以至于导致环境恶化，生物多样性减少。

2. 自然美

居住区绿地的自然美可通过以下几个方面来体现：

（1）植物造景

运用孤植、丛植、群植等配置方式，模拟自然植物群落的多样与丰富，充分发挥植物的园林功能和观赏特性。有选择地栽植野生植物，如采用多花草坪、混合草坪和自然植物草坪等，并将植物花色、叶色进行分级，以利于植物的色彩构图。

（2）要保留或模拟自然地形

一定面积绿地应有自然地形形成的景观，最好能有溪流、池塘和岩石，散置的顽石能比传统的假山石更符合现代人的口味。

（3）允许无害的动物生存

在林间安放鸟巢并为飞鸟设置有吸引力的觅食与栖息地,蝶类、蜂类、各种昆虫以及鱼类、蛙类等水族都对人类无害,并能给人带来无限的乐趣,为儿童观察生物世界的奥秘创造有利的条件。

(4)要感悟大自然的变化

月缺月圆,花开花落,雨露霜雪,春华秋实,四季的轮回让人们体会到大自然变化的美感。这并非多愁善感,而是对大自然和谐而永恒的韵律之美的本能体验,也是传统园林常用的题材,把这些内容作为居住区生态绿地设计的素材,可能比亭台楼阁更有自然的意境。

3.地域文化

一方水土孕育一方文化,一方文化影响一方经济、造就一方社会。在中华大地上,不同社会结构和发展水平的地域具有不同的自然地理环境、民俗风情习惯、政治经济情况,它孕育了不同特质、各具特色的地域文化。同一片区域内的居住区会形成一个完整的体系,将地域文化应用到居住区绿地生态规划设计中,可以为居住区的人居环境和社区空间服务,给居民提供舒适宜人、具有文化内涵的高品质居住区,使居民对环境产生共鸣,增加邻里来往、邻里互助等,提高社区精神文明,使地域文化在这片土地上长时间地传承下去。传统的地域文化需要借助"实体"和人为"演绎"的方式传达,一些传承至今的地域文化未能与居住区绿地环境协调、统一起来,整体效应欠佳,缺乏具有浓郁地域文化特点的建筑、道路、公园、雕塑等,在一定程度上淡化了地域文化氛围。

居住区绿地中地域文化的设计营造十分重要,在居住区绿地生态规划设计中,结合居住区绿地的天然景观和人文景观等独有的特征因素进行设计,把具有地域特色的元素融入在内,如建筑风格、景观小品、雕塑、园路铺装甚至居住模式等,使绿地景观有"根"可寻。同时,这种元素的构成,可吸引居民,聚集人气。根据不同年龄设置不同的交流空间、娱乐休憩设施,满足多方面的需求。吸取地方特色,唤起人的地域感和归属感,这样拉近了相互间的距离,增强居民间的亲切感和居住区的人性化,使居住区地域文化得以延续发展,更好地延续地域文化到居住区绿地中。

(二)基地处理

亚历山大在《模式语言》中曾提出看似激进的口号:"房屋一定要建在条件最差而不是最好的地方。"其内涵是指人们的建设活动应尽量少干预和破坏优美的自然环境,并通过建设活动弥补生态环境中已遭破坏或失衡的地方。如今,人们借助地质、水文、心理、生物和生态学诸学科的知识来认识和处理基地。

1.地形

居住区基地地形的利用和改造要全面贯彻"适用、经济,在可能条件下美观"的总原则,根据地形的特殊性还要贯彻如下原则:(1)利用为主,改造为辅;(2)因地制宜,顺其自然;(3)坚持节约;(4)符合自然规律和艺术要求。

适于建设的用地是平地(坡度0%~5%)、缓坡(坡度5%~10%),10%以上的坡度需要大幅度地填挖而不太适合用作建筑用地。在不利的地形条件下,可将绿地设在陡坡、冲沟及土壤承载力低的地段,或洼地、洪泛区等。对于居住区绿地来说,地形的变化不仅不会带来难以解决的问题，而且经过设计者精心处理反而会产生优美的景观，如通过地形变化产生的阶梯水池，同时居住区绿地对维护基地区域内的生态安全具有重要作用。

平地和坡地之上是山地，山地不适合用作建设用地，但在居住区绿地生态规划设计中是不可或缺的自然景观要素。在建设过程中应尽量减少对地形的干扰和填挖，以保持其自然特色，任何大幅度的挖填都将改变基地原有自然环境，干扰排水，改变地下水位，危及原有植被和其他生物的生存。居住区绿地中的山地可以作为自然山丘景观，体现自然之美，同时也可以作为分隔功能区域的屏障。

2. 表土

表土是经过漫长的地球生物化学过程形成的适于生命生存的表层土，是植物生长所需要养分的载体和微生物的生存环境。填挖方、整平、铺装、建筑和径流侵蚀都会破坏或改变宝贵而不可再生的表土，因此，应将挖填区和建筑铺装去除的表土剥离、储存，用于需要改换土质或塑造地形的居住区绿地当中。在居住区建成后应清除建筑垃圾，回填优质表土，以改善居住区绿地植物生存环境。如日本横滨若叶台居住区在平整土地时，先将原有的表层熟土收集起来（共保存此类土壤约 6 万 m^3），然后再铺在改造后的地表上，我国在这方面还有很大的改进空间。

3. 现状植物

无论新区建设还是旧城改造，总会有现状植被的存在，特别是名木、古树是居住区生态系统的重要组成部分，有可能对更大范围内的生态环境产生影响，因此应尽可能保存对改善环境有益或独特的植物群落，将它们组织到居住区绿地系统当中，这样当居住区刚建成时就会有较好的生态环境，而不必等待新植树木缓慢长成。如 20 世纪 50 年代的北京幸福村规划时，设计者对基地原有的很多树木做了详细的调查，确定出现状树木的位置，在规划住宅时采用周边式布局，将树木保留在各个庭院中，这样住宅区建成时就有了良好的绿化环境。

4. 地表水

基地现有的自然排水体系是由汇水区域、溪流、河道、池塘、湖泊组成的整体，是区域生态系统的重要环境因素。规划布局应力求减少对自然排水的干扰，尽量保存溪流、池塘等具有生命意义和景观价值的要素，这样既可以节省排水工程投资，保持地区生态环境，又可以形成地区特色。地表水保存措施如下：

（1）使建筑布局、道路开辟与河流走向一致，将河流、池塘组成的水系作为居住区开放空间的框架。

（2）保持河流与更大范围内水系的连通，使之成为活水，保证水质优良；同时，水系在雨季也能发挥蓄洪的作用。

（3）结合洪水水位，确定河流两侧保留绿地的范围，尽量使之保持自然状态，成为水体-湿地-旱地生态系列综合体。这样不仅节省工程投资，还可以利用自然生态过程净化污水。

（三）植物栽植

"绿色植物"使春季山花烂漫、夏季浓荫葱郁、秋季红叶斑驳、冬季枝丫凝雪，是居住环境中最能体现时间、生命和自然变化的要素。植物是居住区绿地系统中最基本的生态要素，具有强大的生态功能，吸碳放氧、滞尘、吸收有害气体及改善小气候等，对改善居住区生态环境有重要作用。由于植物的生命特征，在进行居住区植物配置时不能随意处之，要充分考虑植物的生态习性、生存条件，使其功能得到充分发挥。

植物群落是由植物组成的生物共同体。自然界中的植物几乎都是以群体的形式存在的。天然植物群落中的物种为适应环境条件的变化而进行缓慢的物种变异，直至达到顶级群落。自然界中的植被组成了一个相互依赖、共同生存的生态系统，植物在自然界中的种群关系，比单个植物具有更多的相互保护性。许多植物之所以能健康生长在群落中，主要是因为相邻的植被能够互利共生，提供赖以生存的光照、空气和水分。所以原生的植物群落（如天然林）比人工植物群落的抗病虫害、抗旱涝灾害和抗污染的能力更强。

相对稳定的自然植物群落的生成是在气候、土壤、生物等外在因素和竞争、共存和迁移等内在因素的影响下经过漫长的进化过程而形成的。在进行居住区绿地植物生态设计时，要首先考虑乡土树种和久经考验适宜本区域生长的外来树种。这些树种经过漫长的变异、自然选择、进化，已经成为该区域植物群落的优势物种，抗逆性强、生存适应性强，在该区域生长势较好，有利于发挥其功能。另外，多样性导致稳定性，增加居住区绿地植物的丰实度，构建复合层次的人工植物群落，有利于居住区的生态稳定性。

创造居住区人工植物群落，要求在植物配置上，按照不同配置类型、组成功能不同、景观异趣的植物空间，使植物的景色和季相千变万化，主调鲜明，丰富多彩。不同的居住区绿地，其地形地貌和河湖水系等自然条件布局形式和环境状况都有不同的特点，也就对群落类型及其功能提出了不同的要求。

1. 观赏型人工植物群落

观赏型人工植物群落是居住区绿地中植物利用和配置的一个重要类型，它选择有观赏价值、多功能性的观赏植物，遵循风景美学原则，以植物造景为主要手段，科学设计、合理布局，用植物的体形、色彩、香气、风韵、季相等构成一个有地方特色的景观。如在居住区绿地建设专业植物品种园：牡丹园、芍药园、杜鹃园等。

在观赏型的种群和群落应用中，植物配置应按不同类型，组成功能不同的观赏区、娱乐区等植物空间，在对植物的景色和季相上要求主调鲜明和丰富多彩，能充分体现出居住区绿地与周围生态环境的不同气氛。

2. 环保型人工植物群落

环保型人工植物群落是以保护居住区绿地环境、减灾防灾、促进生态平衡为目的的植物群落。其主要是根据污染物的种类及群落功能要求，利用能吸收大多数污染物质及滞留粉尘的植物进行合理选择配置，形成有复合型的植物群落，发挥净化空气的作用。

3. 保健型人工植物群落

保健型人工植物群落是利用具有促进人体健康的植物组成种群，进行合理配置，形成一定的植物生态结构，从而利用植物的有益分泌物质和挥发物质达到杀菌保健的效果。植物杀菌是植物保护自身的一种天然免疫因素，在居住区绿地设计中将植物合理配置，创造具有保健价值的健身活动功能区域，达到增强人体健康、防病治病的目的。

许多香花树种均能挥发出具有强杀菌能力的芳香油类，如银杏叶含有氢氰酸，保健和净化空气能力较强；松树能挥发出一种菇烯的物质，对肺结核病人有良好的作用。因此，利用杀菌能力强的植物配置在居住区绿地中形成群落，结合植物吸收 CO_2，降温增湿，滞尘量以及耐阴性等作用，可构建适用于居住区绿地的保健型人工植物群落。

4. 科普知识型人工植物群落

运用植物典型的特征建立起各种不同的科普知识型人工植物群落，使居民在良好的绿化环境中获得知识，激发人们热爱自然、探索自然奥秘的兴趣和爱护环境、保护环境的自觉性。在居住区绿地中建小型的植物演化、特有、孑遗、不同用途等种群形成的群落，可使长期生活在城市的儿童认识自然、热爱自然。

科普知识型人工植物群落的植物筛选，不仅要着眼于色彩丰富、花大重瓣的栽培品种，还应将濒危和珍稀的野生植物引入居住区绿地中，以保护植物种质基因资源，将其作为基因库来逐步发展。这样做不仅丰富了居住区绿地景观，又保存与利用了种质资源，还能增强居民爱护植物、保护植物的意识。

5. 生产型人工植物群落

现代城市居民远离农耕文化，居民从农田中走出来，对农耕有着深厚的感情。根据居住区绿地的不同立地条件，建设具有食用、药用及其他实用价值的植物组成的人工植物群落。发展具有经济价值的乔木、灌木、花木、果木、草药和苗圃基地，并与居住区绿地环境相协调，在满足居民的土地情的同时，为居民增添了生活乐趣。

6. 文化环境型人工植物群落

在具有特定的文化环境的居住区绿地中，要求通过各种植物的配置，创造相应的具有独特风格的，与地域文化环境氛围相协调的文化环境型人工植物群落。使居民产生各种主观感情与宏观环境之间的景观意识，引起共鸣和联想。

不同的植物材料，运用其不同的特征、不同的组合、不同的布局则会产生不同的景观效果和环境气氛。如常绿的松科和塔形的柏科植物成群种植在一起，给人以庄严、肃穆的气氛；开阔的疏林草地，给人以开朗舒适、自由的感觉；高大的水杉、广玉兰则给人以蓬勃向上的感觉；银杏则往往把人们带回对历史的回忆之中。因此，了解和掌握植物的不同特性，是做好文化环境型人工植物群落设计的一个重要方面。

7. 综合型绿地的人工植物群落

居住区生态绿地的建设一般需要具有多种功能的人工植物群落。这种类型的植物群落是以植物的观赏特性结合其适应性和改善环境的功能选用植物种类，可选用的植物种类最为丰富，绝大部分的乡土植物和大量引种成功的外来植物都可适当地加以应用，使居住区绿地最大限度地发挥其生态功能。

二、居住区住宅建筑用地绿地技术设计

（一）宅旁绿地设计

宅旁绿地是紧靠窗前墙基部分的狭长地段的绿化，又称基础种植。宅旁绿地紧邻楼层，一般只有 2～5m 宽。因此在种植设计上，首先应考虑居室内的通风采光。从树种选择上，应用中小乔木及花灌木、宿根花卉进行布置，不宜种植高大乔木，超过室外窗台的植物应种植在两窗之间，这样不会影响通风与采光；另一个必须考虑的因素是这一地段往往是地下管线、各种探井以及化粪池等设施所在位置，各种树木必须与管线井位保持一定的距离，为高大乔木根系的生长留置余地。另外，随着高大乔木的生长，树冠不断扩大，往往会向墙外倾斜，从而有损其景观效果。

宅旁绿地应综合考虑住宅的类型、平面布局、层数、间距、向阳或背阴情况以及建筑组合的形式等因素进行设计。在底层住宅中，往往将宅旁绿地划分成每户独用院落，用绿篱、花墙或栏杆围隔，院落中住户依自己的兴趣设置不同的设施和栽植不同的植物，如开辟小花园、小菜园等，丰富居民业余休闲生活。多层单元式住宅楼的宅旁绿地，既可以统一布置为共享的绿地，如休憩场地、儿童活动场地、小乒乓球场地等，也可把部分绿地分给低层住户形成独用院落。

（二）宅间绿地设计

宅间绿地一般为长方形绿地。在中国北方，其宽度为楼高的 1.6 倍。按 6 层楼计算，楼高约为 18～20m，绿地宽度即为 30m 左右。其长度按 4～6 个单元门计算约为 50～60m。因此，一般绿地面积有 1500～1800m²。南方地区由于阳光斜射角度变小，楼间距一般小于北方，但最小不应小于楼高的 1.2 倍，否则会影响室内光照，绿化面积也不符合国家居住区绿地标准。

宅间绿地是居民在户外短距离内活动的主要场所。因此，技术设计必须考虑居民日常活动及户外休息的方便。从总体上说，宅间绿地可以是规则式布局，也可以是自然式布局，应避免雷同，综合运用多种布局形式和艺术手法形成各具特色的宅间绿地，如蜗牛造型的宅间绿地。

（三）组团式楼间绿地设计

居住区组团式布局就是四面朝向的四幢楼围合成庭院，使绿地面积相对集中，更加开阔，更加有利于居民的户外活动。组团式绿地近于方形，在使用上由于东西向楼的单元门出入口在楼北侧阴面，因此绿地可以集中在北侧设计。东西向楼的南侧窗下不必留道路，可与绿地衔接。而楼北侧阴面作为主要通道，不安排阴面的基础种植，而是留出足够的通道，以及必要的停放自行车及小型车辆的空间。

（四）高层住宅绿地设计

10 层以上为高层住宅，居民集中，应有足够的户外活动场地。高层住宅一般人口设三背阴面一侧，因此另外三面应作周边式绿化设计，宽度可达 5m，宽度加大可以配置较为丰富的树丛，可采用乔、灌、草、藤复合搭配的方式，丰富居住区景观的内

容。在乔木的使用上，可以适当增加诸如雪松、圆柏之类高耸的塔形、柱形树种的数量，使之与高层建筑相呼应，起到较好的衬托作用。

高层住宅的绿地树种应更丰富一些，做到"三季有花、四季常青"，乔、灌、草、藤复层混交。草地面积不宜过大，林下多为耐阴草坪或地被植物，使地面免于裸露。北方地区常绿树与落叶树的比例以2∶3为宜。

几栋高层楼房之间需要考虑设置较大面积的中心绿地，这是几栋居民共享的公共活动空间。这块中心绿地可布置较多的活动内容，比如休息亭、廊、花架、坐凳等，还可设置网球场等运动场地，树阴下还可布置幼儿户外活动的小型沙坑、攀登架以及青少年使用的露天乒乓球台等设施。

高层住宅楼均有地下室，车库最好设计为地下式，以保证各种小型车辆的存放。否则大量车辆停放必然要抢占绿地，造成环境杂乱的现象。

（五）宅院绿地设计

宅院绿化在中国历史悠久，形式多样，南北方各具特色。随着中国经济的迅速发展，各地已出现了部分高收入阶层居住的低层高标准住宅区域，形成了2～4户的合体户形式和独门独院的别墅形式，住宅前都留有较大面积的庭院。良好的庭院绿化环境与其豪华的建筑形式相结合的形式，比只强调其建筑形式的华丽更能够提升其居住生活品质。宅院绿地具有生态和美学功能，一个有良好私宅独居环境，庭院绿地面积至少应为占地面积的对创建真正宜居、舒适的居住环境有重要意义。

第四章 基于生态文明视域的道路广场绿地设计

关于道路广场生态绿地的设计，本章主要分为四个小节，分别介绍了城市道路生态绿地规划设计、交通岛生态绿地规划设计、广场绿地生态规划设计、停车场生态规划设计及其相关的知识要点，并对相关要点进行了举例说明。

第一节 城市道路生态绿地规划设计

一、城市道路生态绿地规划设计的原则与功能

（一）城市道路生态绿地规划设计的基本原则

1. 道路绿化应符合行车视线和行车净空要求

（1）行车视线的要求

①安全视距

驾驶人员在一定距离内随时看到前面的道路及在道路上出现的障碍物以及迎面驶来的其他车辆，以便能当机立断地及时采取减速制动措施或绕越障碍物前进。这一必需的最短通视距离，称为安全视距。

②交叉口的视距

为保证行车安全，车辆在进入交叉口前一段距离内，必须能看清相交道路上车辆的行驶情况，以便能顺利地驶过交叉口或及时减速停车，避免相撞，这一段距离必须大于或等于停车视距。

③停车视距

指车辆在同一车道上，突然遇到前方障碍物，而必须及时刹车时，所需的安全停车距离。

④视距三角形

由两相交道路的停车视距作为直角边长，在交叉口处所组成的三角形，称为视距三角形。视距三角形应以最靠右的第一条直行车道与相交道路最靠中的一条车道所构成的三角形来确定。

为了保证道路行车安全，在道路交叉口视距三角形范围内和内侧的规定范围内不

得种植高于最外侧机动车车道中线处路面标高1m的树木，使树木不影响驾驶员的视线通透

（2）行车净空要求

道路设计规定在各种道路的一定宽度和高度范围内为车辆运行的空间，树木不得进入该空间。具体范围根据道路交通设计部门提供的数据确定。

2. 保证树木所需要的立地条件与生长空间

树木生长需要一定的地上和地下生存空间，如得不到满足，树木就不能正常生长发育，甚至死亡，不能起到道路绿化应起的作用。因此，市政公用设施与绿化树木的相互位置应统筹安排，保证树木所需要的立地条件与生长空间。但道路用地范围有限，除了安排交通用地外，还需要安排必要的市政设施，如交通管理设施、道路照明、地下管道、地上杆线等。所以，绿化树木与市政公用设施的相互位置必须统一设计、合理安排，使其各得其所，减少矛盾。

3. 道路绿化应最大限度地发挥其主要功能

道路绿化应以绿为主，绿美结合，绿中造景。植物以乔木为主，乔木、灌木、地被植物相结合，没有裸露土壤。

道路绿化的主要功能是遮阴、滞尘、减噪，改善道路两侧的环境质量和美化城市等。以乔木为主，乔木、灌木、地被植物相结合的道路绿化，地面覆盖好，防护效果也最佳，而且景观层次丰富，能更好地发挥道路绿化的功能。

4. 树种选择要适地适树

树种选择和植物配置要适地适树并符合植物间伴生的生态习性。树种选择要符合本地自然状态，根据本地区气候、栽植地的小气候和地下环境条件，选择适于在该地生长的树种，以利树木的正常生长发育，抗御自然灾害，最大限度地发挥对环境的改善能力。

道路绿化为了使有限的绿地发挥最大的生态效益及多层次植物景观，采用人工植物群落的配置形式时，植物生长分布的相互位置与各自的生态习性相适应。地上部分：植物树冠、茎叶分布的空间与光照、空气温度、湿度要求相一致，各得其所。地下部分：植物根系分布对土壤中营养物质的吸收互不影响，符合植物间伴生的生态习性。

5. 保护好道路绿地内的古树名木

在道路平面、纵断面与横断面设计时，对古树名木应予以保护。对现有的有保留价值的树木应注意保存。

6. 根据城市道路性质、自然条件等因素进行设计

由于城市的布局以及地形、气候、地质和交通方式等诸多因素的影响，形成不同的路网。设计时要根据道路的性质、功能、宽度、方向、自然条件、城市环境，乃至两侧建筑物的性质和特点综合考虑，合理地进行绿化设计。

7. 应远近期结合

道路绿化很难在栽植时就充分体现其设计意图，达到完善的境界，往往需要几年、十几年的时间。所以设计要具备发展观点和有长远的眼光，对各种植物材料的形

态、大小、色彩等的现状和可能发生的变化，要有充分的了解，待各种植物长到鼎盛时期时，达到最佳效果。同时，道路绿化的近期效果也应重视。尤其是行道树苗木规格不可过小，快长树胸径不宜小于5cm，慢长树胸径不宜小于8cm，使其尽快达到其防护功能。

8. 应有较强的抵抗性和防护能力

城市道路绿地的立地条件极为复杂，既有地上架空线和地下管线的限制，又因人流车流频繁，人踩车压及沿街摊群侵占毁坏等人为破坏和环境污染严重；再加上行人和摊棚在绿地旁和林荫下，给浇水、打药、修剪等日常养护管理工作带来困难。因此，设计人员要充分认识到道路绿化的制约因素，在对树种选择、地形处理、防护设施等各方面进行认真考虑，力求绿地自身有较强的抵抗性和防护能力。

9. 应符合排水要求

道路绿地的坡向、坡度应符合排水要求，并与城市排水系统结合，防止绿地内积水和水土流失。

10. 创造完美的景观

道路绿化要符合美学的要求，处理好区域景观与整体景观的关系。道路绿化的布局、配置、节奏、色彩变化等都要与道路的空间尺度相协调。

（二）城市道路生态绿地的功能

1. 环境保护功能

随着城市机动车数量的不断增加，噪声、废气、粉尘、震动等对环境的污染也日趋严重。加强对道路绿化的比重和合理配置，保证必要的建筑间距是改善城市环境的有效措施之一。

（1）净化空气

道路上粉尘污染源主要是降尘、飘尘、汽车尾气的烟尘等，绿地中的灌木通过叶面积和降低风速的功能，把道路上的粉尘、烟尘等截留在绿带之中和绿带附近。即使在树木落叶期，其枝干、树皮也能滞留粉尘。草坪的减尘作用也很显著，地被植物的茎叶也能吸附粉尘，防止二次扬尘。同时，利用植物吸收 CO_2 和 SO_2 等有毒气体，放出氧气的作用，可以不断地净化大气。

（2）降低噪声

随着现代工业、交通运输等的发展，城市中工业噪声、交通噪声、生活噪声等对环境的污染日益严重。据有关部门调查，环境噪声的70%～80%来自地面交通运输。加大道路绿带的宽度和合理配置形成绿墙，可以大大降低噪声。

（3）调节改善道路小气候

道路绿化对调节道路附近地区的温度、湿度、降低风速都有良好的作用。当道路绿地与该地夏季主导风向一致时，可将市郊的清新空气趁风势引入城市中心地区，为城市的通风创造良好的条件。

（4）保护路面和行人

不同质地的地面在同样日光照射下的温度不同，增热和降热的速度也不同。如当树阴地表温度为32℃时，混凝土路面温度为46℃，沥青路面温度为49℃；中午在树荫下的混凝土路面温度比阳光直射时低11℃左右。所以，炎热的夏季在未绿化的沥青路面上，不仅行人感到炎热，路面因受日光强烈照射而受损，影响交通。道路绿化遮阴降温，可阻挡夏天强烈日晒，降低太阳辐射，以利行人，还可保护路面，延长道路使用年限，有利交通。

2. 安全功能

（1）在车行道之间、人行道与车行道之间、广场及停车场等处进行绿化，可起到引导、控制人流和车流作用，组织交通、保证行车速度，提高行车安全等作用。在交通岛、中心岛、导向岛、立体交叉绿岛等处常用树木作诱导视线的标志。

（2）道路绿化可以防止火灾蔓延。树体含有大量水分，能使燃烧减缓，另外植物也可以使风速减低，减弱火灾的扩大。

（3）北方地区，冬天大风将大雪吹到道路上，会造成交通障碍。因此，常在道路两侧结合行道树种植防雪林。

（4）道路绿化有助于增强道路的连续性和方向性，并从纵向分隔空间，使行进者产生距离感。

（5）高大的树木可将一元化的空间一分为二，对空间起到分隔作用，同时通过绿化可以使视线集中。

（6）战时可起到伪装掩护的作用。行道树的枝叶覆盖路面，不但利于防空、掩护，还可以用来掩护和伪装军事设备。

3. 景观功能

（1）城市的面貌首先是人们通过沿道路的活动所获得的感受，一个城市的园林绿化给人的第一印象也是行道树。所以，道路绿化的优劣对市容、城市面貌影响很大，现代城市高层建筑鳞次栉比，显得街道狭窄，由于绿化的屏障作用，可减弱建筑给人的压抑感，从色彩上讲，蓝天、绿树均为镇静色，可使人心情平静。

（2）植物是创造城市优美空间的要素之一，利用植物所特有的线条、形态、色彩和季相变化等多种美学因素，以不同的树种、观赏期及配置方式形成浓郁的特色，配合路灯、候车亭、果皮箱、座椅、花坛、雕塑等，形成丰富多彩的街道景观，美化街景，美化城市。

（3）道路绿地可以点缀城市，烘托临街建筑艺术。利用树木自然柔和的曲线与建筑物直线形成对比，显示建筑物的阳刚之美。同时，还可以隐丑蔽乱，将影响街景和市容观瞻的建筑物、构筑物进行屏隔。沿街建筑物新旧不一、形体尺度、建筑风格等往往不够协调，而整齐有序的、枝叶繁茂的行道树能提供视觉统一，有的还能形成一种独特的街景风格。

4. 增收副产品功能

在满足道路绿化的各种功能要求的前提下，根据各地的特点种植果树、木本油料植物、用材树等，增收副产品，可取得一定的经济效益。

5. 其他

路侧绿带、林荫路、街旁游园等还可弥补公园的不足，满足沿街高层住宅居民渴求绿地的需求。

除以上五种功能之外，绿化带还可作为地下管线、地上杆线埋设的用地和道路拓宽发展的备用地带。在绿地下铺设地下管线，维修时能避免开挖路面而影响车辆通行。

二、城市道路生态绿地的总体规划设计

（一）道路系统规划要求

城市道路系统指城市范围内由不同功能（如交通性道路、生活性道路等）、等级（如快速路、主干路、次干路和支路等）、区位（如货运道路、过境货运专用车道、商业步行街等）的道路，以及不同形式的交叉口和停车场设施，以一定方式组成的有机整体。

在编制城市总体规划时，应根据城市功能分区和城市交通规划的要求，规划设计城市交通干道网。在此基础上制定主要道路断面和交叉口的方案等。道路网是城市布局的骨架，规划设计的优劣直接影响城市建设、生产、生活各个方面。城市道路系统设计要注意以下几个方面：

1. 满足和适应交通运输发展的要求

首先要考虑城市用地功能分区和交通运输的要求，使城市道路形成主次分明、分工明确、联系便捷，能高效地组织生产，方便生活的交通运输网。道路功能性质上应有所侧重，适应交通规划所提出的交通性质、流量、流向特点，做到人车分流、不同性质的车辆交通分流，提高整个道路系统的通行能力。例如，将过境货运车辆安排在城市边缘地区或外环干道通过，避免穿越城市中心地区。在市中心商业文化服务设施集中地区，规划设计安排商业街、步行街，禁止货运车辆穿行等。

2. 节约用地，合理确定道路宽度和道路网密度，充分利用现状

干道的数量及其分布要满足交通发展的需要，同时也应注意结合城市现状、规模、地形条件、经济能力等，尽可能有利于建筑布置、环境保护，并考虑战备、抗震的规定。通常用道路网密度作为衡量经济的指标。城市道路网密度是指道路总长与所在地区面积之比。依道路网内的道路中心线计算其长度，依道路网所服务的用地范围计算其面积。城市道路网内的道路指主干路、次干路和支路。道路网密度大，有利于交通便利、节省居民出行时间和通行能力，但密度过大，会加大道路建设投资及旧城改造拆迁工作量。目前，中国一些中小城市道路网过密而且路幅又窄，这不利于提高建筑层数和间距，不利干道路绿化，浪费了城市建设用地，又无助于提高道路通行能力。在旧城改造时应注意放宽路幅，降低道路网密度。

3. 充分考虑地形地质等因素

充分结合地形规划道路的平面形式，充分考虑地质条件和有利于地面水的排除。还应注意尽可能少占农田、菜地，减少房屋拆迁工作量等。

4. 考虑城市环境卫生要求，有利于城市通风和日照良好，防止暴风袭击等

主要道路走向应有利于城市通风和临街建筑物获得良好日照。例如在南方城市宜平行于夏季主导风向，而北方尤其位于干旱寒冷、多风沙的西北地区，为了减轻冬季常有的大风雪和风沙的袭击，干道走向宜与大风主导风向有一定偏斜角度。并在城市

边缘布置防护林带。从日照要求来看，道路的朝向最好取南北和东西的中间方位，并与南北子午线成30°～60°的夹角，既适当考虑到日照，又便于沿街建筑的布置。

5.便于道路绿化和管线的布置

设计干道走向、路幅宽度、控制标高时，要适应远期绿化和各种管线用地要求。尽可能将沿街建筑红线后退，预留出沿街绿化用地。要根据道路的性质、功能、宽度、朝向、地上地下管线位置、建筑间距和层数等统筹安排。在满足交通功能的同时，要考虑植物生长的良好条件；因为，行道树的生长需在地上、地下占据一定的空间，需要适宜的土壤与日照条件。

6.满足城市建设艺术的要求

道路不仅是城市的交通地带，它与城市自然环境、沿街主要建筑物、绿化布置、地上各种公用设施等协调配合，对体现城市面貌起着重要作用。因此，对道路设计要有一定的造型艺术要求。通过路线的柔顺、曲折起伏；两旁建筑物的进退；高低错落的绿化配置以及公用设施、照明等来协调道路立面、空间组合、色彩与艺术形式，给居民以美的享受。

（二）道路绿地布局与景观总体设计

道路绿地是指道路及广场用地范围内的可以进行绿化的用地。道路绿地分为道路绿带、交通岛绿地、广场绿地和停车场绿地等。

1.道路绿地的总体布局

首先是确定道路绿地的横断面布置形式。例如设几条绿带，采用对称形式还是不对称形式。在城市道路上，除布置各种绿带外，还应将街旁游园、绿化广场、绿化停车场及各种公共建筑前绿地等有节奏地布置在道路两侧，形成点、线、面相结合的城市绿化景观。其次还要考虑与各种市政设施有无矛盾。

道路绿地布局要遵循《城市道路绿化规划与设计规范》的如下规定：

（1）种植乔木的分车绿带宽度不得小于1.5m；主干路上的分车绿带宽度不宜小于2.5m；行道树绿带宽度不得小于1.5m。

（2）主、次干路中间分车绿带和交通岛绿地不得布置成开放式绿地。

（3）路侧绿带宜与相邻的道路红线外侧其他绿地相结合。

（4）人行道毗邻商业建筑的路段，路侧绿带可与行道树绿带合并。

（5）道路两侧环境条件差异较大时，宜将路侧绿带集中布置在条件较好的一侧。

道路两侧环境条件差异较大，主要是指道路两侧光照、温度、风速和土质等与植物生长要求有关的环境因子差异较大。将路侧绿带集中布置在条件较好一侧，可以有利于植物生长。

2.景观总体设计

景观设计是城市设计不可分割的部分，也是形成一个城市面貌的决定性因素之一。

城市景观构成要素很多，大至自然界山川、河流湖泊、园林绿地、建筑物、构筑物、道路、桥梁，小至喷泉、雕塑、街灯、座椅、交通标志、广告牌等，景观设计要满足功能、视觉和心理等要求，将它们有机地组合成统一的城市景观。

　　城市园林绿地是城市景观的重要组成部分，是一种人工与自然结合的城市景观，可以起到塑造城市风貌特色的作用。城市园林绿地是以各类园林植物景观为主体。植物品种繁多，观赏特性丰富多样，有观姿、观花、观叶、观果、观干等，要充分发挥其形、色、香等自然特性。作为景观的素材，在植物配置时从功能与艺术上考虑，采用孤植、列植、丛植、群植等配置手法，依据立地条件，从平面到立面空间创造丰富的人工植物群落景观，将自然气息引入城市，渗透、融合于以建筑为主体的城市空间，丰富城市景观，美化城市环境，满足城市居民回归大自然的心理需要。

　　道路是一个城市的走廊和橱窗，是一种通道艺术，有其独特的广袤性，是人们认识城市的主要视觉和感觉场所，是反映城市面貌和个性的重要因素。构成街景的要素包括道路、绿地、建筑、广场、车和人。道路、桥梁、广场自身的线型、造型美，道路外观的修饰美。具有特色的道路绿化，可以体现城市的绿化风貌和景观特色。人们对道路栽植行道树的要求已由从属于交通提高到道路景观、绿地景观、城市景观的位置。

　　（1）在城市绿地系统规划中，应确定园林景观路与主干路的绿化景观特色。园林景观路是指在城市重点路段，强调沿线绿化景观，体现城市风貌与绿化特色的道路，是道路绿化的重点。因具有较好的绿化条件，应选择观赏价值较高、有地方特色的植物，合理配置并与街景配合以反映城市的绿化特点与绿化水平。

　　主干路是城市道路网的主体，贯穿于整个城市，应有一个长期稳定的绿化效果，形成一种整体的景观基调。植物配置应注意空间层次、色彩的搭配，体现城市道路绿地景观特色和风貌。

　　（2）同一条道路的绿化宜有统一的景观风格，不同路段的绿化形式可有所变化。同一条道路的绿化具有一个统一的景观风格，可使道路全程绿化在整体上保持统一协调，提高道路绿化的艺术水平。道路较长，分布有多个路段，各路段的绿地在保持整体景观统一的前提下，可在形式上有所变化，使其能够更好地结合各路段的环境特点，丰富街景。

　　（3）同一路段上的各类绿带，在植物的配置上应注意高低层次、绿色浓淡色彩的搭配和季相变化等，并应协调树形组合、空间层次的关系。使道路绿化有层次、有变化，不但丰富街景，还能更好地发挥绿地的隔离防护功能。

　　（4）毗邻山、河、湖、海的道路，其绿地应结合自然环境，突出自然景观特色。在以建筑为主体的城市空间，单调、枯燥的人工环境中，山、河、湖、海等自然环境在城市中是十分可贵的，毗邻自然环境的道路，要结合自然环境，并以植物所独有的丰富色彩，季相变化和蓬勃的生机等展示自然风貌。

　　（5）人们在道路上经常是运动状态，由于运动方式不同，速度不同，对道路景观的视觉感受也不同。（当然，在同一道路的一个位置上经常会有不同的观赏者即运动观赏者和静止观赏者。）因此，道路绿化设计时，在考虑静态视觉艺术的同时也要充分考虑动态视觉艺术。例如，主干道按车行的中速来考虑景观节奏和韵律；行道树的设计侧重慢速；路侧带、林荫路、滨河路以静观为主。

　　（6）将道路这一交通空间赋予生活空间的功能。道路伴随着建筑而存在，完美的街道必须是一个协调的空间，景观设计中注意借景周围的自然景色、文物古迹；道路两侧建筑物的韵律；与道路两侧橱窗的相呼应；还应注意各种环境设施如路标、垃圾箱、电话亭、候车廊、路障等。在充分发挥其功能的前提下，在造型、材料、色彩、尺度等各方面均需精心设计。城乡接合部道路交叉口、交通岛、立交桥绿岛、桥头绿地等处的园林小品、广告牌、代表城市风貌的城市标志等均应纳入绿地设计，由专业人员设计、施工，形成统一完美的道路景观。

（三）树种及地被植物选择

树种选择关系到道路绿化的成败，树木生长的好坏、快慢、寿命长短等关系到绿化效果及绿化的效应是否能充分发挥。

1. 树种选择的基本原则

道路绿化应选择适应道路环境条件、生长健壮、绿化效果稳定、观赏价值高和环境效益好的植物种类。

城市道路环境受到许多因素的影响，恶劣的自然环境。例如，土壤不仅体积有限，而且干旱瘠薄，多砖、石等建筑废料；城市排出的污水、污物，例如含盐的污水、油垢、汽油等；夏季干旱的风、辐射热，冬季的寒冷和建筑物引起的隧道效应使之变强的干旱风等；空气中的臭氧、二氧化硫、盐雾、灰尘、煤烟等有毒气体。这些都会影响树木的正常生长。除了恶劣的自然环境外，建筑与市政施工、车辆、行人等的人为破坏有时也是严重的。选择树种时，首先要掌握各种树木的生物学特性及其具体栽植位置的环境，找到与之相适应的树种，做到识地识树才能做到适地适树。

由于道路环境差异很大和道路性质不同，对绿地功能要求复杂多样。所以，要求道路绿化的树种和配置也相应多样化。因此，道路绿化树种选择应以乡土树种与已引种成功的外来树种相结合。这样，既能体现地方风格，又能美化城市，满足道路绿化多功能要求。

寒冷积雪地区的城市分车绿带、行道树绿带种植的乔木，应选择落叶树种。因为落叶树种冬季落叶后，减少对阳光的遮挡，能提高地面温度，使地面冰雪尽快融化。而常绿树则因生长慢、分枝点低、夏季遮阴面小，尤其是冬季遮挡阳光，造成不良效果。在沿海城市要选择抗海潮、抗风的树种。

2. 行道树树种选择

行道树是道路绿化的主要组成部分，道路绿化的效果与行道树的选择有紧密的联系。行道树应选择根深、分枝点高、冠大荫浓、生长健壮、适应城市道路环境条件且落果对行人不会造成危害的树种。

选择根深的树种，避免暴风雨时倒伏；注意选择根系不会抬高人行道或堵塞地下管道的树种。

冠大荫浓的树木在夏季能使车行道和人行道上有大片的荫凉，减免日晒之苦；同时其滞尘、减噪、防风等效果更佳。

选择生长健壮、不因速生和材质软而增加管理投入的树种。

行道树绿带自身面积不大，两侧是道路基础和城市管线，土质差、施肥少。所以行道树树种应选择具有在瘠薄土壤上生长的能力，耐干旱、干风和在高强度反射的阳光下叶片不变褐、不枯焦。

为增加行道树色彩，种植观花和观果树种时要选择引人注目但不脏乱、无恶臭或刺激性气味、不污染环境、不污染行人衣物、落果不致砸伤行人的树种。

为了保证道路行车净空的要求，不遮挡道路两侧交通标志、交通照明以及和架空线的距离等安全美观要求，行道树要经常进行整形修剪。

《中国大百科全书·建筑、园林、城市规划卷》 一书中对行道树树种选择提出如下10项要求：（1）树冠冠幅大，枝叶密；（2）耐瘠薄土壤；（3）耐修剪；（4）扎根深；（5）病虫害少；（6）落果少，没有飞絮；（7）发芽早，落叶晚；（8）耐旱，耐寒；（9）寿命长；（10）材质好。

余树勋先生介绍的国际上选择行道树的10条标准是：（1）发叶早、落叶迟、夏季绿、秋色浓，落叶时间短、叶片大而利于清扫；（2）冬态树形美，枝叶美，冬季可观赏；（3）叶、花、果可供观赏，且无污染；（4）树冠形状完整，分支点在1.8m以上，分支的开张度与地平面形成30°以上，叶片紧密，可提供浓荫；（5）大苗好移植，繁殖容易；（6）能在城市环境下正常生长，抗污染，抗板结，抗干旱；（7）抗强风、大雪，根系深，不易倒伏，不易折断枝干及大量落叶；（8）生命力强，病虫害少，管理省工；（9）寿命较长，生长不慢；（10）耐高温、也耐低温。

3.花灌木树种选择

花灌木应选择花繁叶茂、花期长、生长健壮和便于管理的树种。观花灌木的种类很多，选择有较大的灵活性。

（1）路旁栽植的花灌木应注意选用无向四周伸出稀疏枝条的、树形整齐的树种，最好无刺或少刺，以免妨碍车辆和行人。

（2）耐修剪、再生力强，以利控制植物高度和树形。

（3）生长健壮、抗性强，能忍耐尘埃和路面辐射热。

（4）枝、叶、花无毒和无刺激性气味。

（5）最好花先叶开放、果实有观赏价值。

4.植篱树种选择

（1）植篱树种应选择萌芽力强、发枝力强、愈伤力强，耐修剪、耐阴，病虫害少的树种。

（2）叶片小而密、花小而多、果小而繁。

（3）移植容易，生长速度适中。

（4）植株下枝不透空且自茎部分枝生长。

5.地被植物选择

（1）植株低矮，覆盖度大，具有蔓生性和茎叶密生等特性。

（2）生长快，繁殖力强，能在短期内覆盖地面，并且能在长时间（5～10年）保持良好效果。

（3）管理粗放，病虫害少，抗杂草力强，耐践踏，全年保持一定观赏效果。

（4）景观效果好，不论叶片、花、果均具有观赏价值，且无毒、无恶臭、无刺、枝叶不伤流。

6. 草坪植物选择

（1）植株匍匐型，成丛生状，生长低矮，能紧密地覆盖地面，平整美观。

（2）叶片细而柔软，富有弹性，绿色期长。

（3）适应性强，抗干旱，抗病力强，耐践踏，耐修剪。

（4）繁殖力强，结实量大，发芽力强，再生性萌蘖性强，覆盖率高。

（5）草种无刺，无毒和不良气味，对人畜无害。

三、城市道路生态绿地的具体规划设计示例

（一）道路绿带设计

道路绿带是指道路沿线范围内的带状绿地。道路绿带分为分车绿带、行道树绿带和路侧绿带。

1. 道路的横断面布置形式

（1）一板二带式

即1条车行道，2条绿带。其适用于路幅较窄、车流量不大的次干道和居住区道路，是最常见的一种形式。其优点是简单整齐、用地比较经济、管理方便。其缺点是机动车与非机动车混行，不便于组织交通。当车行道过宽时，绿化遮阴效果差。

（2）二板三带式

即车行道中间以一条绿带隔开分成单向行驶的2条车行道，道路两侧各1行行道树绿带。其适用于机动车多、夜间交通量大而非机动车少的道路。其优点是有利于绿化布置、道路照明和管线敷设，道路景观好。车辆成为单向行驶，解决对向车流相互干扰的矛盾。但由于机动车与非机动车混行，仍不能解决相互干扰的矛盾；而且车辆行驶时机动性差，转向需要绕道。在城市中心地区人流量较大的道路，行人从中间绿带穿行易造成交通事故。

（3）三板四带式

即利用两条分隔带把车行道分成3条，中间为机动车道，两侧为非机动车道，连同车道两侧的行道树绿带共有4条绿带。其适用于路幅较宽，机动车、非机动车流量大的主要交流干道。其优点是：

①组织交通方便、安全、较好地解决了各种车辆相互干扰的矛盾。提高车辆行驶速度，同时分隔带对行人过街还可起到安全岛的作用。

②较好地处理了照明灯杆与绿化的矛盾，使照度达到均匀，有利于夜间行车安全。

③由于布置了多行绿带，夏季遮阴效果好，不仅对行人、车辆往来有利，还可保护路面，减少炎夏沥青路面泛油。

④机动车在道路中间，距道路两侧建筑物较远，且有几条绿带阻隔，吸尘、减噪等效果好，从而提高了环境质量。

⑤便于实施分期修建。例如先建机动车道部分，供机动车、非机动车混行，待城市发展、交通量加大后再扩建为三块板；分期敷设发展地下管线。

其缺点是：公共交通车辆停靠站上、下的乘客要穿行非机动车道，不方便；占地

较大，建设投资高。

（4）四板五带式

利用3条分隔带将车道分为4条，共有5条绿带，适用于大城市的交通干道。其优点是各种车辆均形成单向行驶，互不干扰，保证了行车速度和行车安全。缺点是用地面积较大，建设投资高。目前在中国设置的不多（有些大城市在原有路面上设置栏杆或隔离墩，将道路分隔成四板五带形式，有一带或两带仅是1条线，无法绿化。仅能解决交通问题，其他功能仍属二板三带或三板四带）。

（5）其他形式

由于城市所处地理位置、环境条件、城市景观要求不同，道路横断面设计产生许多特殊形式。例如：

①在道路红线内将车道偏向一侧，另一侧留有较宽的绿带设计成林荫路；临河、湖、海的道路设计成滨河林荫路等。

②在北方城市，东西走向的道路，若南侧沿线有高大建筑群，由于建筑物会在人行道上造成阴影，不利于植物生长，可将道路中线偏向南侧，减少南侧绿地宽度，增加北侧绿地面积。

③在地形起伏较大的城市或地段，路线沿坡地布置时，可结合自然地形将车行道与人行道分别布置在不同的平面上，各组成部分之间可用挡土墙或斜坡连接。或按行车方向划分为上下行线的布置。

④道路沿谷地设置时可布置为路堑式或路堤式。

为避免树木根系破坏路基，路面在9m以下时，树木不宜种在路肩上，应种植在边沟以外，距外缘0.5m为宜。路面9m以上时，可在路肩上植树，距边沟内缘不小于0.5m。

三板四带式比较适应城市交通现代化发展的要求，是城市主要交通干道的发展方向。具体到每个城市应根据城市规模、道路性质、交通特点、用地和拆迁工作量等因素，经综合分析后确定。中小城镇不可盲目模仿大城市的三板四带形式，一来会造成土地利用和道路投资的浪费，二则由干道路两侧没有大体量的建筑物，整体城市景观会给人以空旷之感。

2.道路绿带的种植形式

（1）列植式

同一种类或品种的乔木或灌木按一定的间隔排列成1行种植。在比较窄的绿带上使用最简单、最多见的形式。在较宽的绿带中可用双行或者多行列植。

（2）叠植式

2列树木呈品字形排列。

（3）多层式

将常绿树、乔木、灌木等几种树木用同样间距、同样大小，形成高低不同的多层次规则式种植。

（4）自然式

在一定宽度的绿带内布置有节奏的自然树丛，具有高低、大小、疏密和各种形体的变化，但保持平衡的自然式种植。如北京市北四环路两侧分车绿带宽6.7m，路侧绿带宽9m；均采用自然式种植，有油松、合欢、栾树、木槿、紫薇等，每隔50～80m有节奏地种植。

（5）花园式

多用于可供人们进入作短暂休憩的林荫路、街旁游园等。

3．道路分车绿带设计

（1）分车带是用来分隔干道的上下车道和快慢车道的隔离带，为组织车辆分向、分流，起着疏导交通和安全隔离的作用。因占有一定宽度，除了绿化还可以为行人过街停歇、照明杆柱、安设交通标志、公交车辆停靠等提供用地。

（2）分车带的类型有以下三种：①分隔上下行车辆的（1条带）；②分隔机动车与非机动车的（2条带）；③分隔机动车与非机动车并构成上下行的（3条带）。

（3）分车带的宽度因路而异，没有固定的尺寸，分车带宽度占道路总宽度的百分比也没有具体规定。作为分车绿带最窄为1.5m。常见的分车绿带为2.5～8m。大于8m宽的分车绿带可作为林荫路设计。加宽分车带的宽度，使道路分隔更为明确，街景更加壮观；同时，为今后道路拓宽留有余地。但行人过街不方便。

（4）为了便于行人过街，分车带应进行适当分段，一般以75～100m为宜。尽可能与人行横道、停车站、大型商店和人流集中的公共建筑出入口相结合。

（5）道路分车绿带是指车行道之间可以绿化的分隔带，其位于上下行机动车道之间的为中间分车绿带，位于机动车道与非机动车道之间或同方向行驶机动车道之间的为两侧分车绿带。

（6）人行横道线与分车绿带的关系。人行横道线在绿带顶端通过时，绿带进行铺装；人行横道线在靠近绿带顶端通过时，人行横道线的位置上进行铺装，在绿带顶端剩余位置种植低矮灌木，也可种植草坪或花卉；人行横道线在分车绿带中间通过时，人行横道线的位置上进行铺装，铺装两侧不要种植绿篱或灌木，以免影响行人和驾驶员的视线。

（7）分车绿带上汽车停靠站的处理。公共汽车或无轨电车等车辆的停靠站设在分车绿带上时，大型公共汽车每一路大约要30m长的停靠站。在停靠站上需留出1～2m宽的地面铺装为乘客候车使用。绿带尽量种植乔木为乘客提供遮阴。分车绿带在5m以上时，可种绿篱或灌木，但应设护栏进行保护。

（8）分车带靠近机动车道，距交通污染源最近，光照和热辐射强烈、干旱、土层深度不够，往往土质差（垃圾土或生土），养护困难等，应选择耐瘠薄、抗逆性强的树种。灌木宜采用片植方式（规则式、自由式）利用种内互助的内含性，提高抵御能力。

（9）分车绿带的植物配置应形式简洁、树形整齐、排列一致。

分车绿带形式简洁有序，驾驶员容易辨别穿行道路的行人，可减少驾驶员视线疲劳，有利于行车安全。

为了交通安全和树木的种植养护，分车绿带上种植乔木时，其树干中心至机动车道路缘石外侧距离不能小于0.75m。

（10）被人行道或道路出入口断开的分车绿带，其端部应采取通透式栽植。通透式栽植是指绿地上配置的树木，在距相邻机动车道路面高度。0.9～3.0m的范围内，其树冠不遮挡驾驶员视线的配置方式。采用通透式栽植是为了穿越道路的行人或并入的车辆容易看到过往车辆，以利行人、车辆安全。

（11）中间分车绿带的种植设计。中间分车绿带上，在距相邻机动车道路面高度0.6～1.5m的范围内种植灌木、灌木球、绿篱等枝叶茂密的常绿树能有效地阻挡夜间相向行驶车辆前照灯的眩光。其株距不大于冠幅的5倍。

中间分车绿地种植形式有以下几种：

①绿篱式：将绿带内密植常绿树，经过整形修剪，使其保持一定高度和形状。这种形式栽植宽度大，行人难以穿越，而且由于树间没有间隔，杂草少，管理容易。在车速不高的非主要交通干道上，可修剪成有高低变化的形状或用不同种类的树木间隔片植。

②整形式：将树木按固定的间隔排列，有整齐划一的美感，但路段过长会给人一种单调的感觉。可采用改变树木种类、树木高度或者株距等方法丰富景观效果。这是目前使用最普遍的方式，有用同一种类单株等距种植或片状种植；有用不同种类单株间隔种植；不同种类间隔片植等多种形式。

③图案式：将树木修剪成几何图案，整齐美观，但需经常修剪，养护管理要求高。可在园林景观路、风景区游览路使用。

在中间分车绿带上应种植高在70cm以下的绿篱、灌木、花卉、草坪等，使驾驶员不受树影、落叶等的影响。实际上，目前我国在中间分车绿带中种植乔木的很多，一是中国大部分地区夏季炎热，需考虑遮阴；二是目前我国机动车车速不高，树木对驾驶员的视觉影响不大。因而在分车绿带上采用了以乔木为主的种植形式。

（12）两侧分车绿带。两侧分车绿带距交通污染源最近，其绿化所起的滤减烟尘、减弱噪声的效果最佳，并能对非机动车有庇护作用。因此，应尽量采取复层混交配置，扩大绿量，提高保护功能。

两侧分车绿带的乔木树冠不要在机动车道上面搭接，形成绿色隧道，这样会影响汽车尾气及时向上扩散，污染道路环境。

植物配置方式很多，常见的有如下几种：

①分车绿带宽度小于1.5m时，绿带只能种植灌木、地被植物或草坪。

②分车绿带宽度等于1.5m时，以种植乔木为主。这种形式遮阴效果好，施工和养护容易。在两株乔木中间种植灌木，这种配置形式比较活泼。开花灌木可增加色彩，常绿灌木可改变冬季道路景观。但要注意选择耐阴的灌木和草坪种类，或适当加大乔木的株距。

③绿带宽度大于2.5m时可采取落叶乔木、灌木、常绿树、绿篱、草地和花卉相互搭配的种植形式。

4.行道树绿带设计

行道树绿带是指布设在人行道与车行道之间，种植行道树为主的绿带。其宽度应根据道路的性质、类别和对绿地的功能要求以及立地条件等综合考虑而决定，但不得小于1.5m。

（1）行道树绿带的主要功能是为行人和非机动车庇荫。因此，行道树绿带应以种植行道树为主。绿带较宽时可采用乔木、灌木、地被植物相结合的配置方式，提高防护功能、加强绿化景观效果。

（2）行道树的种植方式

①树带式：在人行道与车行道之间留出一条不小于1.5m宽的种植带。树带的宽度种植乔木、绿篱和地被植物等形成连续的绿带。在树带中铺草或种植地被植物，不要有裸露的土壤。这种方式有利于树木生长和增加绿量，改善道路生态环境和丰富城市景观。在适当的距离和位置留出一定量的铺装通道，便于行人往来。若是一板两带的道路还要为公交车等留出铺装的停靠站台。树带式行道树绿带，种植有槐树、月季、大叶黄杨篱等。

②树池式：在交通量比较大、行人多而人行道又狭窄的道路上采用树池的方式。树池式营养面积小，又不利于松土、施肥等管理工作，不利于树木生长。

（3）行道树绿带的种植设计

①行道树树干中心至路缘石外侧最小距离为0.75m。以便公交车辆停靠和树木根系的均衡分布，防止倒伏，便于行道树的栽植和养护管理。

②在弯道上或道路交叉口，行道树绿带上种植的树木，在距相邻机动车道路面高度0.9～3.0m，其树冠不得进入视距三角形范围内，以免遮挡驾驶员视线，影响行车安全。

③在同一街道采用同一树种、同一株距对称栽植，既可更好地起到遮阴、减噪等防护功能，又可使街景整齐雄伟，体现整体美。若要变换树种，最好从道路交叉口或桥梁等地方变更。

④在一板二带式道路上，路面较窄时，注意两侧行道树树冠不要在车行道上衔接，以免造成飘尘、废气等不易扩散。应注意树种选择和修剪，适当留出"天窗"，使污染物扩散、稀释。

⑤在车辆交通流量大的道路上及风力很强的道路上，应种植绿篱。

⑥行道树绿带的布置形式多采用对称式：道路横断面中心线两侧，绿带宽度相同。植物配置和树种、株距等均相同。如每侧1行乔木，1行绿篱1行乔木等。道路横断面为不规则形式时，或道路两侧行道树绿带宽度不等时，形成不对称布置形式。如山地城市或老城旧道路幅较窄，采用道路一侧种植行道树，而另一侧布设照明等杆线和地下管线。视行道树绿带的宽度设计行道树。如一侧1行乔木，而另一侧是灌木；一侧1行乔木，另一侧2行乔木等，或因道路一侧有架空线而采取道路两侧行道树树种不同的非对称栽植。

两侧不同树种的不对称栽植：如北京市东黄城根北街一侧元宝枫、杜仲，另一侧毛白杨。

行道树绿带不等宽的不对称栽植：如北京市美术馆后街一侧1行，另一侧2行乔木。

5. 路侧绿带设计

路侧绿带是指在道路侧方，布设在人行道边缘至道路红线之间的绿带是构成道路优美景观的可贵地段。

路侧绿带常见的有三种：一种是因建筑物与道路红线重合，路侧绿带毗邻建筑布设；第二种是建筑退让红线后留出人行道，路侧绿带位于两条人行道之间；第三种是建筑退让红线后在道路红线外侧留出绿地，路侧绿带与道路红线外侧绿地结合。

路侧绿带与沿路的用地性质或建筑物关系密切，有的建筑物要求绿化衬托，有的建筑要求绿化防护。因此，路侧绿带应用乔木、灌木、花卉、草坪等结合建筑群的平、立面组合关系、造型、色彩等因素，根据相邻用地性质、防护和景观要求进行设计，并应在整体上保持绿带连续、完整和景观效果的统一。

路侧绿带宽度大于8m时，可设计成开放式绿地。内部铺设游步道和供短暂休憩的设施，方便行人进入游憩，以提高绿地的功能和街景的艺术效果。但绿化用地面积不得小于该段绿带总面积的70%。

（1）人行道设计

人行道的主要功能是满足步行交通的需要。其次是城市中的地下公用市政设施管线必须在道路横断面上安排，灯柱、电线杆和无轨电车的架空触线柱的设施也需占用人行道等。所以，在设计人行道宽度时除满足步行交通需要外，也应满足绿化布置、地上杆柱、地下管线、交通标志、信号设施、护栏以及邮筒、果皮箱、消防栓等公用附属设施安排的需要。

我国实践经验，一侧人行道宽度与道路路幅宽度之比为1：7～2：7，以步行交通为主的小城镇约1：4～1：5。

人行道的布置通常对称布置在道路的两侧，但因地形、地物或其他特殊情况也可两侧不等宽或不在一个平面上，或仅布置在道路一侧。

（2）道路红线与建筑线重合的路侧绿带种植设计

在建筑物或围墙的前面种植草皮花卉、绿篱、灌木丛等。主要起美化装饰和隔离作用，一般行人不能入内。设计时一是注意建筑物做散水坡，以利排水；二是绿化种植不要影响建筑物通风和采光。如在建筑两窗间可采用丛状种植。树种选择时注意与建筑物的形式、颜色和墙面的质地等相协调。如在建筑立面颜色较深时，可适当布置花坛，取得鲜明对比；在建筑物拐角处，选枝条柔软，自然生长的树种来缓冲建筑物生硬的线条。绿带比较窄或朝北高层建筑物前局部小气候条件恶劣、地下管线多，绿化困难的地带可考虑用攀缘植物来装饰。攀缘植物可装饰墙面、栏杆或者用竹、铁、木条等材料制作一些攀缘架，种植攀缘植物，上爬下挂，增加绿量。

（3）建筑退让红线后留出人行道，路侧绿带位于两条人行道之间的种植设计

一般商业街或其他文化服务场所较多的道路旁设置2条人行道，一条靠近建筑物附近，供进出建筑物人们使用，另一条靠近车行道为穿越街道和过街行人使用。路侧绿带位于2条人行道之间。种植设计视绿带宽度和沿街的建筑物性质而定。一般街道或遮阴要求高的道路，可种植两行乔木；商业街要突出建筑物立面或橱窗时，绿带设计宜以观赏效果为主（来往行人有行道树遮阴）。种植常绿树、开花灌木、绿篱、花

卉、草皮；或设计成花坛群，花境等。

（4）建筑退让红线后，在道路红线外侧留出绿地，路侧绿带与道路红线外侧绿地结合

道路红线外侧绿地有街旁游园、宅旁绿地、公共建筑前绿地等。这些绿地虽不统计在道路绿化用地范围内，但能加强道路的绿化效果。因此，一些新建道路往往要求和道路绿化一并设计。

（二）林荫道绿地设计

林荫道是指与道路平行并具有一定宽度的供居民步行通过、散步和短暂休息用的带状绿地。

1. 林荫道的功能

林荫道利用植物与车行道隔开，在其不同地段辟出各种不同的休息场地，并有简单的园林设施，可起到小游园的作用，扩大了群众活动场所，增加城市绿地面积，弥补绿地分布不均匀的缺陷。

林荫道种植了大量树木花草，减弱城市道路上的噪声、废气、烟尘等的污染，为行人创造良好的小气候和卫生条件，在绿地内布设了花坛、水池、雕像等，从而美化了环境，丰富了城市街景。

2. 林荫道的设置形式

（1）按照林荫道在道路平面上的布置位置，分为以下三种：

①设置在道路中央纵轴线上

优点是道路两侧的居民有均等的机会进入林荫道，使用方便，并能有效地分隔道路上的对向车辆。但进入林荫道必须横穿车行道，既影响车辆行驶，又不安全。此类形式多在机动车流量不大的道路上采用，出入口不宜过多。

②设置在道路一侧

减少了行人在车行道的穿插，在交通比较繁忙的道路上多采用这种形式。宜选择在便于居民和行人使用的一侧；有利于植物生长的一侧；充分利用自然环境如山、林、水体等有景可借的一侧。

③分设在道路两侧

分设在道路两侧，与人行道相连，可以使附近居民和行人不用穿越车行道就可到达林荫道内，比较方便、安全。对干道路两侧建筑物也有一定的防护作用。在交通流量大的道路上，采用这种形式，可有效地防止和减少机动车所产生的废气、噪声、烟尘和震动等公害的污染。

（2）按照林荫道用地宽度分为以下三种布置形式：

①单游步道式

林荫道宽度在8m以上时，设一条游步道，设在中间或一侧。宽度3～4m，用绿带与城市道路相隔。多采用规则式布置。中间游步道两侧设置座椅、花坛、报栏、宣传牌等。绿地视宽度种植单行乔木、灌木丛和草皮，或用绿篱与道路分隔。

②双游步道式

林荫道宽度在20m以上时，设两条或两条以上游步道。布置形式可采用自然或规

则式布置。中间的一条绿带布置花坛、花境、水池、绿篱，或乔、灌木。游步道分别设在中间绿带的两侧，沿步道设座椅、果皮箱等。车行道与林荫道之间的绿带，主要功能是隔离车行道，保持林荫道内部安静卫生。因此可种植浓密的绿篱、乔木，形成绿墙，或种植两行高低不同的乔木与道路分隔。立面布置成外高内低的形式。若林荫道是设在道路一侧的，则沿道路车行道一侧绿化种植以防护为主，靠建筑一侧种植矮篱、树丛、灌木丛等，以不遮挡建筑物为宜。

③游园式

林荫道宽度在40m以上时，可布置成带状公园，布置形式自然式或规则式。除两条以上的游步道外，开辟小型儿童活动场地、小广场、花坛和简单的游憩设施。植物配置应考虑与城市环境的关系及园外行人、乘车人对公园外貌的观赏效果。

（三）滨河路绿地设计

滨河路是城市中临江、河、湖、海等水体的道路。滨河路在城市中往往是交通繁忙而景观要求又较高的城市干道。需要结合其他自然环境、河岸高度、用地宽窄和交通特点等进行布置。

1. 滨河路设计

（1）河岸线地形高低起伏不平，常遇到一些斜坡、台地时，可结合地形将车行道与滨河路分设在不同高度上。

在台地或坡地上设置的滨河路，常分两层处理。一层与道路路面标高相同；另一层设在常年水位标高以上。两者之间以绿化斜坡相连，垂直联系用坡道或石阶贯通。在平台上布置座椅、栏杆、棚架、园灯、小瀑布等。设有码头或小广场的地段，通常在石阶通道进出口的中间或两侧设置雕塑、园灯等。

（2）为了保护江、河、湖岸免遭波浪、地下水、雨水等的冲刷而坍塌，需修建永久性驳岸。一般驳岸多采用坚硬的石材或混凝土做成。规则式林荫路如临宽阔水面，在驳岸顶部加砌岸墙；高度90～100cm，狭窄的河流在驳岸顶部用栏杆围起来或将驳岸与花池、花钵结合起来，便于游人看到水面，欣赏水景。自然式滨河路加固驳岸可采用绿化方法。在坡度1∶1～1∶1.5坡上铺草，或加砌草皮砖，或者在水下砌整形驳岸，水面上加叠自然山石，高低曲折变幻，既美化水岸又可供游人坐息、垂钓。设有游船码头或水上运动设施的地段，应修建坡道或设置转折式台阶直通水面。

（3）临近水面布置的游步道，游步道宽度最好不小于5m，并尽量接近水面。如滨河路比较宽时，最好布置两条游步道，一条临近道路人行道，便于行人往来，而临近水面的一条游步道要宽些，供游人漫步或驻足眺望。

水面不十分宽阔，对岸又无景可观时，滨河路可布置得简单些；临水布置游步道、岸边设置栏杆、园灯、果皮箱等。游步道内侧种植树姿优美、观赏价值高的乔木、灌木。种植形式可自由些。树间布置座椅，供游人小憩。水面宽阔对岸景观好时，临水宜设置较宽的绿化带，布置游步道、花坛、草坪、园椅、棚架等。在可观赏对岸景点的最佳位置设计一些小广场或凸出水面的平台，供游人伫立或摄影。水面宽阔，能划船、垂钓或游泳；绿化带较宽时，可考虑设计成滨河带状公园。

2. 绿地设计

（1）应充分利用宽阔的水面，临水造景，运用美学原则和造园艺术手法，利用水体的优势与特色，以植物造景为主，配置游憩设施和有特色风格的建筑小品，构成有韵律连续性优美彩带。人们漫步林荫下，或临河垂钓，水中泛舟，充分享受自然气息。

（2）滨河路绿地主要功能是供人们游览、休息，同时可以护坡、防止水土流失。一般滨河路的一侧是城市建筑，另一侧为水体，中间为绿带。绿带设计手法取决于自然地形、水岸线的曲折程度、所处的位置和功能要求等。如地势起伏、岸线曲折、变化多的地方采用自然式布置；而地势平坦、岸线整齐，又临宽阔道路干道时则采用规则式布置较好。

规则式布置的绿带多以草地、花坛群为主，乔木灌木多以孤植或对称种植。自然式布置的绿带多以树丛、树群为主。

（3）为了减少车辆对绿地的干扰，靠近车行道一侧应种植一行或两行乔木和绿篱，形成绿色屏障。但为了水上的游人和河对岸的行人见到沿街的建筑艺术，不宜完全封闭，要留出透视线。沿水步道靠岸一侧原则上不种植成行乔木。其原因一是影响景观视线，二是怕树木的根系伸展破坏驳岸。步道内侧绿化宜疏朗散植，树冠线要有起伏变化。植物配置应注重色彩、季相变化和水中倒影等。要使岸上的游人能见到水面的优美景色，同时，水上的游人也能见到滨河绿带的景色和沿街的建筑艺术，使水面景观与活动空间景观相互渗透，连成一体。

（四）步行街绿地设计

步行街是指城市道路系统中确定为专供步行者使用，禁止或限制车辆通行的街道。对步行街的管理一般分两种情况，全天供步行者通行或在限定时间内（例如每天9：00～17：00）通行；对车辆的通行，一般在供步行者通行的时间内，禁止车辆通行，但准许送货车、清扫车、消防车等特种车辆通行，有的城市还准许固定线路的公共交通车辆通行（例如北京市王府井大街）。确定为步行街的街道一般在市、区中心商业、服务设施集中的地区，亦称商业步行街。

1. 功能与特点

（1）随着城市的发展，车流人流的增加，人车混杂，既影响了交通的通畅，又威胁了行人的安全。过去人们在街道上悠然自得地逛街情趣早已消失。为了促进城市中心区的城市生活、保护传统街道富有特色的结构，使城市更加亲切近人，使千百年来所形成的优秀文化传统生活方式为人们所享受，改善城市的人文环境。确定步行街反映了以人为主体的城市设计思想，旨在保证步行者的交通安全、便利和舒适与宁静，为人们提供舒适的步行、购物、休息、社会交往和娱乐的适宜场所，增进了人际交流和地域认同感，促进经济的繁荣。步行街可减少车辆，并减少汽车对环境所产生的压力，减少空气和视觉的污染、交通噪声，并且可使建筑环境更富人情味。

（2）国外许多国家十分重视步行街的建设，他们已放弃了沿交通干道两侧布置商业、服务业建筑的做法，而将商业、服务业建筑集中分布在步行街两侧或步行广场四周。这类步行街具有多功能性，它不仅各类商业服务设施齐全，而且布置有供居民休憩、漫步的绿地、花坛、雕塑及儿童游乐场地，小型影剧院等文娱设施，及造型新颖别致的电话亭、路灯、标志牌等公用设施。还设有停车场和便捷的公共交通。随着市场经济的发展，人民生活水平的提高，工作时间的减少，人们的生活方式和购物行为已发生了很大变化，人们上街购物已非单纯是购买物品，还是休息、等候、参观、纳凉、用餐、闲谈、人际交流等获得信息、加强交往、接触社会的一种新的生活方式，并以此来实现自己精神上和心理上的满足。因此，现代的商业步行街寓购物于玩赏，置商店于优美的环境之中。它应是一个精神功能重于物质功能的丰富多彩、充满园林气氛的公共休闲空间。它是一个融旅游、商贸、展示、文化等多功能为一体的综合体。

步行街有两种类型。一是旧城市原有的中心商业街通过交通管理或改造而成的步行街，如南京市的夫子庙、北京市的琉璃厂等；二是旧城市的新区或新城市的中心区，按人车分流原则设计的步行街。

2. 步行街的设计

（1）步行街周围要有便捷的客运交通宜与附近的主要交通干道垂直布置，出入口应安排机动车、自行车停车场或多层停车库和公交车辆的靠站点。

（2）步行街的路幅宽度主要取决于临街建筑物的层次、高度和绿化布置的要求。步行街断面布置要适应步行交通方便、舒适的需要，组合上每侧步行带宽度、条数以适应行人穿越、停驻、进出商店的交通要求。大中城市的主要商业步行街宽度不宜小于 6m，区级商业街和小城市不宜小于 4.5m（不包括行道树、绿带）；车行道宽度以能适应消防车、救护车、清扫车及营业时间前后为商店服务的货车通行为度，一般 7～8m，其间可配置小型广场。步行街的总宽度一般以 25～35m 为宜。商业步行区内步行道路和广场的面积，可按容纳 0.8～1.0人/m² 计算。步行街吸引了大量人流购物、游览，而人流过多会破坏轻松愉快的气氛。因此，在作步行街设计时，不要使人流超过环境容量，给人创造一个安静舒适的环境。对于严格禁止货运车辆进入的步行街可考虑在建筑物后，结合居住小区规划，设置宽度 5.5～6.0m 的平行专用货运道，供商店运输货物，同时也是带底层商店的住宅、办公楼出入通道。

（3）影剧院最好布置在步行街出入口靠近停车场及公交站附近，它的正面入口宜与步行街穿行方向相垂直，或位于步行街一角，并有专门的疏散通道，减少其散场时大量集中人流与步行街人流穿越干扰。

（4）步行街平、纵线形应结合当地地形、交通特点灵活确定，步行的纵坡宜平缓，不宜超过 2%。

（5）中小城市步行街设计时应与集市贸易场地有机结合。为解决当前集贸占用人行道影响交通、市容等被动状况，应在临近步行街安排集市贸易场地。但要借绿化、小空地等与步行街进行分隔，避免人流、噪声等对步行街的干扰，做到分别安排、有机结合。

（6）步行街设计时还要考虑空间的通透和疏通，有意削弱室内和室外、地上和地下的界面，引进自然环境和人工环境，结合自动扶梯、绿化、建筑小品、水体等形成丰富多变、色彩斑斓的环境，使人们在观赏中购物，在购物中观赏。

（7）利用原有的商业街改造的步行街，注意保留和发展传统风貌，尤其是那些百年老店，古色古香的传统建筑等，都具有历史品格，会使步行街增色生辉。新建或改建其他建筑时，应注意和谐统一，切忌各自为政，破坏了整体性。

3. 绿地设计

构成商业步行街的景观要素基本上在建筑用地空间内包括建筑物内部、外部、橱窗、招牌、广告等；在人行道空间内包括人、人行道铺装、花草树木、公用设施、园林建筑小品等；在车行道空间内包括道路铺装、人行过街天桥、交通信号、车辆等。因此，在做绿地设计时，要从整体景观效果考虑。设计人员应到现场进行勘查，对地形、环境条件、视觉关系等进行分析，根据空间大小、功能需要、艺术要求进行设计。

步行者有的忙着赶路而来去匆匆，有人边走边看，也有的人停下来驻足观看……因此，要灵活运用各种造园手法，创造丰富多样的空间，满足各种步行者的需要。在商业步行街中，园林空间从属性强，在整体空间的控制下起到补充和陪衬作用，在空间的连续构图中增加层次感和景深感。由于空间尺度小，步行者具有缓慢、敏感和随人流而动的特点，步行者视野受到一定限制，他们会对环境的细部产生强烈的感受。因此，在步行街上的各种小空间如道路局部、小广场、建筑内庭等都应精心设计、精心施工，达到画龙点睛的效果。

4. 树种选择

必须适地适树，优先选用乡土树种，确保植物生长发育正常，又能形成地方特色。为了保持步行街空间视觉的通透，不遮挡商店的橱窗、广告，最好选用形体娇小、枝、干、叶形优美的小乔木和花灌木。落叶乔木强调其枝干美，灌木强调其形态美。在北方城市注意常绿树和落叶树的合理搭配，在建筑物前可适当选用绿篱、花卉、草坪等；在面积较大的绿地内选用常绿树、灌木、地被植物和宿根花卉及草皮等，建立人工植物群落，以此改善步行街的生态条件，提高园林植物的生长质量和景观效果。植物种类不宜过多，种植宜疏不宜密，突出季相变化。

第二节　交通岛生态绿地规划设计

交通岛是指控制车流行驶路线和保护行人安全而布设在交叉口范围内车辆行驶轨道通过的路面上的岛屿状构造物，起到引导行车方向的作用。交通岛绿地是指可绿化的交通岛用地。交通岛绿地分为中心岛绿地、导向岛绿地和立体交叉绿地。其主要功能是诱导交通、美化市容，通过绿化辅助交通设施显示道路的空间界限，起到分界线的作用。

一、中心岛绿地

中心岛是设置在交叉口中央，用来组织左转弯车辆交通和分隔对向车流的交通岛，习惯称转盘。中心岛的形状主要取决于相交道路中心线角度、交通量大小和等级等具体条件，一般多用圆形，也有椭圆形、卵形、圆角方形和菱形等。常规中心岛直径在25m以上。中国大、中城市多采用40～80m。

可绿化的中心岛用地称为中心岛绿地。中心岛绿化是道路绿化的一种特殊形式，原则上只具有观赏作用，不许游人进入的装饰性绿地。布置形式有规则式、自然式、抽象式等。中心岛外侧汇集了多处路口，为了便于绕行车辆的驾驶员准确、快速识别各路口，中心岛不宜密植乔木、常绿小乔木或大灌木以保持行车视线通透。绿化以草坪、花卉为主，或选用几种不同质感、不同颜色的低矮的常绿树、花灌木和草坪组成模纹花坛。图案应简洁，曲线优美，色彩明快。不要过于繁复、华丽，以免分散驾驶员的视力及行人驻足欣赏而影响交通，不利安全。也可布置些修剪成形的小灌木丛，在中心种植1株或1丛观赏价值较高的乔木加以强调。若交叉口外围有高层建筑时，图案设计还要考虑俯视效果。

位于主干道交叉口的中心岛因位置适中，人流、车流量大，是城市的主要景点，可在其中建立柱式雕塑、市标、组合灯柱、立体花坛、花台等，使之成为构图中心。但其体量、高度等不能遮挡视线。

若中心岛面积很大，布置成街旁游园时，必须修建过街通道与道路连接，保证行车和游人安全。

深圳市上步路红荔路中心岛直径30m，其采用抽象式的设计手法，植物配置注重大块色彩的对比，力求品种单纯。主要有南洋杉、苏铁、凤尾兰、一串红等。

二、导向岛绿地

导向岛是用以指引行车方向，约束车道，使车辆减速转弯，保证行车安全。在环形交叉口进出口道路中间应设置交通导向岛，并延伸到道路中间隔离带。

导向岛绿地是指位于交叉路口上可绿化的导向岛用地。导向岛绿化应选用地被植物、花坛或草坪，不可遮挡驾驶员视线。

交叉口绿地是由道路转角处的行道树、交通岛以及一些装饰性绿地组成。为了保证驾驶员能及时看到车辆行驶情况和交通管制信号，所以在视距三角形内不能有任何阻挡视线的东西；但在交叉口处，个别伸入视距三角形内的行道树株距在6m以上，树干高在2m以上，树干直径在40cm以下时是允许的，因为驾驶员可通过空隙看到交叉口附近的车辆行驶情况。种植绿篱，株高要低于70cm。

三、立体交叉绿地

立体交叉是指两条道路在不同平面上的交叉。高速公路与城市各级道路交叉时、快速路与快速路交叉时都必须采用立体交叉。大城市的主干路与主干路交叉时视具体情况也可设置立体交叉。立体交叉使两条道路上的车流可各自保持其原来车速前进，而互不干扰，是保证行车快速、安全的措施。但占地大、造价高，应选择占地少的立交形式。

（一）立体交叉口设计

1. 立体交叉口的数量应根据道路的等级和交通的需求，作系列的设置。其体形和色彩等都应与周围环境协调，力求简洁大方，经济实用。在一条路上有多处立体交叉时，其形式应力求统一，其结构形式应简单、占地面积少。

2.各种形式立体交叉口的用地面积和规划通行能力应符合相关的规定。

3.立体交叉分为分离式和互通式两类。分离式立体交叉分隧道式和跨路桥式。其上、下道路之间没有匝道连通。这种立体交叉不增占土地，构造简单。互通式立体交叉除设隧道或跨路桥外，还设置有连通上、下道路的匝道。互通式立体交叉形式繁多，按交通流线的交叉情况和道路互通的完善程度分为完全互通式、不完全互通式和环形立体交叉式三种。

互通式立体交叉一般由主、次干道和匝道组成，为了保证车辆安全和保持规定的转弯半径，匝道和主次干道之间形成若干块空地，这些空地通常称为绿岛。其一般作为绿化用地和停车场用。

（二）绿地设计

立体交叉绿地包括绿岛和立体交叉外围绿地。

1.设计原则

绿化设计首先要服从立体交叉的交通功能，使行车视线通畅，突出绿地内交通标志，诱导行车，保证行车安全。例如，在顺行交叉处要留出一定的视距，不种乔木，只种植低于驾驶员视线的灌木、绿篱、草坪或花卉；在弯道外侧种植成行的乔木，突出匝道附近动态曲线的优美，诱导驾驶员的行车方向，使行车有一种舒适安全之感。

绿化设计应服从于整个道路的总体规划要求，要和整个道路的绿地相协调。要根据各立体交叉的特点进行，通过绿化装饰、美化增添立交处的景色，形成地区的标志，并能起到道路分界的作用。

绿化设计要与道路绿化及立体交叉口周围的建筑、广场等绿化相结合，形成一个整体。

绿地设计应以植物为主，发挥植物的生态效益。为了适应驾驶员和乘客的瞬间观景的视觉要求，宜采用大色块的造景设计，布置力求简洁明快，与立交桥宏伟气魄相协调。

2.绿化布局要形式多样，各具特色，常见的有规则式、自然式、混合式、图案式、抽象式等。

规则式：构图严整、平稳。

自然式：构图随意，接近自然；但因车速高，景观效果不明显，容易造成散乱的感觉。

混合式：自然式与规则式结合。

图案式：图案简洁，平面或立体轮廓要与空间尺度协调。

3.植物配置上同时考虑其功能性和景观性，尽量做到常绿树与落叶树结合、快长树与慢长树结合，乔、灌、草相结合。注意选用季相不同的植物，利用叶、花、果、枝条形成色彩对比强烈、层次丰富的景观。提高生态效益和景观效益。

4.匝道附近的绿地，由于上下行高差造成坡面，可采取以下三种方法处理。

（1）在桥下至非机动车道或桥下人行上步道修筑挡土墙，使匝道绿地保持一平面。便于植树、铺草（如北京市复兴门立交桥）。

（2）匝道绿地上修筑台阶形植物带。

（3）匝道绿地上修低挡墙，墙顶高出铺装面60～80cm，其余地面经人工修整后做成坡面（坡度1：3以下铺草；1：3种草皮、灌木；1：4可铺草、种植灌木、小乔木）。

5.绿岛是立体交叉中分隔出来的面积较大的绿地，多设计成开阔的草坪，草坪上点缀一些有较高观赏价值的孤植树、树丛、花灌木等形成疏朗开阔的绿化效果，或用宿根花卉、地被植物、低矮的常绿灌木等组成图案。最好不种植大量乔木或高篱，容易给人一种压抑感。桥下宜种植耐阴地被植物，墙面进行垂直绿化。如果绿岛面积很大，在不影响交通安全的前提下，可设计成街旁游园，设置园路、座椅等园林小品和休憩设施，或纪念性建筑等，供人们作短时间休憩。

6.立体交叉外围绿地设计时要和周围的建筑物、道路和地下管线等密切配合。

7.树种选择首先应以乡土树种为主，选择具有耐旱、耐寒、耐瘠薄特性的树种，能适应立体交叉绿地的粗放管理。

还应重视立体交叉形成的一些阴影部分的处理，耐阴植物和草皮都不能正常生长的地方应改为硬质铺装，作自行车、汽车的停车场或修建一些小型服务设施。现在有些立交桥下设置汽车交易市场或汽车库，车上、地下尘土污物无人管理。有的甚至在桥下设餐饮摊群，既有碍观瞻，又极不卫生，还影响交通，应予以取缔。

第三节　广场绿地生态规划设计

城市广场是指城市中由建筑物、构筑物、道路或绿地等围合而成的开敞空间，是城市公共社会生活的中心。广场又是集中反映城市历史文化的空间和城市建筑艺术的焦点，是最具艺术魅力，最能反映现代都市文明的开放空间。在城市规划与建设中，广场的布置有着很重要的作用。

一、城市广场的功能

城市广场的功能主要是：

（一）广场作为道路的一部分

是人、车通行和驻留的场所，起交汇、缓冲和组织交通作用。方便人流交通，缓解交通拥挤。

（二）改善和美化生态环境

街道的轴线，可在广场中相互连接、调整，加深了城市空间的相互穿插和贯通，增加了城市空间的深度和层次。广场内配置绿化、小品等，有利于在广场内开展多种活动，增强了城市生活的情趣。满足人们日益增长的艺术审美要求。

（三）突出城市个性和特色，给城市增添魅力

或以浓郁的历史背景为依托，使人们在休憩中获得知识了解城市过去、曾有过的辉煌。

（四）提供社会活动场所

为城市居民和外来者提供散步、休息、社会交往和休闲娱乐的场所。

（五）城市防灾，是火灾、地震等方便的避难场所

（六）组织商贸交流活动

二、广场绿地生态规划设计要点

在现代城市中，由于形式与功能等的复合，使对广场进行严格分类比较困难，只能按其主要性质、用途及在道路网中所处的地位分为五类：公共活动广场、集散广场、纪念广场、交通广场和商业广场（有的广场兼有多种功能，也可称为综合性广场）。

广场应按照城市总体规划确定的性质、功能和用地范围，结合交通特征、地形、自然环境等进行设计，并处理好与毗邻道路及主要建筑物出入口的衔接，以及和周围建筑物的协调和广场的艺术风貌。

广场的空间处理上可用建筑物、柱廊等进行围合或半围合；用绿地、雕塑、小品等构成广场空间；也可结合地形用台式、下沉式或半下沉式等特定的地形组织广场空间。但不要用墙把广场与道路分开，最好分不清街道和广场的衔接处。广场地面标高不要过分高于或低于道路。

四面围合的广场封闭性强，具有强的向心性和领域性；三面围合的广场封闭性较好，有一定的方向性和向心性；两面围合的广场领域感弱，空间有一定的流动性；一面围合的广场封闭性差。

广场与道路的组合有道路穿越广场、广场位于道路一侧，以及道路引向广场等多种形式。广场外形有封闭式和敞开式，形状有规则的几何形状或结合自然地形的不规则形状。随着生活水平的提高和生活节奏的加快，人们更加注重城市公共空间的趣味性和人情化，人们对广场和公共绿地等开放空间的要求已不再单纯追求人为的视觉秩序和庄严雄伟的艺术效果，而是希望它成为舒适、方便、卫生、空间构图丰富、充满阳光、绿化和水的富有生气的优美的休闲场所，来满足人们日益提高的生理上和心理上的需求。因而在作广场和广场绿化的设计时应充分认识到这一点。

广场绿化首先应配合广场的性质、规模和广场的主要功能进行设计，使广场更好地发挥其作用。城市广场周围的建筑通常是重要建筑物，是城市的主要标志。应充分利用绿化来配合、烘托建筑群体，作为空间联系、过渡和分隔的重要手段，使广场空间环境更加丰富多彩和充满生气。广场绿地布置和植物配置要考虑广场规模、空间尺度，使绿化更好地装饰、衬托广场，美化广场，改善广场的小气候，为人们提供一个四季如画、生机盎然的休憩场所。在广场绿化与广场周边的自然环境和人造景观环境协调的同时，应注意保持自身的风格统一。

广场绿地可占广场的全部或一部分面积，也可建在广场的一个点上或分别建在广场的几个点上，以及建在广场的某建筑物的前面。

广场绿地布置配合交通疏导设施时，可采用封闭式布置；面积不大的广场，绿地可采用半封闭式布置，即周围用栏杆分隔，种植草坪、低矮灌木和高大落叶乔木遮阴。最好不种植绿篱，使绿地通透。对于休憩绿地可采用开敞式布置，布置建筑小品、园路、座椅、照明等。广场绿地布置形式通常为规则的几何图形，如面积较大，也可布置成自然式。

植物配置有整形式和自然式：

（一）整形式种植

主要用于广场的周边或长条形地带，起到严整规则的效果。作为隔离、遮挡或作为背景用。配置可用单纯的乔木、乔木+灌木、乔木+灌木+花卉等。为了避免成排种植的单调，面积较大时可把几种树组成一个个树丛，有规律地排列在一定地段上，形成集团式种植。

（二）自然式种植

在一定的地段内，花木的种植不受株距、行距的限制，疏密有序地布置。这样还可巧妙地解决与地下设施的矛盾。植物配置一般高大乔木居中，矮小植株在侧，色彩变化尽量放在边缘，在必要的地段和节假日点缀花卉，使层次分明。

三、不同类型的广场绿地生态规划设计

（一）公共活动广场

这类广场一般位于城市的中心地区。它的地理位置适中，交通方便。布置在广场周围的建筑以主要党政机关、重要的公共建筑或纪念性建筑为主。其主要是供居民文化休息活动，也是政治集会和节日联欢的公共场所。大城市可分市、区两级，中小城市人口少，群众集会活动少，可利用体育场兼作集会活动场所。这类广场在规划上应考虑同城市干道有方便的联系，并对大量人流迅速集散的交通组织以及其相适应的各类车辆停放场地进行合理布置。由于这类广场是反映城市面貌的重要地方，因此，广场要与周围的建筑布局协调、起到相互烘托的作用。

广场的平面形状有矩形、正方形、梯形、圆形或其他几何图形等。其长宽比例在4∶3，3∶2，2∶1等为宜。广场的宽度与四周建筑物的高度比例一般以3～6倍为宜。

广场用地总面积可按规划城市人口每人0.13～0.40m²计算。广场不宜太大，市级广场每处4万～10万平方米；区级每处1万～3万平方米为宜。

公共活动广场绿化布局主要功能而各不相同，有的侧重庄重、雄伟；有的侧重简洁、娴静；有的侧重华美、富丽堂皇等。

公共活动广场一般面积较大，为了不破坏广场的完整性和不影响大型活动和阻碍交通，一般在广场中心不设置绿地。在广场周边及与道路相邻处，可利用乔木、灌木，或花坛等进行绿化，既起到分隔作用，又可减少噪声和交通的干扰，保持广场的完整性。在广场主体建筑旁以及交通分隔带采取封闭或半封闭式布置。广场的集中成片绿地不应少于广场总面积的25%。宜布置为开放式绿地，供人们进入游憩、漫步，提高广场绿地的利用率。植物配置采用疏朗通透的手法，扩大广场的视线空间、丰富景观层次，使绿地更好地装饰广场。广场面积较大，可利用绿地进行分隔，形成不同

功能的活动空间，满足人们的不同需要。

1. 石家庄文化广场

石家庄文化广场东西长 219m，南北宽 101m，总面积 23000㎡，分为东、中、西 3 个活动区。

东区：为娱乐区。由交谊舞场和露天舞台组成。为群众提供了晨练夜舞的场地。

中区：为开敞的集会广场。占地 8000㎡。中心设升降国旗用的旗台旗杆，主旗杆高 20m。有 8 个相对称的副旗杆分列 2 行，各高 15m。旗台一个世界地图台，面积 870㎡ 西设椭圆形大型音乐喷泉，占 700㎡。

西区：为文脉区。中心设有一区西北部设休闲活动场地，西南部为儿童游乐天地。

广场绿化由固定和活动花坛结合组成，占地 7000 多 ㎡。固定绿化分布在广场四角，以草坪为主，边角则由大叶黄杨相围。春、夏、秋三季摆设活动花坛，种植应时花卉。

2. 上海市人民广场

上海市人民广场改建为以绿化为主的现代化园林广场，以增强人民广场作为上海市心脏和绿肺的地位和功能。绿化面积由原来的 20% 增加到 70%。用 9m 宽干道将广场分成 6 块；博物馆 1 块，绿化占 5 块。其中一块作为中心广场，面积 62m×62m，为硬质喷泉广场将市政大厦、博物馆和北侧人民公园连成一条中轴线。把南京西路至武胜路之间整个地区形成一个有机整体。其他 4 块绿地内辟 3m 宽小路，设置环椅、花坛等设施，以草坪、花丛、花灌木为主，形成开阔、明朗的园林空间。沿武胜路设 40～60m 宽常绿乔木林带，形成绿色屏障，隐蔽周边杂乱环境。树种选用了棒树、银杏、白玉兰、乐昌含笑等新优树种。广场道路采用彩色地砖、嵌草砖，小路采用冰纹青石板路与嵌草石板相结合。

3. 北部湾广场

北部湾广场位于广西北海市建成区中心，四周商业街区是城市文化、交通、经济的交汇点。广场呈扇形，面积 4 万平方米。分 5 个区：（1）中心区：以"南珠魂"雕塑为中心；（2）集会广场区：沿四川路，为满足小型集会、休闲活动的硬地空间；（3）文化广场区：沿北部湾中路，为市民举行音乐会等文化活动的场所；（4）草坪区（两个区）：从"南珠魂"到长青路中轴线两侧布置 2 块草坪。"南珠魂"周围布置 3 个大型花坛，外围种植 14 株代表 14 个沿海开放城市的友谊树。植物配置以大王椰子、槟榔为基调，配以大片花卉。广场四周种植盆架子和水石榕。在草坪的林地上点缀了槟榔、糖棕等，形成亚热带硬质林荫广场的特色。

4. 南国花园广场

南国花园广场位于深圳人民路之东，与嘉宾路之南的交叉口处，东西 150m，南北 96m，面积约 1.5hm² 是以抽象式园林手法设计的下沉式广场。喷水池是广场的主体，直径 13.6m，池深 0.44m，溢流式，由 S 形水系将喷水池和卵形人工湖相连。绿化配置以大王椰子、金山葵为骨干树种，针叶树有南洋杉，落叶大花乔木有木棉、凤凰木、大叶紫薇，常绿花木有黄槐，遮阴树有印度榕、桃花心木等，花灌木及多年生草本花卉有朱蕉、洒金榕、红绒球等。

5. 长春市振兴广场

长春市振兴广场总面积为3hm²。分为两大区域：一是西北角为标志性门区，二是以振兴台、"星火燎原"地面喷泉为核心的中心区域。

标志性区域：跨街建大型景观门——振兴门，用长春花环形柱廊将东西两部分连为一体，构成开发区标志人口，又是广场的入口处。柱廊及廊后的乔木形成入口的前景；开发区的厂房及管理区办公楼形成中景；绿色的林带则构成远景。

广场中心区域：振兴台、浮雕壁、"星火燎原"喷泉三者形成广场中心区的主题广场。沿主题广场北轴线延伸到北入口。

北入口东设水池，西设绿荫广场，南设组合亭，均为可游、可观、可憩的怡人游憩空间。

外围为丛林草坪区：整个广场以高低不同层次的乔木、灌木、针、阔叶树木、树丛状林带环绕。

植物配置：广场四周行道树以紫椴为主，绿荫广场以稠李为主，广场东南部的种植带以水曲柳、白桦、五角枫、蒙古栋；花灌木以玫瑰、丁香、金雀儿、锦鸡儿、榆叶梅、山杏、山桃为主，组成多层人工自然生态群落。常绿树有山东冷杉、黑松、长白松、偃松、杜松、圆柏、偃柏等。花坛、花境以种植月季及芍药、大花锦葵、萱草、鸢尾等宿根类为主，适当配置百合、欧洲水仙、郁金香、大丽花、唐昌蒲等球根、块根类花卉。

（二）集散广场

集散广场是城市中主要人流和车流集散点前面的广场。如飞机场、火车站、轮船码头等交通枢纽站前广场，体育场馆、影剧院、饭店宾馆等公共建筑前广场和大型工厂、机关、公园门前广场等。其主要作用是解决人流、车流的集散有足够的空间；具有交通组织和管理的功能，同时还具有修饰街景的作用。

火车站等交通枢纽前广场的主要作用：

一是集散旅客。

二是为旅客提供室外活动场所。旅客经常在广场上进行多种活动，例如作室外候车、短暂休息、购物、联系各种服务设施；等候亲友、会面、接送等。

三是公共交通、出租、团体用车、行李车和非动车等车辆的停放和运行。

四是布置各种服务设施建筑，如厕所、邮电局、餐饮、小卖部等。

集散广场绿化可起到分隔广场空间以及组织人流与车辆的作用；为人们创造良好的遮阴场所；提供短暂逗留休息的适宜场所；绿化可减弱大面积硬质地面受太阳照射而产生的辐射热，改善广场小气候；与建筑物巧妙地配合，衬托建筑物，以达到更好的景观效果。

火车站、长途汽车站、飞机场和客运码头前广场是城市的"大门"，也是旅客集散和室外候车、休憩的场所。广场绿化布置除了适应人流、车流集散的要求外，要创造开朗明快、洁净、舒适的环境；并应能体现所在城市的风格特点和广场周围的环境，使之各具特色。植物选择要突出地方特色。沿广场周边种植高大乔木，起到很好的遮阴、减噪作用。在广场内设封闭式绿地，种植草坪或布置花坛，起到交通岛的作用和装饰广场的作用。

广场绿化包括集中绿地和分散种植。集中成片绿地不宜小于广场总面积的10%。民航机场前、码头前广场集中成片绿地宜在10%～15%。风景旅游城市或南方炎热地区，人们喜欢在室外活动和休息，例如南京、桂林火车站前广场集中绿地达16%。

绿化布置按其使用功能合理布置。一般沿周边种植高大乔木，起到遮阴、减噪的作用。供休息用的绿地不宜设在被车流包围或主要人流穿越的地方。

面积较小的绿地，通常采用封闭式或半封闭式形式。种植草坪、花坛，四周围以栏杆，以免人流践踏。它起到交通岛的作用和装饰广场的作用，用来分隔、组织交通的绿地宜作封闭式布置。不宜种植遮挡视线的灌木丛。

面积较大的绿地，可采用开放式布置。安排铺装小广场和园路，设置园灯、坐凳、种植乔木遮阴，配置花灌木、绿篱、花坛等，供人们进入休息。

步行场地和通道种植乔木遮阴。树池加格栅，保持地面平整，使人们行走安全、保持地面清洁和不影响树木生长。

如湖南韶山火车站站前广场的绿化，注意和周围的自然山林相结合，并与对面山坡上的毛主席青年时代塑像融为一体，较好地体现了空间环境组合。

如桂林市火车站，站前广场除布设了足够的停车场地外，还根据城市特点布置一片人工湖，使广场和贵宾室之间有所隔离，广场显得开朗、优美和接近自然。

影剧院、体育馆等公共建筑物前广场，绿化除了起到陪衬、隔离、遮阴的作用外，还要符合人流集散规律，采取基础栽植：布置树丛、花坛、草坪、水池喷泉、雕塑和建筑小品等，丰富城市景观。在两侧种植乔木遮阴、防晒降温。主体建筑前不宜栽植高大乔木，避免遮挡建筑物立面。

邯郸市博物馆广场位于市中心中华大街东侧与市政府、市宾馆相对。中心为椭圆形喷水池，长轴35m，短轴20m。两侧为8个花池，面积2760m²。绿化布局为规则式，花池中间成片种植月季，四周为3m宽野牛草，草坪间点缀黄杨球，月季和草坪间用圆柏篱分隔。广场前两个大花坛种植冷季型草坪，中心栽植一组紫叶小案球。博物馆以雪松、油松和绿篱作为陪衬。广场四周种植法桐、毛白杨，形成夏日遮阴及分隔空间绿化带。节假日摆设花坛。

（三）纪念性广场

纪念性广场以城市历史文化遗址、纪念性建筑为主体，或在广场上设置突出的纪念物，如纪念碑、纪念塔、人物雕塑等。其主要目的是供人瞻仰。这类广场宜保持环境幽静，禁止车流在广场内穿越与干扰。结合地形布置绿化与瞻仰活动的铺装广场，广场的建筑布局和环境设计要求精致绿化布置多采用封闭式与开放式相结合手法。利用绿化衬托主体纪念物，创造与纪念物相应的环境气氛。布局以规则式为主，植物多以色彩浓重、树姿潇洒、古雅的常绿树作背景，前景配置形态优美、色彩丰富的花卉及草坪、绿篱、花坛、喷水池等，形成庄严、肃穆的环境。

（四）交通广场

交通广场是指有数条交通干道的较大型的交叉口广场。如大型的环形交叉、立体交叉和桥头广场等。其主要功能是组织和疏导交通。应处理好广场与所衔接道路的关系，合理确定交通组织方式和广场平面布置。在广场四周不宜布置有大量人流出入的大型公共建筑，主要建筑物也不宜直接面临广场。应在广场周围布置绿化隔离带，保证车辆、行人顺利和安全地通行。

桥头广场是城市桥梁两端的道路与滨河路相交所形成的交叉口广场：设计时除保证交通、安全要求外，还应注意展示桥梁的造型、风貌。

交通广场绿化主要为了疏导车辆和人流有秩序地通过和装饰街景。种植设计不可妨碍驾驶员的视线，以矮生植物和花卉为主。面积不大的广场以草坪、花坛为主的封闭式布置；树形整齐、四季常青，在冬季也有较好的绿化效果。面积较大的广场外围用绿篱、灌木、树丛等围合，中心地带可布置花坛、设座椅，创立安静、卫生、舒适的环境，供过往行人作短暂休息。

（五）商业广场

商业广场是指专供商业贸易建筑、商亭，供居民购物、进行集市贸易活动用的广场。随着城市主要商业区和商业街的大型化、综合化和步行化的发展，商业区广场的作用越来越显得重要。人们在长时间的购物后，往往希望能在喧嚣的闹市中找一处相对宁静的场所稍作休息。因此，商业广场这一公共开放空间要具备广场和绿地的双重特征。

广场要有明确的界限，形成明确而完整的广场空间。广场内要有一定范围的私谧空间，以取得环境的安谧和心理上的安全感。

广场要与城市交通系统、城市绿化系统相结合，并与城市建设、商业开发相协调，调节广场所在地区的建筑容积率，保证城市环境质量，美化城市街景。

第四节　停车场生态规划设计

停车场是指城市中集中露天停放车辆的场所。按车辆性质可分机动车和非机动车停车场；按使用对象可分为专用和公用停车场；按设置地点可分为路外和路上停车场。

城市公共停车场是指在道路外独立地段为社会机动车和自行车设置的露天场地。

一、机动车停车场的生态规划设计

（一）机动车停车场设计要点

停车场的设置应符合城市规划布局和交通组织管理的要求，合理分布，便于存放；停车场出入口的位置应避开主干道和道路交叉口；出口和入口应分开，若合用时，其进出通道宽度应不小于车道线的宽度，出入口应有良好的通视条件，须有停车线、限速等各种标志和夜间显示装置。停车场内采用单向行驶路线，避免交叉。停车场还应考虑绿化、排水和照明等其他设施，特别是绿化。绿化不仅可美化周围环境，而且对保护车辆有益。

（二）机动车停车场的绿地设计

停车场绿化不仅改善车辆停放环境，减少车辆暴晒，改善停车场的生态环境和小气候，还可以美化城市市容。

机动车停车场的绿化可分为周边式、树林式、建筑物前广场兼停车场等三类。

1.周边式绿化停车场

多用于停车场面积不大，而且车辆停放时间不长的停车场。种植设计可以和行道树结合，沿停车场四周种植落叶乔木、常绿乔木、花灌木等，用绿篱或栏杆围合。场地内地面全部铺装。由于场地周边有绿化带，界限清楚，便于管理，对防尘、减弱噪声有一定作用；但场地内没有树木遮阴，夏季烈日暴晒，对车辆损伤厉害。

2.树林式绿化停车场

多用于停车场面积较大，场地内种植成行、成列的落叶乔木。由于场内有绿化带，形成浓荫，夏季气温比道路上低，适宜人和车停留；还可兼作一般绿地，不停车时，人们可进入休息。

停车场内绿地主要功能是防止暴晒，保护车辆；净化空气，减少公害。绿地应有利于汽车集散、人车分隔、保证安全；绿化应不影响夜间照明和良好的视线。

绿地布置可利用双排背对车位的尾距间隔种植干直、冠大、叶茂的乔木。树木分枝点的高度应满足车辆净高要求，停车位最小净高：微型和小型汽车为2.5m；大型、中型客车为3.5m；载货汽车为4.5m。

绿化带有条形、方形和圆形等3种：条形绿化带宽度为1.5～2.0m；方形树池边长为1.5～2.0m；圆形树池直径为1.5～2.0m。树木株距应满足车位、通道、转弯、回车半径的要求，一般为5～6m，在树间可安排灯柱。由于停车场地大面积铺装，地面反射光强、缺水及汽车排放的废气等不利于树木生长，应选择抗性强的树种，并应适当加高树池（带）的高度，增设保护设施，以免汽车撞伤或汽车漏油流入土中，影响树木生长。

停车场与干道之间设置绿化带，可以和行道树结合，种植落叶乔木、灌木、绿篱等，起到隔离作用，以减少对周围环境的污染，并有遮阴的作用。

3.建筑物前广场兼停车场

包括基础绿地、前庭绿地和部分行道树。利用建筑物前广场停放车辆，在广场边缘种植常绿树、乔木、绿篱、灌木、花带、草坪等，还可和行道树绿带结合在一起，既美化街景，衬托建筑物，又利于车辆保护和驾驶员及过往行人休息。但汽车起动噪声和排放气体对周围环境有污染。也有将广场的一部分用绿篱或栏杆围起来，有固定出入口，有专人管理，辟为专用停车场。此外，应充分利用广场内边角空地进行绿化，增加绿量。例如北京人民大会堂，把车辆成行的停放在建筑物四周绿地与人行道之间，绿地既将建筑物围绕起来，又解决了500辆汽车的进出停放和暴晒问题。

二、自行车停车场的生态规划设计

应结合道路、广场和公共建筑布置，划定专门用地合理安排。一般为露天设置，也可加盖雨棚。自行车停车场出入口不应少于2个。出入口宽度应满足两辆车同时推行进出，一般2.5～3.5m。场内停车区应分组安排，每组长度以15～20m为宜。自行车停车场应充分利用树阴遮阳防晒。庇阴乔木枝下净高应大于2.2m。地面尽可能铺装，减少泥沙、灰尘等污染环境。北京市利用立交桥下涵洞开辟自行车停车场，既解决了自行车防晒避雨问题，又部分缓解人行道拥挤，很受市民欢迎。

第五章　基于生态文明视域的城市生态公园景观设计

城市生态公园作为生态系统的绿色基础设施日益受到人们的关注。近年来新起的城市生态公园恰巧以其得天独厚的生态效益逐渐受到人们的关注。而现实也表明，人与自然密不可分，离开自然，人们会丧失本真，引发身心的疾病。人们也渴望通过城市生态公园接近自然，回归自然，使城市生态公园不仅成为保护和恢复为目的的城市公园，更是人类与自然联结的纽带。由此，近自然的概念逐渐引起人们的关注。

第一节　城市生态公园近自然设计

自然是人类的发源地。而德国林学家盖耶尔（Gayer）提出的近自然林业理论的核心思想是"尊重自然，回归自然"。这值得我们借鉴到城市生态公园的近自然设计研究，指导了我们在遵循自然环境与现状条件的基础上，以生态学、景观生态学等为基础，通过科学的方法协调人与自然的方法，对植物、水体、硬质及照明景观提出基于多功能近自然生态系统的可行性方案。

一、城市生态公园近自然设计的提出

（一）观念有待转变

在城市生态公园的近自然设计理念发展过程中，以人类中心主义的哲学思想作为城市公园规划和设计思想的思维方式由来已久，以人的需求为主要目的，看重利益的回报，以人类体验为主的设计思想已不能满足现在城市生态公园的发展需求。在生态文明的大背景下，我们应该把人类纳入自然系统中的一部分，从而考虑城市生态公园与城市之间，近自然设计与传统设计之间的关系。摆脱原有的人本主义思想，换一个角度以自然的角度重新出发，思考自然的本真，把人类融入自然；而不是把自然加入给人类，以一种全新的生态价值观重新思考城市生态公园的近自然规划与设计。

（二）过分追求形式美

现代城市公园发展以来中西方园林风格不断冲击，崇洋思想悄然滋生，欧洲规则式园林的造型树木、树阵以及大尺度规则式硬质铺装在不同程度上改变了一些城市生

态公园的风格与设计思想。城市生态公园的近自然设计的表面形式当然要符合艺术美学，但不能仅仅看重美学感受，更重要的是它还是一门科学，如何把城市生态公园内部的生态系统结构与功能性协调，不能违背自然原则，而是适应自然关系，创造机理自然与感受自然并重的城市生活空间。

（三）盲目引进外来物种

由于个人喜好，与基地调查的差距，设计人员在植物设计时会存在盲目引进外来物种的危险，但没有充分验证就盲目地引进外来物种会引发当地生态系统的不稳定，这对当地的生态平衡甚至是生态安全存在巨大的威胁。提前考虑不同的物种入侵可能性，不要等到发生了才开始治理得不偿失。此外，可以充分挖掘地域性植物的特色，营造本土的近自然复层植物群落，群落稳定性越好，抵御物种入侵的能力越强，并从中获取灵感设计创新可以使城市生态公园的近自然设计独具特色，独一无二。

（四）草坪面积偏大

目前，城市公园建设受西方园林影响，大面积草坪的运用有趋多的倾向。草坪在前期设计与种植过程中与复层植物群落相比人力或资金投入或许会显得小，但是对于北方地区来说，气候比较干燥，夏季日照光线强，草坪根浅，存水少；但用水量很大，而且不成荫，需要勤修剪，人工管理费用高，生态效益差，也不利于生物多样性的发展。所以对于中国这样的水资源缺乏国家来说，对城市生态公园这种注重生态效益的公园类型，大面积草坪应该避免使用。

（五）植物配置不科学

植物的配置在充分考虑地带性物种的同时，要充分在水平和垂直两个方向来分别考虑。在水平方向看来，植物间距是一个主要考虑的因素，设计师在设计时要充分考虑植物在生在各个时期的尺寸感知，而不要不考虑植物空间密度而种植过密；在垂直方向看来，主要考虑的是乔灌草藤的植物群落复层结构，充分考虑植物的喜阴喜阳、湿生旱生以及根深根浅等生态习性的综合影响。现在的城市生态公园设计没有以科学的方法进行植物的配置，而主要以主观美学感受随意地进行植物景观设计是没有科学依据，而且缺乏生态效益的。

（六）设计脱离自然

城市生态公园近自然设计所提倡的是人与自然之间的相互依赖和谐共处，然而现在的城市生态公园有时往往从游人的使用功能性出发，着重考虑形式美感，人力管控投入与人为痕迹过重。所以在城市生态公园近自然设计过程中，对植物、水体、硬质、照明景观的设计都要考虑自然的特性与生态格局的链接，不仅外观感受近自然，而且设计机理也要近自然。

二、目的与意义

（一）研究目的

1.通过对近自然景观设计有关概念的界定及对国内外相关案例的分析研究，归纳、总结近自然理念在国内外城市生态公园中的先进做法和技术手段；挖掘自然资源及人文社会历史资源，加深城市生态公园的地域特色表达，避免众多生态公园建设趋同现象。

2. 遵循城市生态公园近自然设计的理念，在恢复自然景观风貌的同时，保护场地及城市的生态平衡；建立近自然植物群落合理的时间、空间、物质循环结构与层次，为人们提供一个和谐共生的良性生态循环的近自然植物景观环境。

3. 将主动设计途径法、宫胁造林法等方法应用与植物、水体、硬质、照明景观等各个要素设计中。在提升城市生态公园的生态效益的同时，尽量减少人工干预和人为痕迹就，以最小的投入获得最大的生态收益，加强生态公园自身系统与城市生态系统的联系。

（二）研究意义

1. 通过营造以地带性树种为主，乔、灌、花、草、藤相结合的"近自然"植物群落复层结构，实现植物群落的自我更新和演替，对提升生态公园生物多样性、促进城市生态系统的可持续发展具有重要意义。

2. 提出挖掘自然地域特征与社会人文环境内涵的方法，能够丰富城市生态公园建设的文化内涵和休闲娱乐等使用功能，同时也提升了城市生态公园的地方文化属性和绿地景观的特色。

3. 科学地运用宫胁造林法和主动设计途径，在丰富城市生态公园近自然设计理论的同时，还能够促进自然生境的恢复，逐步提高公园生态系统的原动力；避免过多人为干预与养护投入，节约物质空间资源，为今后的城市生态公园建设提供参考。

三、城市生态公园近自然设计的相关基础研究

（一）城市生态公园概述

1. 城市生态公园的概念

根据我国公园分类系统，城市生态公园宜作为与基干公园、专类公园并列的一类，并且可由其他公园类型转化而来，是城市公园的新兴类型。城市生态公园可以看成是城市公园发展的一个较高标准，其形式多样，标准也是开发的；原有其他类型的公园可以通过营建逐步达到更高的生态标准，成为城市生态公园。

城市生态公园是为了应对生态环境的变化而发展的一种新兴类型，其概念可以从"城市的""生态的""公园的"三个方面界定。首先，城市生态公园处于人口密集、用地紧张的城市而不是郊区，它代表的是自然地理空间与社会属性的双重界定；其次，"生态的"是指针对宏观、中观、微观三个层面，它们相对应的是全球生态系统、城市生态系统、公园生态系统，角度虽有不同，但都对应的都是构建过程中所遵循的生态原则、自然规律，以及包括人在内的生物个体之间的良性互动；最后，其本质还是公园，是城市公共绿地的一种类型。

2. 城市生态公园的内涵及特点

城市生态公园是随着人对自然理解的加深而新兴的城市公园类型，它从整体性、

多样性及其过程三个方面可以加深对城市生态公园的内涵与特点的理解。

首先，现代生态哲学的发展对人与自然的关系有了更加客观的理解。人类只是整个生态系统的一部分，人类生存在自然之中，城市生态公园本身的生态系统既不孤立，也不封闭，而是具有开放性的。它的物质、能量与信息可以与整个城市、区域甚至全球的生态系统相互循环流动，它的整体性针对整个生态系统的平衡与发展，符合新时代生态环境的全球一体化的现实。

其次，城市本身包含地域性，项目基址受自然环境和社会条件双重影响，城市生态公园会产生差异性；而城市生态公园包含的多样性含义丰富，包括了生物、景观、文化以及功能等层次丰富的多样性。此外，城市生态公园的内涵特性与目标都是一致的，但是具体形式一定丰富多彩。

最后，城市生态公园包含复杂多样的生物与生物环境，而人与生物群落的演替过程之间存在的互动，是一种长期的动态的发展过程。而这个过程也是城市生态公园保护和改善生态系统的途径与方法，而从公园营建初始到发挥应有的生态效益也是一个长期的过程。此外，从社会发展的角度来看，城市生态公园从出现之初到现在，它的设计理念也不是一成不变，而是不断改善与发展的过程。

（1）保护型：主要指公园基地原始的自然环境与生态系统良好，没有遭到破坏，反而具有比较重要的生态意义。主要通过研究原有的资源，保护和利用原有的自然生态环境来实现生态效益的一类城市生态公园。如深圳莲花山生态公园、深圳红树林海滨生态公园和成都大熊猫生态公园等，都是为了强化其本身良好的自然生态系统而建设的，不仅改善了城市环境而且保护了生物多样性。

（2）修复型：主要指原始的基地自然状态已遭破坏或者污染，必须通过生态技术手段系统地修复或整治而重新恢复原有自然生态系统才能实现其生态效益的一类城市生态公园。如美国西雅图煤气公园、英国伦敦的 Camley Street Park、中山市岐江公园等，城市生态公园的建成极大地改善了当地受损的自然生态环境。

（3）改善型：比较常见，主要指原有自然生态环境没有遭到严重的污染或者破坏，而且不存在需要特别保护的自然生态环境。通过营建独具地域性、多样性、自我更新演替能力的多层次生态系统来改善生境的一类城市生态公园。如昆山市城市生态森林公园、上海延中绿地等。

（4）综合型：现实状况中，基地的各种条件都比较复杂，可能综合以上不止一种的情况，所以需要采取综合考量实施营建的手段，实现其多样化功能的一类城市生态公园。如墨西哥霍奇米尔科生态公园和澳大利亚莱斯摩尔雨林公园等，场地区域的功能丰富而多样化。

（二）近自然设计的概念

近自然设计是指在尊重原有的现状条件和自然环境下，顺应且适应自然的法规，并以新时代的哲学理念思考人与自然的关系，把人作为自然的一部分来看待，注重人与自然的交流和互动；利用设计方法创新，模拟与接近自然状态的规划设计，争取以最小的人力投入与人为管控来达到最大的生态效益和自然感受，促进人与自然之间的生态平衡关系；充分考虑动植物之间的生存空间与和谐共生的关系，和物质能量的循环利用，恢复自然环境更新演替的原动力，使人在自然感受中寓教于乐，并融合并改善不同层面的生态系统。

（三）城市生态公园近自然设计的含义

城市生态公园的近自然设计以可持续发展理论为基础，构建动植物自我更新演替的动植物生境是一个长期复杂的过程。其考虑的不仅是公园内部的结构和功能营建，而是与自然的良性交流互动，以及促进不同层面的生态系统的稳定性。在设计理念上强调对原有的自然环境、自然条件与自然资源的考察与利用，并且注重物质能量的节约与循环利用，以自然之力重塑自然；在营建过程中应该避免使用不可再生材料与能源，而且针对场地现状分段分期分区域进行避免对原生环境干扰，尤其在植物的种植过程中，充分考虑其生长习性与不同时期生长状态；在后期的养护管理过程中，要尊重自然的生物进化优胜劣汰的规律，提倡通过自然方式筛选优势种，同时提供生物足够的生存空间，以较少人工管理与投入促进自我演替更新的自然原生力。

因此，在城市生态公园近自然设计的过程中，加深对近自然设计与传统设计方法的理解，充分地协调园内及其周边各种物质能量与自然资源的循环流动，有利于生物的多样性及不同层面的生态系统的稳定性。

（四）城市生态公园近自然设计的相关概念

1. 景观生态学

景观生态学属于生态学的范畴，是景观设计应该遵循的科学理论基础，注重其整体与系统的联系与完善。它包含了景观结构和功能、生物多样性、物种流动、养分再分配、景观稳定性等基本原理。在指导我们进行城市生态公园的近自然设计中，可以更好地使我们在空间格局划分，生态演变过程以及尺度考量等方面对生态格局规划设计有很好的借鉴性。

2. 生态伦理学

生态伦理学首先是一门新兴的应用伦理学，主要基于生态学、环境科学来研究人与自然关系。它摒弃原有人类征服、控制、掠夺自然等以人为主的陈旧观念，而是把实现"人-自然"系统的和谐共生作为最高的价值理念与追求目标，提出人对自然的道德责任的要求，主张尊重与爱护自然、生命；对自然界应有道德与人文关怀，转变与协调人类同自然界相处的行为方式，以保护和改善自然生态环境为目的，促进生态系统平衡与稳定；通过可持续的方式整合自然资源，节约环境成本，是适应新世纪环境革命所需要的新兴生态战略发展支撑。

（五）城市生态公园近自然设计的相关理论

1. 海绵城市理论

人们已经认识到战胜自然、超越自然与改造自然的城市建设模式会对造成城市生态危机的潜在威胁，而海绵城市所倡导人与门然和谐共生的低影响开发模式，又被称为低影响设计或低影响开放。构建海绵城市要依据合理自然环境科学依据，避免人类对自然的影响，实现水资源永续利用循环系统，同时增强城市对降水等各种水资源的吸引与排放能力，改善城市水生态系统的稳定与安全。所以，海绵城市理论对城市生态公园的近自然设计理论的指导意义不容忽视，而且是城市水资源循环再利用和恢复自然原生力量，以及保护原有的水生态环境的科学借鉴与实践应用。

2.近自然林业理论

1898年德国林学家约翰·卡尔·盖耶尔对残存的自然林进行研究后，指出森林的营造应回归自然，遵从自然法则，充分利用生态系统的自然力，使地域性树种得到目标值的生态效益和自然效应，使林业经营的过程接近于潜在的天然林分的生长发育，使林分生长也能够接近的自然生态环境的状况，促进林分的动态平衡与系统稳定，并在人工辅助下维持林分健康生长，并由此提出"近自然林业"理论。近自然林业理论注重近自然复层森林结构和自我更新演替的能力，而此理论影响的近自然河流整治以及对其他国家的近自然景观设计研究提供了重要的科学借鉴。

（六）城市生态公园近自然设计的相关方法

1.宫胁造林法

宫胁造林法是日本横滨国立大学教授宫胁先生在潜自然植被和新演替理论的基础上提出的，是一种环境保护林营建的方法。潜自然植被和新演替理论是既有区别又有联系的两个概念，相同的都是遵循自然的规律，而且目标都是形成能够达到演替的顶级结构；但不同的是，它们的方式有所不同。潜自然植被理论认为在适合的条件下，没有人为干预，能达到现有的自然地理环境存在的潜自然演替能力；而新演替理论则认为通过特定的人为投入可以缩短时间长度并达到自我更新演替能力。

宫胁造林法对近自然景观规划设计的科学指导主要表现在植物物种的选择和栽植过程以及对植物群落营建的方式，而其中节约资源与投入以达到更好的生态效益的观念与近自然理念相互契合。同时在近自然理念的实际运用过程中，应当针对特定的地域与自然环境，科学考量人为干预管控与投入的尺度来达到近自然生态系统更新的目的。

2.主动设计途径

英国森林体系的经营过程中，主动设计途径是作为美学理论基础的主要规划设计手段。以三个主要方面作为设计原则层次架构：第一方面包括点、线、面、体的基本元素；第二方面包括数量、形状、尺寸、颜色、位置、方向、间隔、密度、时间、视觉力等方面对应基本要素的变量；第三方面是应对整体视觉效果的组织，包括结构要素、空间暗示、秩序、目标等四个方面，而每个方面也有不同的方向。而景观视觉格局可以用基本要素、变量和组织三者所形成的语言来描述。英国森林体系与中国传统美学有相通之处，都讲究"势"的作用，但中国传统美学重意轻形，而英国森林体系则属于形式层次上的设计语言。

以上所有基本设计原则中，形状、视觉力、多、统一性和场所精神被认为是最重要的，因为影响感知所以很大程度上影响了设计结果的优劣。这六项原则的主要目的是要我们尊重原有场地，注重乡土性、地域性景观保留与深化，通过美学的艺术形式表达内涵丰富的近自然特征景观，使生态与美感达到一种相互促进的平衡状态。

城市生态公园的近自然设计可以在设计实际实践过程与视觉美学感受质量等方面借鉴英国森林体系，因为近自然景观设计不仅要在设计机理内涵方面，而且在全方位视觉设计效果方面接近自然，比如避免应用造型树木，注重场所和立地条件的保留利用，注重景观单元的节奏与空间等的灵活处理。此外要形意并重，发扬古典园林意境表达的精髓。

四、城市生态公园近自然设计原则

（一）自然保护生态优先原则

城市生态公园近自然景观设计的核心就是以自然为本，回归天然风貌。所以场地中的自然景观要集中保护起来，并且使自然景观尽可能发挥更大效用，保护人与自然共生。此外植物、水体、硬质、照明景观从设计理念到表达形式都达到近自然的效益和感受。此外要注意近自然景观与自然式景观的不同，后者是中国古典园林的主要形式之一，强调景观的意境的表达和观赏性。而近自然景观设计是一种接近以及模拟自然的设计理念，注重生态效益。

同时强调生态系统组合的合理性，以生态节能为原则，在时间、空间上与周围环境形成和谐共生的有机体，创造与自然接近的景观效果，最大限度地改善生态环境，维护整个生态系统的平衡与安全。以节约型园林作为城市生态公园近自然景观设计的重要指导思想，将资源的合理和循环利用原则，综合运用到前期踏勘、规划设计、施工、养护等方面，最大限度地节约物质材料，提高资源的利用率，促进资源、能量的循环利用，减少能源消耗以获得社会效益、环境效益、生态效益与自然效应最大化的最主要途径。

（二）因地制宜原则

"因地制宜"中的"地"包含了众多因素，比如气候、地形地貌、水文土壤、乡土动植物、施工原材料、建筑结构特色、历史人文、社会环境等多方面条件。其中的地域性顶级动植物演替群落结构是长期的自然选择的结果，本地环境的适应性强；而充分挖掘这些资源也是我们前期必须要做的准备工作，并且融入设计的方方面面。

在城市生态公园的近自然规划设计中，每个场地项目都具有不同的区域文化、自然背景。如果能充分利用并且创造独具魅力的地域性景观，就可以展现地方性特色，同时也节约了人力与造价成本；而在另一个方面，地域本身的动植物资源、建筑文化元素、历史人文特色都是我们可以利用，并且创造独特设计的基础，这也避免了现在的规划设计方案趋于雷同的现象。

所以遵循"因地制宜"的原则，要选用当地具有本土特色的，包括从植物、动物、建筑材料、置石等的选择。在植物景观营造方面，综合考虑当地地形地貌、气候土壤，对当地自然风貌与环境的影响达到最小值，避免物种入侵。此外应注意四季景观的变化，注重地域性景观营造，将城市人文、民俗、历史等因素加入到城市生态公园规划设计中，体现城市特色和文化。

（三）节约与可持续原则

城市生态公园的场地现状包括各种因素，而气候、土壤、地形、水文等各种条件都要作为我们考虑的对象，而只有充分考虑到这些自然条件，才能顺应自然规律的变化。此外，在设计过程中充分运用乡土动植物资源，本地建筑铺装石材等易获得的材料来源，避免人力管控投入过大，并且使场地内相关资源能够相互良性作用，为彼此提供活动空间、生存条件，互惠共生。

节约包括对资源和资金投入的两方面的节约和高效率利用，并且是二者的综合考虑，比如在水节约与循环利用方面，利用绿地、雨水花园、透水铺装、地面径流、建筑排水引流、施工工艺等创意设计方式收集雨水；并且在水体净化方面利用营造的动植物群落生境、自然砾石层等本身成景的公园设计景观结构过滤降水，净化收集的雨水又可以重新运用到公园绿化生态用水和周边水系的水源补充。

城市生态公园的近自然设计应该减少场地过度设计，节约原料本身及运输成本，回收废旧材料，保留与利用原有自然资源；运用设计的创新思维，改造与建设可持续的循环利用系统可以减少人力与资金投入，也可降低人为干预。

（四）最小人为干预原则

城市生态公园的"近自然设计"的所表达的核心思想即是能在减少人为投入与管控干预的前提下，发挥更显著的生态效益和自然效应。在城市生态公园建造初期，植物种植、土方平衡、硬质景观施工建造等免不了人力投入管控和人为干扰，但可以在过程中分期分段分区域进行，使人为干预最小化，保持公园原有生态系统和自然环境；而在后期植物养护过程中，应该要减少干预甚至逐渐不管理，使植物群落遵循优胜劣汰的自然法则，自主筛选优势物种，逐渐可以利用自然原生力量更新演替，融入整个生态系统发挥生态效益最大化，景观近自然化。同时，要运用科学的方法事先分析人为因素对公园建设各个阶段的影响，充分考虑天气因素，做到提前计划周详，积极应对突发状况。

此外，城市生态公园遵循生态学的原理，生态效益良好，但是人为的痕迹较重，它强调的是全过程的调控与管理，投入比重大；但加入近自然景观设计的思想，就可以很好地改良这一点。在设计中，要注重各种资源的近自然循环利用，以较少的人为管控达到各种资源可持续发展，使人类的作用不着痕迹地融入自然，使人工建设调控逐步向自然演替过渡，循环利用节约能源，减少额外负担。

（五）生物多样性原则

生物多样性微观表现在生物遗传基因，而宏观则表现在生物物种和生态系统，城市生态公园的近自然设计应结合这两个层面综合考虑。尊重场地原有植物群落与动物生境，保持地域性特色与原有现状；保护、恢复、改造、营建生物多样性高的动植物群落生境，广泛应用乡土动植物，植物设计方面借鉴"宫胁造林法"，通过对本土植物和优势树种的考察，模拟区域顶级群落结构，营造乔灌草复层结构，层次错落自然，避免大面积的草坪这种物种单一的群落结构，动物群体注重食物链的培养，只有这样，抵御物种入侵的能力也就越大，生态系统抗逆性强也越稳定；此外，要保护和恢复城市绿地中原有淡水、湿地、河流等的生态系统平衡，在前期踏勘与后期施工过程中都应避免干扰原有生态系统。

城市生态公园的近自然植物设计，往往赋予了更多恢复自然演替的目的，所以近自然手法是营造植物景观多样性、区域物种多样性，甚至生态系统的多样性探究新的途径。

（六）开放性原则

城市中的人们早已厌倦了钢筋水泥禁锢的喧嚣城市环境，向往大自然的清风、丛林、绿水，新中国城市公园也发展迅速；然而传统文化的含蓄，还有皇家官宦园林专权私有的后遗症导致现有城市公园、住宅区、附属绿地等只开放于特定人群或小部分人，这使得绿地生态效益和使用率也大大降低。此外国家近日针对现在城市建设的问题明确提出了意见，指出了中国以后城市规划建设的发展方向，提出为促进土地节约利用而实行住宅小区开放，并且城市绿色空间免费开放，使居民能够方便地亲近绿地。

五、城市生态公园要素近自然设计

（一）植物景观近自然设计

在城市生态公园中，每个生态系统都需要完整性，才能实现功能的全面与完善，进而才能使小范围系统与地球总体生态系统融合。一个自然平衡的生态系统，那免不了有多样性植物构成的生存环境。相同的，若植物群落能健康稳定地繁衍生息，也间接证明了这样的生态系统是有活力接近自然演替的。一般来说，植物群落的选择，特别是在以环境保护与修复为主要目的的城市生态公园中更应谨慎小心。

城市生态公园的近自然植物景观设计最主要的是尊重自然平衡，避免出现违反自然、违反初衷的行为出现。以少人工干预为目标，遵循植物的自然生长形态。修剪植物耗费了大量的人力物力在人为美学上，所以近自然植物设计不需要这样的异形植物形态，以遵循少人工干预原则。

同时依照宫胁造林法的植物选择与栽植方法，不管在陆生植物与水生植物方面都要选取乡土植物，不要为了所谓的美化、创意、造型等人类意愿而造成生态系统的不稳定，所带来的损失会得不偿失。乡土植物种类因为得到了自然长期的考验，往往有较强的适应性和抗逆性及抗病虫害能力，易于养护管理，在自然的条件下可以更快地繁衍成林，且生态效益更佳。采用复层种植模式，以当地优势种建群，提高植物群落的多样性，另外注重营造植物景观的近自然观赏性。城市生态公园不仅具有生态恢复的特性，也是提供游客观赏、游憩、运动休闲的地方，以满足自然生态系统的功能完善性和植物本土适应性为基础；在植物配置上要运用美学原理，将自然的美通过人类的设计，以植物群落为载体，充分地展现出来。

（二）水体景观近自然设计

城市生态公园水体景观的近自然设计主要关乎三个方面：水体的形态、水循环利用、驳岸的设置。遵循近自然设计原则，在城市生态公园规划设计中水体形态要根据场地原始自然环境，不能为了水景而开挖土方，而是要随着地形和周围水文状况而确定水体形态；其次，水景不仅要满足城市生态公园游人观赏、亲水的需要，也要形成一个降水收集、降水净水、降水利用的循环系统以减少城市生态公园人力管控的投入；此外，在驳岸的设置中，要充分考虑陆生、湿生植物、动物的交流，不要轻易用水泥混凝土式规则驳岸阻隔物质能量信息交流。

（三）硬质景观近自然设计

硬质景观是针对软质景观提出的，是以人工材料营建而成的一类景观，以道路、铺装、建筑小品等为主。这类景观的人工痕迹严重，看似难以成为近自然景观；但是如果稍加改造而加以创意设计，会使游人的近自然体验升级，并且与植物、水体等软质景观融为一体。

在城市生态公园中，道路与场地的铺装应遵循避免人为痕迹过重的原则，在保证游人基本观景、游览功能完善的前提下，注重与植物、水体空间的相互交流；园路近自然设计要借用原有地形的纵坡、横坡设置园路线性上蜿蜒曲折，在尊重场地原有地形的变化前提下保证游人体验自然、亲近自然的游览功能的完善。

（四）照明景观近自然设计

照明是人类伟大发明，改善了我们的生活；但在另一个方面，城市生态公园照明景观的人为痕迹较为严重，如何让景观照明变为一种近自然景观是我们要关注的问题。首先照明景观的外观造型应该与周围环境相协调，以功能性为主要导向，外观设计应注意它的藏幽处理。其次，节约能源是可持续生态建设的核心理论之一，尤其是北方地区夜晚时间长，夜景照明持续时间长，注意节能灯具的选择，并且注重太阳能的利用。

第二节　城市生态湿地公园景观设计

自20世纪以来，全球经济迅猛发展，全球工业化、城市化进程加快，使得城市环境日益恶化，自然生态遭到破坏，资源缺乏、环境污染、酸雨蔓延、全球大气变暖等问题层出不穷。这是人与自然关系的一种严重危机，伴随着人类科技发展的迅猛速度，城市绿地大量流失、生物多样性减少、城市景观的多样性逐步丧失、各种城市生态问题频频出现，人类遭到自然的惩罚，付出了沉重的代价。尤其是当今全世界各地的湿地都处于不断退化或即将退化的厄运中。尽管如此，湿地恢复正迅速成为中国许多开发项目和环境工程的重要战略，而且这不仅是开发过后的一种环境补偿，更是可持续发展进程的重要部分。

一、概述

（一）湿地的概述

1.湿地的定义

地球上有三大生态系统，其分别是：森林、海洋、湿地。"湿地"作为地球上一种重要的生态系统，它可以控制水域对陆地的侵蚀，对化学物质具有高效的处理和净化能力，有着强大的生态净化系统，因而被誉为是"地球之肾"。到目前为止，由于湿地环境所处的自然条件较为复杂，不论是它的生物群落的兼容性，还是其范围的过渡性，都是较难划分的。国内外许多学者先后从各个学科的角度赋予了湿地不同的含义，目前湿地的定义有50种之多。本书在参考大量文献资料的基础上，将其大致分为广义和狭义两种定义。

（1）广义的湿地定义

最具代表性的广义湿地定义，是指无论天然或人工的、永久或暂时性的沼泽地、湿原、泥炭地和水域（蓄有静止或流水、淡水或咸水，或者混合者的水体），同时包括水深在低潮时不超过6m的沿海区域。同时还包括河口三角洲、湖海滩涂、河边洼地或漫滩、水库、池塘、稻田等，这些均属湿地范畴。从上可看出湿地所涵括的范围很广泛，不仅将自然形态的沼泽、滩涂归入其中，同时也将池塘、水库、稻田等人工湿地也纳入其中。它并没有一个非常严格规范的定义，而是列举了许多地质所属范畴，丰富了湿地种类的多样性。

（2）狭义的湿地定义

而狭义的湿地定义，更为直观统一。湿地是陆地和水系之间的过渡地，其水位通常在土地的表面或接近表面，或浅水掩盖着土地，它至少具有以下一个或几个属性：①水生植物占优势；②在底层的土壤是以不利排水的还原性土壤为主；③长期或季节性被水淹没。这一定义，趋于理性地表达出湿地范畴。它没有将所谓的人工水体归入其中，也给了我们一个很好去衡量湿地的尺度标准。目前，这个定义已被美国湿地科学家广泛接受。

2. 湿地的类型

（1）湖泊湿地

湖泊是指陆地上储存着大量而不与海洋发生直接联系的低洼地区，它是湖盆、湖水和水中所含物质所组成的自然综合体。因此，凡是地面上一些排水不良的洼地都可以蓄水而发育成湖泊。在我国，湖泊是遭受破坏最严重的湿地类型。在过去几十年中，中国损失了上百万面积的湖泊湿地。与其他湿地类型相比，湖泊湿地的恢复兴建的历史相对较长。位于长江中游的洞庭湖一度是中国最大的淡水湖泊。然而，约有50%的湖区被开垦为农田，并且泥沙淤积，加之人为活动的破坏，造成了严重的生态湿地系统的破坏，调蓄洪水的功能也大大衰退。1998年长江特大洪水发生之后，洞庭湖实施退田还湖。尽管湖区刚刚部分恢复原来的蓄水量，但成效显著，湿地面积减小的趋势也得到遏制。

（2）河流湿地

我国大多数河流分布在东部气候湿润多雨的季风区，这是受到气候、地形的多方面的影响。河流湿地主要包括永久性河流、季节性或间歇性河流。河流根据其形态可以分为平原河流和山地河流两类，平原河流的特点是水流比较平缓，比较容易产生泥沙淤积，河流形态的变化比较多样。山地河流的特点是两岸陡峭，河道深而狭窄，其土壤含量少，多以岩石为主。

（3）沼泽湿地

沼泽主要是指地表过湿或是有薄层积水，土壤水分几乎达到饱和，并有泥炭堆积，生长着喜湿性和喜水性沼生植物的地段。我国的沼泽主要分布在东北的三江平原、大小兴安岭及海滨、河流沿岸等地。而中国沼泽湿地的退化主要是由于泥炭开发和农用地开垦，从而失去了湿地的生态功能和生物多样性。

（4）滨海湿地

中国的滨海湿地分布在沿海 11 个省区，海域沿岸约有 1500 多条大、中小河流入海，形成浅海滩域生态系统、海岸湿地生态系统、红树林生态系统、珊瑚礁生态系统等多种类型。多年来，人们盲目围垦和改造滨海湿地，加剧了自然灾害造成的损害。例如，风暴潮每年都使沿海地区损失近百亿人民币。因此，恢复湿地已成为中国重要沿海地区的当务之急。

（5）人工湿地

中国是一个人工湿地类型和数量都很丰富的国家。主要的人工湿地类型有水稻田、鱼塘、水库等，中国的稻田广布亚热带与热带地区。近年来，北方地区稻田不断发展，而淮河以南广大地区的稻田约占全国稻田的总面积的 90%。人工湿地恢复的主要目标是改善水质、提高生物多样性。

3. 湿地的价值

尽管湿地没有被广泛认可的统一的定义，但对于湿地的作用都已达成统一的共识。湿地作为重要的自然资源，不仅具有丰富的陆生和水生动植物资源，它有着自然界中最富生物多样性的生态景观；同时它提供着人类生活、生产的多种资源，与我们人类的生存、发展息息相关。其价值主要包括生态价值、经济价值和社会价值三方面。

（1）湿地的生态价值

①改善城市环境

由于城市湿地能调节气候，降低城市二氧化碳排放量，湿地富有泥炭层和有机的土壤，从而吸收的二氧化碳相对缓慢，起到了固定碳作用。这对于现在全球气候变暖（主要是排放大量的二氧化碳）起到很好的调节作用，从而提高城市环境质量。城市湿地还能充分利用其湿地渗透和蓄水的作用，来调节城市水平衡。另外，水生物还能有效地吸收有毒物质，同时净化水体。

在城市湿地保护利用的研究发展中，除了降低污染物源排放等措施外，加强湿地生境的绿化建设，促进湿地生境的植被恢复成为湿地保护利用的重要生态工程，对于那些生态湿地受损严重的区域恢复重建，是有很高的应用潜力的。

②净化污水

被称为"地球之肾"的湿地，它具有排毒、解毒的功能。特别是沼泽湿地，它能够帮助水流速度变缓，当有害杂物（生活污水、工业排放物等）流经此处时，流速变缓从而达到杂质毒物沉淀和排除。而且湿地中的动植物还能有效地吸收水中的有毒物质，达到净化水质的作用。

③调节蓄水量和气候

由于许多湿地是处在地势低洼的地带，再加上湿地底层是不利于排水的还原性土壤，使其他具有蓄水能力，城市湿地为城市提供完善的防洪排涝体系，这对于防旱有很好的帮助。湿地在蓄水、调节河流、补给地下水和维持区域水平衡中发挥重要作用，是蓄水防洪的天然"海绵"。我国降水的季节分配不均匀，通过天然或人工湿地进行调节。它可将过多的河流水量和降雨的雨量储存起来，这样就可避免发生洪涝灾害，并保证农业生产有稳定的水源供给。另外，湿地中产生的水蒸气可在区域中制造降雨，起到了调节区域气候的作用。

④为生物提供良好的生存空间

湿地中的生物物种繁多，它强大的自然生态体系，为许多水生动植物提供了优良的生存空间，同时也为许多珍稀动物提供了天然的栖息地。因此，对城市湿地景观的营造，将大大提高城市绿地的生物多样性，即美化城市环境。

（2）湿地的社会价值

①景观旅游价值

湿地在生态的基础上，同样具备旅游观光、休闲娱乐等方面的功能。特别是湿地丰富的水体环境，多样性的水生植物，以及鸟类、鱼类等，给人大自然的感受，使人心静神宁。目前，我国开始越来越多的湿地规划项目，特别是城市湿地公园的建设。在美化城市生态环境的同时，积极开发地域性旅游资源，人们会因这宜人的自然风光而前往，并且直接创造了经济效益和社会效益。可以说，城市湿地是城市周边最具生态价值和美学价值的生境之一，是城市特色的主要组成部分，也是发展城市旅游业的重要载体。城市湿地与我们现代化、工业化的都市环境共同构成了和谐美好的城市环境。

②教育科研价值

湿地丰富多样的生物物种，特别是一些濒临灭绝的物种为教育科研提供了很好的素材，设立相关的实验基地或是科普场所，不仅有利于研究，也可以让人们了解更多的湿地生态知识。

（3）湿地的经济价值

湿地可给当地人们和广大社会带来巨大的经济效益，分析湿地经济效益的传统方法是看它的直接使用价值。上文曾提到，湿地具有净化水质、调节蓄水的生态价值；从中我们不难发现，湿地可为城市人类的生活生产用水提供主要来源。另一方回，湿地生态系统的物种丰富，可提供一些鱼、贝类等高蛋白的水生动物产品，水生植物科提供莲藕等产品。这些都是人类赖以生存的食品资源。在东南亚的许多国家，湿地仍然是农业生产的主要基础和农户收入的主要来源。在中国，湿地产品包括：淡水、稻米、泥炭、水产品等，这些物质对经济发展都很重要。同时湿地也可提供丰富的矿物资源，因为湿地中含有天然的碱、石膏、盐等多种工业原料，以及硼等多种稀有元素。这为人类社会的工业发展提供丰富的资源口

（二）城市湿地概述

1. 城市湿地定义

城市湿地是在20世纪后期提出的一个科学名词，可由于湿地处于多样性因素，至今城市湿地还没有一个明确的含义。鉴于一些资料查看，专家们给出了一个较为简明的含义：分布在城市乡镇地域内的各类湿地称之为城市湿地。人们常常会将城市湿地与园林水体两个概念进行混淆。我们这里所指的城市湿地，是指城市边缘的河流、沼

泽、湖泊、低洼等常年或季节性被水淹的低洼地。而园林水体是指在园林中的湖泊、河流、水池等水体，并且包括一些人工水体。

2.城市湿地目前的状况

随着人口的增长、世界经济的飞速发展下，大片湿地被开发，湿地面积急剧萎缩，加上过度的资源开发和环境污染严重，造成了不可挽回的损失。特别是城市湿地景观，由于盲目开垦、围湖造田等人为因素，对湿地资源产生了严重干扰。此外，在湿地管理体制上也存在着许多问题，由于湿地类型复杂、分布广，因此会受到不同地区的监督管理。而他们在湿地保护利用和管理方面，各自为政，所取利益不同，所以影响了湿地的有效管理和保护。针对这种湿地日益退化的情况，世界各国都在对湿地生态景观采取各种有效措施，进行保护恢复。不再是单纯地追求经济利益，而是向生态型、可持续发展型城市湿地发展。

城市湿地是整个自然界中湿地体系最为脆弱的一族，它虽然对人类美好生活的建设贡献不少，但它的城市化摧残也越来越严重。湿地面积在大幅度下降，湿地物种数量也在急剧减少，生态环境恶化严重。其主要原因有以下几点：

（1）非法围垦开发

城市化建设、工业经济的开发式直接导致湿地面积减少的原因之一。随着城市化人口的迅速增长和工业化建设的发展，不得不向湿地下手，非法围垦占据越来越多的湿地面积。这样就直接导致城市湿地面积变小，并且湿地的生态效益也受到破坏。

（2）水污染和富营养化

随着城市发展工业化建设，越来越多的城市工业废水、生活污水和一些化学有害物质被排入河流等城市湿地中。这就影响了湿地生物多样性的破坏，特别是工业产生的废水排入湿地中，可直接导致湿地水生物死亡以及一些有毒物质在湿地中产生的营养富集化，并使一些生物物种单一化，甚至出现一些藻类性繁殖，从而使整个生态环境受到破坏。

（3）无节制的商业经营

如今许多开发商盯上了湿地这一块宝贝，利用湿地开展生态旅游和居民生活的休闲场所。一些开发商不断地在湖泊周围兴建娱乐场所、宾馆等基建项目，这就足以威胁到湿地的保护。

（4）盲目引进生物物种

在城市湿地的建设治理过程中，盲目引进外来物种，会对当地湿地原有生物带来不利影响。一些引进的外来物种对本地物种的多样性生长产生抵触作用，并能消灭本地物种的生长能力。

（5）不合理利用规划

城市湿地是城市持续发展重要的生态基础体系，是城市居民能享有大自然生态服务功能的基础。不合理的土地湖泊利用降低了湿地生态效应能力，并在以后的城市发展中留下难以抚平的创伤。例如，目前很多城市为了提高环境质量，在城市建设中采取了填埋、掩盖、河道人工化等治理工程。这些不合理的人工化的措施只会降低城市湿地的生态价值。例如，把自然植被河岸变成僵硬的水泥护岸，这样原生态的物种就会减少，并且水泥地面加速了热岛效应，破坏了当地环境的生态性。

3. 城市湿地景观设计原则

（1）生态性保护原则

坚持生态性为主，维持生态平衡，保护湿地区域内的生物多样性及湿地生态结构功能的完整、自然性。在保护优先的基础上，进行合理的开发利用，并充分发挥湿地的社会效益。我们应当正确地对待湿地生态保护与开发利用的关系，坚决反对盲目无序的掠夺式开发利用。保持一个完整良好的湿地生态系统，在此基础上使生态、人文社会、经济和谐发展。

（2）连续性和整体性原则

景观生态学中强调维持和恢复景观生态过程及格局的连续性和完整性，这是现代城市生态健康与安全的重要指标。我们应当将区域的湿地景观与周边环境连续起来；寻求生物多样性的良性循环，确保生物通道的连贯性；另外，城市中的水系廊道是联系城市湿地之间物质、能量和信息交流的主要通道，在城市湿地景观的建设中，充分利用这一有利水系廊道来保持整个环境的连续性，这也是维护城市自然景观生态过程的连续性和完整性的措施。

（3）维护本土物种多样性原则

维持本土种植物不仅成本低，更重要的是能很好地维持其区域的自然生态环境，保持地域性的生态平衡。因为引用外来物种，很有可能不适宜当地环境，更多的是造成本土植物的在物种的竞争中被灭绝，最终破坏了当地自然生态环境。

（4）美学原则

湿地自然生态的环境系统，有着自然水体、多样的生物等。这些都是大自然恩赐的礼物，带给人们视觉、听觉、嗅觉多重感受。人们把这些感受通过古诗词、画卷、文学艺术表达出来，能满足人们的文化需求和精神需求。相对于过多的人工湿地景观而言，人们很快会产生视觉审美疲劳。而那些鲜活变化丰富的自然美景，是人们永远感受不够的。自然之水、自然之境，是城市湿地景观不可缺少的一个重要原则。

（三）湿地公园概述

1. 湿地公园定义

近些年来，湿地保护面临着诸多困难，我国对于湿地规划项目越来越重视，并且人们正在倡导湿地公园这一概念，借此达到保护湿地生态环境的目的。目前，对于湿地公园的定义还没有一个明确的定论。在国内相关部分给出的定义是：它既不是自然保护区，也不同于一般意义的城市公园，它是集生物多样性、生物栖息地保护、生态旅游景观和生态教育功能的湿地景观区域，体现出"在保护中利用，在利用中求保护"的一个综合体系。同时湿地公园应该具备：（1）保持区域性独特的自然生态系统并接近于原生态自然景象；（2）能维持区域内各种生物物种的生态平衡及其协调发展；（3）在不破坏原生态湿地系统的基础上建设不同类型的辅助设施。将生态保护、景观旅游、科普教育的功能相结合，突出主题性、自然性和生态性三大特点，集湿地生态保护、生态观光、生态科普教育、湿地研究等多功能的生态型主题公园。

2.湿地公园的基本要素

（1）具有一定规模的典型性湿地景观

湿地公园中的湿地一定要占有一定的规模，如果区域面积过小，就只能算是公园中的某一湿地景观了，并且其湿地景观要有典型的独特自然生态资源。

（2）具有对湿地资源明确的管理范围

湿地公园的管理机构应当对湿地内的资源有合法的管理权力，并有合理完善的管理体系，帮助湿地公园的建设保护做出有效的措施。

（3）具有完善的旅游观光设施

在保护湿地公园内生态景观的基础上，开展一些人文生态服务功能，供给游人休闲、娱乐、科学教育活动，来保障人们来到湿地公园有个轻松、愉悦舒适的环境。特别是在湿地公园建立一些生态科普教育的设施，使人们在游玩的同时能获得生态方面的知识，并能提高人们的环保意识。

3.湿地公园与其他景观区的区别

（1）湿地公园与一般水景公园的区别

湿地公园与一般的水景公园同以水为主，其人文、经济效益有共通点，但湿地公园其独特的生态系统特征和多样的生物物种，与一般的水景公园有着很大区别，如下表5-1所示。

表5-1 湿地公园与一般水景公园的区别

	湿地公园	一般水景公园
特征	自然、多样性、野趣、健康科学性	美观、整齐、有序、主题性强
群落	接近自然群落，生物多样性最大化	人工群落，以观赏植物群落为主，低生物多样性
资源	节约资源、自然的自组织状态和结构	资源投入较大，被组织状态和结构
功能	生态效应、娱乐游憩，自然科普教育	生态效应、娱乐游憩
稳定性	生态健全、抗逆性强、以自我维持为主	生态缺陷、抗逆性低、以人工维持为主
养护管理	生态目标、投入低、管理演替	景观目标、强度管理、投入大、抑制演替

（2）湿地公园与湿地自然保护区的区别

湿地公园与湿地自然保护区的概念虽然很相近，但是它们有着明显的差异。单从字面上可以理解，湿地自然保护区是为自然保护而设立的区域，它包括典型的自然生态系统区域，是稀有濒危野生物种天然集中分布的区域，也是国家特别授予的特殊保护区域。并没有像湿地公园那样设立一些观赏游憩、科普教育的生态功能活动。

二、城市湿地公园的研究与应用

（一）城市湿地公园的分类

1.按城市湿地的成因划分

（1）天然型：天然湿地公园是指将原有的自然湿地区域进行开发的城市湿地公

园，这里一般规模较大的湿地公园都属于天然的湿地类型。

（2）人工型：人工湿地公园是指利用人工湿地以及人工兴建开发的城市湿地公园。如灌溉、水电开发、防洪等目的建造的湿地公园，都属于人工湿地公园。

2．按城市与湿地位置关系划分

（1）城中型：湿地公园位于城市建成区内，其湿地公园的生态属性相对薄弱，其在城市中的社会属性如休闲娱乐较为主要。

（2）近郊型：湿地公园位于城市的近郊，湿地公园的生态属性较城中型的明显些。

（3）远郊型：湿地公园位于城市的远郊，湿地公园的生态属性较为主要。

3．按湿地资源状况划分

（1）海滩型：海滩型城市湿地包括永久性浅海水域，低于6米。包括一些海峡、海湾。

（2）河滨型：河滨型城市湿地包括河流及其支流、间歇性、定期性的河流。同时也包括人工运河、灌渠。多数情况下低潮时水位溪流、瀑布、季节性河口三角洲水域。

（3）湖沼型：利用大片湖沼湿地建设的城市湿地公园，包括永久性淡水湖、季节性，包括间歇性的淡水湖；漫滩湖泊、季节性、间歇性的咸水、碱水湖及其浅滩；高山草甸、融雪形成的暂时性水域，包括灌丛沼泽、灌丛为主无泥炭积累的淡水沼泽等。

4．按游憩内容划分

（1）自然型：完全处于生态自然状态的湿地公园，多属于生态保护型湿地，可供城市居民参观、游憩，湿地功能完善，并反映自然湿地的特征，具有自然演替的功能。

（2）恢复型：原本属于湿地范畴，由于建设造成湿地性质消失，后来又人工恢复，具有湿地外貌，有一定的湿地功能。

（3）展示型：具有湿地的外貌，但自然演替的功能不完备，人们用生态学的手法和技术手段向游人进行展示，只是想通过此类湿地向城市居民演示完整的湿地功能，具有教育、普及宣传的作用。

（4）污水净化型：用于污水的净化与水资源的循环利用，属于湿地范畴，有一定的湿地生态功能。

（二）城市湿地公园景观营造的原则

1．生态关系协调原则

其原则是指人与自然环境、生物与环境、城市经济发展与自然资源环境以及生态系统之间的协调关系，世间万物人只是这一系统的一个微小部分。我们只有合理适度地在设计营造中对湿地发展加以引导，而不是企图改变强制霸占，从而保持设计系统的自然生态性。

2．适用性原则

不同湿地类型具有不同的系统设计目标，每种湿地类型所处位置各不同，因此在各类型的湿地景观营建中，设计要因地制宜，具体问题具体分析，遵循区域性的适用原则。

3.综合性原则

城市湿地公园的建设所涉及研究的内容很多，如生态学、环境学、经济学等多方面的知识体系，具有高度的综合性原则。这就需要研究者多学科的相互协作和合理配置。

4.景观美学原则

在充分考虑了湿地生态多样性功能外，还需注重景观美学的设计，同时兼顾人们审美的要求及旅游、科普的价值。景观美学原则主要体现在湿地景观的独特性、可观赏性、教育性等多方面，是湿地公园重要的价值体现。

（三）城市湿地公园的功能分区

1.重点保护区

对保存较为完整其生物多样性丰富的重点湿地，应当设置为重点保护区。重点保护区是城市湿地公园的基础，也是标志性不可缺少的区域。重点保护区内，主要针对那些珍稀物种的生存和繁衍有一个良好的生态环境而设置成禁入区，同时对候鸟及繁殖期的生物活动区应当设置季节性的禁入区。城市湿地公园中重点保护区应不少于整个公园面积的10%的区域，并且其区域内只能做一些湿地科研、观察保护的工作，通过设置一些小型设施，为各种生物提供优良的栖息环境。

2.游览活动区

在保护生态湿地环境的基础上，可以在湿地敏感度低的区域建设供游人活动的区域。开展以湿地为主体的休闲、娱乐活动。要根据区域的地理环境以及人文情况等因素来控制游览活动的强度，安排适度的游憩设施，可避免人们活动对湿地生态环境造成破坏。

3.资源展示区

资源展示区主要展示的是湿地生态系统、生物多样性和湿地自然景观，不同的湿地具有不同特色的资源和展示对象，可开展相应的科普宣传和教育活动。该区域通常建立在重点保护区外围，同样需加强湿地生态系统的保护和恢复工作。区域内的设施不宜过多，且设施内容要以方便特色资源观赏和科普教育为主。

4.研究管理区

研究管理区应设在湿地生态系统敏感度较低的地方，其靠近交通道路方便的地方。其区域主要是供公园内研究管理人员工作和居住的地方，建议其管理建筑设施应尽量密度小、占地少、消耗能源少、密度低。

（四）城市湿地公园的营建方法

1.湿地公园的选址

湿地公园的选址应主要考虑地域的自然保护价值、植物生长的限制性、土壤水体各个基质、土地利用变化的环境影响以及一些社会经济因素等。特别是应注重现状可利用的资源是否满足湿地生境的建设条件、场地现状以及周围城市环境风貌的协调等问题。

　　一般宜选择在非市中心地带，交通方便并且远离城市污染区的地方。为了满足湿地植物生长以及生态环境的要求，最好选择在河道、湖泊等的上游地势低洼地带，并且有丰富的地形地貌。确定湿地公园的选址的一般方法：（1）实地考察；（2）编制可行性报告；（3）湿地公园选址评价。

　　2. 保持湿地系统连续性和完整性的设计

　　湿地系统是一个较为复杂多样的生态系统，在对湿地景观进行整体设计时，应该综合考虑各个因素，以保护生态系统为基础，然后整体地营造和谐的景观感受，包括设计的内部结构、形式之间的和谐，力求维护湿地生态环境的连续性和完整性。

　　（1）湿地公园景观设计前做好对原有湿地场地环境的调查

　　湿地公园景观设计，应对原有湿地环境进行调查研究，包括区域的自然环境及其周边居民环境情况的调查，特别是对于原有湿地的水体、土壤、植物，以及周围居民对景观的期望等要素进行详细调研。只有充分掌握了原生态湿地环境的情况，才能做好湿地景观的设计，并能在设计中保持原有湿地生态系统的完整性，还原于生态本身。而掌握了当地居民的情况，则能在设计中考虑到人们的需求，在不破坏自然生态的同时，能满足人的需求，使人与自然融洽共处。其次，应进行合理的城市绿地系统规划，保持城市湿地和周围自然环境的连续性，保证湿地生态廊道的畅通。

　　（2）利用原有的景观因素进行设计来保持湿地系统完整性

　　利用原有的景观因素，就是要利用原有的水源、植物、地形地貌等构成景观的因素。这些因素是构成湿地生态系统的组成部分，但在不少设计中，并没有充分利用这些元素，从而破坏了生态环境的完整及平衡，使原有的系统丧失整体性及自我调节能力。

　　3. 植物设计

　　（1）植物配置原则

　　在考虑到植物物种多样性和因地制宜的同时，尽量采用本土植物，因为它适应性强，成活率高。尽量避免外来物种，其他地域的物种，可能难以适宜异地环境，又或是可能大量繁殖，占据本地植物的生存空间，导致本地物种在竞争生态系统中失败或是灭绝。所以维持本地种植物，就是维持当地自然生态环境的成分，保持地域性的生态平衡。

　　植物搭配除了要多样性外，对于植物搭配的层次也是很重要的，有挺水、浮水、沉水植物之别，还有乔灌木、草本植物之分，应将这些各种层次的植物进行搭配设计。另外，对植物颜色的搭配也很重要。在植物景观设计中，植物色彩的搭配直接影响整个空间氛围，各种不同的颜色可以突出景物，在视觉上也可以将设计的各部分连接成为一个整体。

　　从功能上可采用一些茎叶发达的植物来阻挡水流，有效地吸收污染物，沉降泥沙，给湿地景观带来良好的生态效应。

　　（2）湿地植物景观设计的要点

　　在湿地植物景观设计的布局中，要注意：①平面上水边植物配置最忌等距离的种植，应该有疏有密，有远有近，多株成片，水面植物还不能过于拥挤，通常控制在水面的30%～50%之间，留出倒影的位置。②立面上可以有一定起伏，在配置上根据水由深到浅，依次种植水生植物、耐水湿植物，形成高低错落，创造丰富的水岸立面景观和水体空间景观的协调和对比。当然，还可建立各种湿地植物种类分区组团，交叉隔离，随视线转换，构成粗犷和细致的成景组合，在不同园林空间组成片景、点景、孤景，使湿地植物具有强烈的亲水性。

（3）湿地植物材料的选择

首先，选择植物材料时，应避免物种的单一性和造景元素的单调性，应遵循"物种多样化，再现自然"的原则。第一，应考虑植物种类的多样性，体现"陆生-湿生-水生"生态系统的渐变特点和"陆生的乔灌草-湿生植物-挺水植物-浮水植物-沉水植物"的生态型；第二，尽量采用乡土植物，能够很好地适应当地自然条件，具有很强的抗逆性，慎用外来物种，维持本地原生植物。

其次，应注意到植物材料的个体特征，如株高、花色、花期、自身水深，土壤厚度等，尤其是挺水植物和浮水植物。挺水植物正好处于陆地和水域的连接地带，其层次的设计质量直接影响到水岸线的美观，岸边高低错落、层次丰富多变的植物景观，给人一种和谐的节奏感，令人赏心悦目；相反，则不会吸引人的视线。若层次单一，则很容易引起视觉疲劳。浮水植物中，有些植物的根茎漂浮在水中，如凤眼莲、萍蓬草，有些则必须扎在土里，对土层深度有要求，如睡莲、芡实等。

（五）驳岸设计

驳岸环境是湿地系统与其他环境的过渡带，驳岸环境的设计是湿地景观设计中需要精心考虑的一方面。科学合理的自然生态的驳岸处理，是湿地景观的重要特征之一，对建设生态的湿地景观有重大作用。驳岸景观的形状是湿地公园的造景要素，应符合自然水体流动的规律走向，使设计能融到自然环境中，满足人们亲近自然的心理需求。

1. 目前驳岸设计的不足之处

现在许多城市的水体驳岸设计中，采用混凝土砌筑的方法，直接将水体与陆地僵硬地分化出来。这种设计破坏了天然湿地对自然环境所起的过滤、渗透等作用，破坏了自然景观。而有些设计只是在护岸边铺上大片的草坪，这样的做法只是盲目地追求绿化率，增加绿色视觉效果，而并没有起到生态与景观环境的作用。对于人工草坪的养护工作量比较大，因为它们自我的调节能力比较差，而养护中喷洒的药剂残留的化学物质会对水体造成污染。

2. 驳岸设计的原则

（1）突出的生态功能

驳岸的设计上应该保持显著的生态特性，驳岸的形态上通常表现为与水边平行的带状结构，具有廊道、水陆过渡性、障碍特性等。在形态设计上，应随地形尽量保护自然弯曲的形态，力求做到区域内的收放有致。

（2）景观的美学原则

我们需重视景观视觉效果，驳岸的景观创造应依据自然规律和美学原则，在美学原则中遵循统一和谐、自然均衡的法则。通过护岸的平面纵向形态规划设计，创造出护岸的美感来，强化水系的特性。如对护岸的一些景观元素，如植物、铺装、照明等的设计。

（3）增加亲水性

在驳岸的设计中，我们应该在遵循生态、美学的特性同时，分析人们的行为心理，驳岸的高度、陡峭度、疏密度等都决定了人们对于湿地的亲近性。在对驳岸进行整体性设计上，应选择在合理的行为发生区域，进行合理的驳岸空间形态设计，并促进人们亲水行为的发生，包括注重残疾人廊道的设计。

3.湿地驳岸的设计形式

（1）自然护岸

自然式护岸是运用自然界物质形成坡度较缓的水系护岸，并且是一种亲水性强的岸线形式。多运用在岸边植物、石材等，以自然的组合形式来增加护岸的稳定性。自然式护坡设计就是希望公园的水体护坡工程措施要便于鱼类及水中生物的生存，便于水的补给，景观效果也应尽量接近自然状态下的水岸。

（2）生物工程护岸

生物工程护岸是指当岸坡坡度超过自然土地不稳定的时候，可将一些原生纤维如稻草、柳条、黄麻等纤维制作垫子，用它们将土壤铺盖来阻止土壤的流失和边坡的侵蚀。当这些原生纤维逐渐降解，最终回归于自然时，湿地岸边的植被已形成发达的根系而保护坡岸。

（3）台阶式人工护岸

该护岸可运用于各种坡度的坡岸，一方面它能抵抗较强的水流冲蚀；另一方面有利于保护植物的根系生长，并能在水陆间进行生态交换。

（六）水质维护的设计

水是湿地形成、发展、演替、消亡与再生的关键，是湿地景观的灵魂所在。所以，水质的好坏需要一些措施来管制。首先是实现水的循环，我们可以在工程技术上改善湿地地表水和地下水之间的联系，使地表水和地下水能够相互补充；另外在景观设计上，我们可以利用跌水或喷泉的形式来增加水的流动感。

对于人工湿地，我们可以采取适当的方式形成地表水对地下水的有利补充。目前普遍的做法是将雨水收集后进入预沉淀池、渗透或过滤池，管道等雨水收集处理系统，达到有效控制和去除雨水径流中较大悬浮颗粒的作用。为了有效地从径流中捕获和去除这类污染物，我们采用人工湿地来处理，将地表径流管理的设计有机地融入到景观的设计中。从整体的角度出发，确保湿地水资源的合理与高效地可持续利用。

（七）道路交通的设计

道路交通是湿地公园设计中的重要一环，它关系到游线的组织和游客游览的心理感受。它既给人们提供欣赏景观的路径空间，也是一个造园的基础设施。湿地公园内的道路系统不必拘泥于某种形式，只需要在尊重自然生态的条件下合理综合地解决交通问题，即以生态为核心，以水景为重点，设计幽曲、舒适的人性化游步道。对临水地带环境氛围要重点呵护，将湿地的景观及人们的活动空间在交通道路中串联起来。其设计要素有以下几点：

1. 游步道

湿地公园里的步道设计，应结合整个公园湿地景观与水岸景观的相交融。在设计时，既不要紧邻水岸线让人产生单调感，也不要疏远水岸线。要对公园游步道整体性把握，可根据水岸线的形态特征进行合理的开合有致的道路设计让游客可以有临水欣赏景观的空间，感受着湿地公园内的自然生态之美。同时，在适当的地方，道路与水面不宜接近，这样可避免步道过多造成水体的干扰，另外这样可以使人们对景观有所期待，在景观的藏和露之间，有一种"千呼万唤始出来，犹抱琵琶半遮面"的感受。

2. 木质栈道

木栈道运用在景观中，常与水景搭配，营造出一种别具风情的水岸景观。由于是木质的特性，使之更容易与植物、水体融为一体，增添了人们对湿地景观的一种亲切感。木栈道作为一种路径空间，首先它是一种交通要素，引导人群园内的活动流向。木栈道可延伸到水面，给人一种延伸感，并增加了人与水的互动。木栈道可以临水而设，也可以和水面形成一定的落差，根据空间组织的需要，灵活进行搭配。人们可以通过木栈道在水生植物丛和水面中穿行，欣赏植物的曼妙姿态，更容易感受到自然生态的生境带给人们的惬意感。另外，架空的木栈道由于对水生环境的干扰小，它对水面空间和植物群落进行分隔，形成丰富多样的小环境，给人多样的视觉感受。

3. 桥

桥在湿地公园景观中是水面重要的风景点缀，中国造景中常说小桥流水的优美景致。桥在景观的实际运用中，往往能成为视觉的焦点，它能丰富空间的层次，在水环境中能在近景和远景之间起到中景的衬托作用，同时具有空间过滤和链接的作用。桥的材质有很多种，木质、石质、混凝土浇筑等，造型上有平桥、曲桥、拱桥等，在选择上可以尽量接近自然的形式来建造，更能与整体景观的自然、生态的氛围一致。

三、规划措施

（一）环境污染的整治与处理

1. 防治空气污染

改善周边环境空气质量，以确保湿地内空间环境的质量。加强外围防护林带的建设，并严格控制外来机动车进入，内部交通多以船、电瓶车为主。提高绿化覆盖率，发挥植物的净化空气的作用。

2. 控制噪声污染

加强外围防护林的建设，防止城区交通干线的噪声。湿地内部交通多以低噪音车、船只为主，全区禁鸣，形成清幽、有利于生物栖息的优质环境。

3. 处理固体废物污染

对拆迁村落遗留下来的建筑废弃物、生活垃圾进行合理的分类清运。农业固体废弃物进行必要的清理和生态处理。配备水体垃圾打捞以及地面保洁的专业工具和人员。

（二）生态系统的保护与完善

1. 保护生物物种、群落和遗传多样性

为各类湿地生物的生存提供最大的生存空间。生态保护培育区设有以水域为主的禁入区，这样可确保一定范围内不受外界的干扰，使湿地生物物种能自由地觅食、产卵、栖息。同时可结合局部水体环境的整治和改造，形成适宜鸟类生存的聚集地，为更多生物提供升息空间。

2. 保护生态系统的连贯性

首先是保护湿地与周边环境的连续性，加强湿地与周边水体、山体环境的联系，形成并扩大和谐的生态系统。其次是保证湿地内部生物生态廊道的畅通，为各种生物提供栖息场所以及迁徙通道，可确保动物的避难场所。通过建立生态廊道来实现生物多样性保护、河流污染控制等多种生态功能。

3. 保持湿地资源的稳定性

保持湿地水体、生物、矿物等各种资源的平衡与稳定，并且避免各种资源的贫瘠化确保湿地公园的可持续发展。

（三）植被的修复与规划

1. 恢复植物生长的环境

由于防洪固堤的需要，西溪湿地内特别是村庄附近有相当一部分的砌石驳岸，这种硬质的驳岸阻隔了水陆边界的联系。应拆除非自然材料的护岸，恢复成斜坡，形成湿地的自然环境。我们对驳岸的处理提出了三个思路：

（1）缓坡驳岸：水面大的河岸，可以采用缓坡的形式，形成不同的水深和植被带，来吸引不同的动植物。（2）植物型护坡：较窄较浅的河岸，可采用植物护岸，利用不同植物的特性结合阶梯种植，如大片浮水植物或挺水植物都能较好地减缓浪对堤面的破坏。（3）辅助措施护坡：如果河岸坡度较陡，河水相对较深，可采用柳桩或松木桩固岸，再结合种植形成好的景观效果。

2. 恢复湿地典型植被群落

建设以草本植物为主体的湿地植被系统，带状或片状大力配置湿生植物以形成典型的湿地植被景观。首先，保护和大面积种植芦苇、白茅、狗尾草等，使禾草高草湿地植被群落发挥护岸固堤、净化水质的作用；其次，可以在水体中培育各类的沉水、浮水、浮叶型植物群落。

3. 防止外来物种入侵

提倡选用当地乡土物种，因为一旦外来物种引入后，有可能因为新的环境中没有与之抗衡或制约它的生物，而使这个引入物种成为入侵者，这样就打破了原有的生态平衡，改变或破坏了生态环境。因此，对于植物的选择，除了少数人工环境外，必须引进本土植物，因为它们能够有助于维持自然生态环境、生物多样性的能力。

（四）水环境的治理和整合

1. 实现水的自然循环，改善湿地地表水与地下水之间的联系，使地表水和地下水能够相互补充，并且能增加湿地水体的流动性。

2.从整体的角度出发，对周边地区的排水及引水系统进行调整，确保湿地水资源的合理高效利用；并保持区域水面面积，局部地区形成开阔的水面，严格控制任意填塘，保持良好的湿地生态环境。

3.在竖向设计上，根据地形高差的变化，在有坡度区域设置生态过滤系统，将雨水进行净化处理，保障水系统的循环；并在斜坡处设置平坦的渗水区使之充分渗透到土壤中，被土壤植物吸收。

4.加强水体沟通能力开挖临近断头的河道，消除死水区。对那些农居较密集区域的局部河段进行重点处理，清除池塘污染底泥，加强水系的沟通；同时加强湿地内部水网与和谐示范区中心水网的联系，通过错综复杂的线性穿插，形成高密度的绿色生长体系。

第三节　寒地城市生态公园规划设计

中国是最大的发展中国家，寒地城市包括东北地区、西北地区和华北地区的部分城市，近百年由于人口膨胀、资源过度开发，生态环境发生了巨大的变化。新中国成立以来，东北地区作为首批老工业基地大规模的工业开发，在消耗资源的同时，污染治理并未得到很好的重视，生态环境严重恶化；西北地区因旱多雨少的气候特征，土地沙化严重，城市发展缓慢，生态环境的建设更是难上加难；华北地区作为我国经济社会发展的关键环节和前沿，对国家的生态安全和可持续发展方面发挥了关键的作用，生态文明的建设更加不容忽视。在中国的城市生态公园的建设中，以北京为代表的华北地区寒地城市生态公园建设得最好，而东北地区相对较差，黑龙江、吉林、辽宁地区生态公园建设还不够完善，发展缓慢。如何从寒地城市生态、地域、气候角度出发，探讨寒地城市生态公园规划设计的可行性策略，是应该重视的研究工作。

一、寒地城市生态公园规划设计相关理论阐述

（一）寒地城市的概念

国内外大量的文献资料表明，"寒地城市"由我国学者提出，是针对城市所在区域的纬度、冬季气候特征、日照长短、冬季的降水形式等角度提出的定义，目前尚未有具体的概念。总的来说，寒地城市一般位于北纬45°及以北的高纬度地区，冬季气候特征为：平均气温0℃以下、以雪的形式降水、日照较少，前三项持续时间长，季节变化明显。

（二）城市生态公园相关理论

1.城市生态公园的概念

城市生态公园是将生态学应用在城市公园中，在实践中以生态学理论为基础，使其具有城市公园的人居使用功能。城市生态公园没有一个明确的定义，国内外诸多学者对它进行了概括和总结。他们将城市生态公园中的"生态性"从宏观、中观、微观方面给出三重标准，将城市生态公园定义成：位于城市城区或近郊，以生态学理论为

指导，通过保留、修复或模仿地域性生境等生态设计方法，以可持续发展为主要思想，以节约型园林为基础，以改善城市生态系统为主要目的，运用生态修复技术等手段，营建具有地域性、多样性、自我演替能力的局部生态系统，提供人与自然生态过程相和谐的城市公共园林。

2. 城市生态公园的特征

（1）整体性

生态学理论认为，人与自然环境是一个有机的整体，两方面不可分割且相辅相成，整个生物圈就是一个生态系统。城市生态系统作为整个大生态系统的一部分，则要复杂得多。这里的"自然环境"要分为社会环境、经济环境和自然生态环境，三方面作为一个整体，其平衡与否影响着城市发展与运行，对于城市人居环境具有重要意义。

对城市生态公园的研究，要上升到城市生态系统、全球生态系统的层面上，从整体到局部进行全面的研究和讨论。因此，城市生态公园不仅仅是创造局部优美环境、提供居民活动空间，而要以保持整个生态系统的平衡和发展为目标，从整体到局部改善城市生态系统乃至全球生态系统。

所以，城市生态公园区别于传统城市公园，是从整体上考虑生态问题，既要与全球生态环境相统一，也要符合城市生态系统的特殊性，达到从整体到局部的平衡和协调。

（2）多样性

生态学理论认为，每一种生物、每一个生态因子都在生态系统中扮演不同的角色，对生态环境的建设起着不同的作用。

城市生态公园的建设受所处城市的气候、环境、社会、经济、文化等诸多因素影响，并且每一个生态公园受某一生态因素的环境影响不同，如城市湿地公园水因素、城市森林公园植物因素等。所以，没有一个城市生态公园是相同的。城市生态公园的多样性不仅包括生物多样性，还包括景观多样性、功能多样性、文化多样性等。这些多样性决定着城市生态公园对于城市生态系统的不同影响力，在改善城市生态环境的共同目标基础上，具有多种多样的形式。

（3）可持续发展性

可持续发展的概念是1972年在斯德哥尔摩举行的联合国人类环境研讨会上正式讨论提出的。这次研讨会云集了发达国家与发展中国家的代表，共同界定人类在健康和富生机的环境上所享有的权利。作为全球最大的发展中国家，可持续发展是最符合我国国情的一种集社会、经济、环境的发展模式。

（三）城市生态公园的类型与作用

1. 城市生态公园的类型

（1）生态保护型

立足于保护功能的一类城市生态公园，公园的原基址自然环境良好，本身具有一定的生态价值。这类城市公园在良好的资源基础上通过保护、利用原有的生态系统来实现其功能，让公园的使用功能和景观设计都建立在保护的基础上，通过对原有的生态系统进行调整，从而保护环境，改善城市生态系统。

（2）生态修复型

以生态修复为最主要目的的一类城市生态公园，公园的原基址受到了严重的破坏或污染，对生态环境已经造成了威胁，如工业废弃地、城市废弃地等。这类城市公园必须通过系统的生态手段来修复受损的生态系统，让原基地的自然环境改善到可以作为城市居民休闲、活动的场所，再充分考虑城市的社会效益、经济效益、文化效益等因素，将其修复成可以改善城市生态系统的城市公共空间。

（3）生态改善型

生态改善型的城市生态公园，公园的原基址自然环境一般，但也没有受到严重的破坏或污染，并且无特别需要保护的自然生境。这一类型的生态公园，由于较少的原基地限制，在规划设计上可发挥性最大，也是最常见的城市生态公园。可通过生态学理论、各种生态技术，营造具有地域性、文化性、多样性和自我演替性的城市生态系统。

（4）综合型

综合型城市生态公园，是指原基址比较复杂，包含以上三种类型先决条件，需要通过综合营建手段来实现其多样化功能性的城市生态公园。

2. 城市生态公园的作用

（1）城市生态系统的整体提升

城市生态系统包括自然生态亚系统、人文生态亚系统和社会生态亚系统。在自然生态亚系统方面，城市生态公园的规划和建设具有地域特点、合理的生态结构及较强的可持续发展能力，对自然生态环境的提升发挥了很大的效益。如合理的绿地生态结构，有净化空气、消除污染、降低辐射、减少噪音、缓解热岛效应的作用；合理的水资源环境利用，有防止水土流失、节约用水、保证饮水卫生的作用。在人文生态亚系统方面，城市生态公园尊重场地，因地制宜，保留了原有的历史沿革和传统文化，创造了合理的活动条件，具有对城市旅游文化宣传和推广的作用。在社会生态亚系统方面，城市生态公园体现了人对于城市的建设和改造，使其与原始自然环境相协调，妥善处理各项制约性因素，创造出合理的社会环境，对于城市的持续发展具有重要的意义。总体来说，城市生态公园对城市生态系统的作用是多方面的，从自然、人文、社会三个层面提升了城市生态系统的整体效益，维护了城市生态格局。

（2）城市生态公共空间的构建

城市生态公园作为城市公共空间的一部分，具有公园属性，其形式和内容都区别于传统的公共开放空间。它的空间格局不再一味地遵从"以人为本"的设计原则，而是在符合生态原则的景观格局模式下生成的。近年来，在现代景观设计领域提出了一个新的名词——"生态难民"，指人类过分强调"以人为本"的设计原则，景观设计从人的角度出发来考虑人与建筑及景观的关系，这是一种按人类意愿而违背自然生存法则的行为，是一个打着保护生态旗号而破坏生态环境的恶性循环。城市生态公园是注重"以人为本"和"自然生态"的新型城市生态空间，人们不再根据个人意愿和审美去"干扰"自然环境，而是站在和自然相和谐的同一层面去保护环境、与自然互动、参与到保护生态环境的过程中去，如通过对城市工业废弃地等场所的生态修复和保护，创造出具有城市文化、富于吸引力的城市生态公共空间。

（3）城市生态文化的宣传和展示

一个成功的城市生态公园，是将生态文化和传统文化很好地结合起来，在营造美化城市环境的同时，展示城市生态文化的新景观形式。首先，具有特色的生态公园，在宣传城市文化的同时，带动城市的建设和发展。其次，城市生态公园作为城市居民的公共开放空间，是普及生态教育的基本场所。公园良好的生态环境推进了生态文明的建设，带动了城市居民的生态意识，培养了城市居民的素质。总之，通过区域性改良生态环境来优化城市，带动全社会全民的生态保护意识，是维护城市可持续发展的最有力手段。

（四）生态规划设计相关理论

1. 城市生态学基本原理

（1）城市生态位原理：城市生态位是指反映一个城市的现状对于人类各种经济活动和生活活动的适宜程度，反映一个城市的性质、功能、地位、作用及其人口、资源、环境的优劣势，从而决定了它对不同类型的经济以及不同职业、不同年龄人群的吸引力和离心力。

（2）生态关联原理：自然界的每一件事物都与人类相关联，人们所做的每一件事都可能产生难以预测的结果。城市各个部分、各个因素、部门之间有着直接和间接的联系。人类与自然界相互依赖、相互制约。

（3）化学上不干扰原理：人类产生的任何化学物质都不应干扰地球上的自然生物，破场、地球的化学循环；否则，地球上的生命保障系统将不可避免地退化。

（4）环境承受限度原理：地球生命保障系统能够承受一定的压力，但其承受力是有限的。环境承受限度会随着城市外部环境条件的变化而变化，其改变会引起城市生态系统结构和功能的变化。

（5）承受量原理：在自然界中，没有某一物种的数量能够无限地增多，城市自然资源中的所有物种也是一样。

（6）多样化稳定原理：生态系统的结构越多样和复杂，其抗干扰能力越强，也越易于保持其动态平衡的稳定状态。城市生态系统中，城市各部门和产业结构的多样化和复杂性导致城市经济的稳定性和整体城市经济效益的提高。

2. 景观生态学基本原理

（1）景观结构和功能原理：景观生态学的结构单元包括三个部分，即斑块，廊道，基底，形成"斑块-廊道-基底"模式，也就是生态与空间关系的解释。运用到城市生态公园中，就要将道路、水体、绿地、广场等转化成这三种景观结构单元，并根据景观功能的基本原理从形状、数目、大小、类型、结构等方面加以分析，决定其有利于生态系统延续性的空间分布。

（2）生物多样性原理：景观异质性程度高，造成斑块及其内部环境的物种减少，从而增加了边缘物种的丰度。城市生态公园的生物也存在着多样性原理，只有减少人为的破坏，达到物种的基本平衡，才能实现生态平衡。

（3）物种流动原理：景观结构和物种流动是反馈环中的链环。当人类或自然干扰到景观生态结构中，会导致景观结构中的敏感物种减少，从而有利于外来物种的传播。

（4）养分再分配原理：物质、能量、生物等有机体信息等可以从一个景观中流入和流出，重新再分配使景观结构发生变化。

（5）景观稳定性原理：景观稳定性是指景观干扰的抗性和干扰后的复原能力。当景观要素生物量小时，系统抗干扰能力弱，恢复能力强；当景观要素生物量大时，系统抗干扰能力强，恢复能力弱；当景观要素基本上不存在生物量时，则既无抗干扰和恢复能力，也不存在景观稳定性。

（五）生态规划

生态规划即以可持续发展为理论基础，以生态学原理为指导，应用系统科学、环境科学等多学科手段辨识、模拟和设计生态系统内部各种生态关系和生态过程，确定资源开发利用和保护的生态适宜性，探讨改善系统结构和功能的生态对策，促进人与环境系统协调、持续发展的一种规划方法。

生态规划的目的是以区域的生态调查与评价为前提，建立美好的生态环境，建设和谐统一的生态文明，打造自然资源可循环利用体系和低投入高产出、低污染高循环的生态系统，最终实现区域经济、社会、生态的可持续发展。生态规划具有综合性、区域性、战略性、协调性和实用性的特点，运用到城市规划中要遵守以下7种设计原则：

1. 整体优化原则：考虑到城市的社会、经济、环境的整体最佳效益，将生态规划的模式和方法运用到城市总体规划中，优化城市的生态系统。

2. 协调共生原则：城市生态系统是具有结构多元化、生态因子组成多样化的复合生态系统。在城市生态规划上要保持系统和环境的和谐，子系统和生态因子相对平衡，协调共生，互利互惠，提高资源的利用效率。

3. 功能高效原则：城市生态规划的目的是将规划区域建成一个功能高效的生态系统，使其内部物质、能量代谢分级利用，形成一个能源循环再生的环环相扣的最大经济效益的生态系统。

4. 趋势开拓原则：城市生态规划趋势开拓是指不断地开拓和占领城市空余生态位，强化人为调控未来生态系统的潜力，充分发挥生态系统的作用力，改善城市生态环境，促进城市生态文明建设。

5. 保护多样性原则：充分保护城市中的生物多样性，保持城市生态平衡，保证城市生态系统的结构稳定和功能的可持续发展。

6. 区域分异原则：城市中的不同区域生态系统的现状有不同的特征，要因地制宜，明确区域性生态规划的目的和功能，以不同的过程和方式进行生态规划。

7. 可持续发展原则：城市生态规划必须遵循可持续发展原则，以"既满足当代人的需要，又不危及后代满足其发展需要的能力"为原则，维护资源的可持续发展性。

（六）生态设计

生态设计（Ecological Design）也称绿色设计或生命周期设计或环境设计，是指在产品设计中，要将环境因素考虑进来，按照生态学原理进行人工生态系统的结构、功能、代谢过程、产品及其工艺流程的系统设计。生态设计具有可持续性、本地性、节约性、自然性等设计特征。

城市生态设计一般性原则包括：

1.节约原则：节约用地、节约用水、节约用材、节约用能、节约用力，节约一切可能节约的资源，提倡绿色能源的利用。

2.本土性原则：尊重自然、尊重场地、尊重地方文化和地区优势，充分利用本地资源，顺应城市地方生态系统发展。

3.人人参与性原则：加强民众参与生态设计的可行性，实现全社会与自然和谐发展的必要进程。

4.多样性和稳定性原则：保持物种的多样性，维持生态系统的稳定性。

5."4R"原则：减量化（Reduce）、再利用（Reuse）、再循环（Recycle）、可持续发展（Renewable）。

二、寒地城市生态公园建设概况分析

（一）冬季气候带来的劣势和威胁

1.日照

首先，寒地城市由于冬季日照时间短且太阳高度角较小，建筑阴影区较大，不利于外部空间的利用，影响了寒地城市居民外出活动空间；其次，较好的日照强度可以在冬季为建筑争取更多的太阳能，减少建筑内人们照明、取暖等能源消耗，节约能源，寒地城市冬季短日照对能源的有效节约不利。

2.气温

首先，寒冷的温度刺激皮肤感觉，使人身体感到不适，不能长久在室外驻留，更不适宜室外活动；其次，低气温会使路面积雪结冰，车辆容易堵塞，路人行走困难，限制人的行为和活动；再次，每年冬季寒地城市都要对室内进行供暖，供暖设备使空气污染程度加剧，空气质量明显下降；最后，在寒冷的冬季只有少数的常绿树木能够生长，绿化景观减少，城市色彩灰暗。总之，寒地城市冬季的气温因素为城市生态景观的构建带来了巨大的挑战。

3.冰雪

寒地城市因纬度高、气温低，冬季以冰雪为主要的降水形式。俗话说："冰雪多，出行难"，寒地城市冬季的频繁降雪已经是人们出行的最大难题。首先，降雪后的路面未及时清理，便会结冰，车辆在冰面上行驶缓慢，易形成堵车现象，同时白色的雪给司机视觉上带来冲击，如遇上能见度低的大雾天气，易发生交通事故；其次，清理城市冰雪需要消耗大量的人力物力，清洁工人和清洁设备往往需要及时清理路面上的冰雪，耗时耗力；再次，结冰的路面限制人的出行，尤其是老年人，需要每天锻炼身体来增强体质，冰雪无形中减少了他们的户外活动时间；最后，冰雪给室外工作者带来了困难，尤其是建筑行业，每年有很长一段时间无法施工，拉长了工期，为城市的美好建设带来影响，这些都是冰雪对于城市生态环境建设带来的不利因素。

（二）生态建设的优势和机遇

1. 鲜明的四季变化

寒地城市具有鲜明的四季变化。春天是万物复苏的季节，人们在春天能够感受到朝气蓬勃的生活气息；夏天是绚烂的季节，令人们感受到多彩的人生；秋天是收获的季节，富饶辽阔的东北平原开始收获谷子、大豆和高粱，华北地区秋收作物成熟，一年的辛勤劳作在秋天孕育结果；冬天雪景让寒地城市更具地方特色，使人们感受到冬季特有的魅力。因此，可抓住不同季节的特点，将鲜明的四季特色转化成一种优势，打造极具观赏价值的四季景观。

2. 特有的冰雪旅游文化

寒地城市特有的冰雪旅游文化是生态建设的优势和机遇，可深入挖掘其特色和魅力，来构建独具特色、匠心独运的生态景观。

3. 丰富的自然资源

丰富的森林和草地资源为绿色生态奠定了基础。另外，寒地城市的土地、植物、气候和海洋等自然资源，为构建大型农业基地、林业基地、牧业基地以及渔业基地等特色基地奠定了坚实的基础。同时，寒地城市的金属矿产、天然气、石油等自然资源也为振兴城市经济、建立基础工业提供了充足的原材料。但值得我们重视的是，这些自然资源虽然是生态建设的基础优势，却不是取之不尽、用之不竭的。近年来森林的过度砍伐、河流的污染加剧、动物的涉猎行为都对自然环境构成了破坏和威胁，使我们赖以生存的地球伤痕累累，自然资源逐年减少。因此，我们要在生态环境承受能力允许的条件下，借助寒地城市自然资源，发掘地方特色，以生态保护为前提，来构建我们美好的城市家园。

三、寒地城市生态公园规划设计方法

（一）寒地城市生态公园规划设计原则

1. 以生态节约景观设计为原则

寒地城市公园作为寒地城市建设的主要内容，其节约生态型景观设计显得尤为重要。应从根本上入手，利用寒地城市有限的自然资源，推动资源利用方式根本转变，加强全过程节约管理，大幅降低寒地城市能源、水、土地消耗强度，提高利用效率和效益，同时利用生态修复技术，大力提倡节能低碳产业和新能源、可再生能源发展，因地制宜地打造寒地城市生态公园，节约能源，推进寒地城市生态建设的发展。

2. 以营造地域性特色景观为原则

寒地城市不同于南方城市，其冬季特色鲜明，表现出强调自然的地域性优势。寒地城市生态公园在规划设计上应充分挖掘地域优势，将地方特色融入景观设计中，创造富有吸引力的冬季特色景观，增加公园冬季环境魅力，提升城市吸引力，让人们不再畏惧寒冷的环境，来到户外感受大自然的魅力。

3. 以冬季提供适宜活动空间为原则

寒地城市生态公园必须拥有适宜的活动空间才能在冬季吸引人们进入和停留，缺失了冬季活动空间只会使公园闲置，使其社会和经济效益降低。因此，营造冬季活动空间尤为重要。在公园的总体布局上，可将景观节点采取紧凑式结构布局，增加公园主干道的可达性，提高人们的视线变化频率；在公园的主要活动空间设计上，如小型广场，应考虑到树木的遮挡和朝向问题，提高广场的冬季光照面积；在公园的休息空间设计上，可利用适当尺度的树木、绿篱来遮挡寒风，加长人们的停留时间。

（二）寒地城市生态公园基地选址要求

1. 依托寒地城市自然生态条件

城市中的山体、水资源、森林资源等自然资源是构建城市生态环境的基底，也是城市生态系统的"源头"所在。中国古代造园就讲究"依山傍水"，认为靠近山岭和水流的地理位置是造景化的最佳基地。所以，城市生态公园可选在城市自然资源近处，在保持城市生态系统的完整性和连续性的同时，延续自然水流和自然山脉，避免纯人工式造园，紧密地依托城市自然资源，使城市区域性发展向整体化和最优格局发展。

2. 考虑具有重要生态价值的地点

城市中有许多基地具有重要的生态价值，改善或保护这些基地的生态环境对于整个城市的生态系统都有重要的战略性意义，一般情况下，这些基地如果在条件许可下可以被重点考虑作为城市生态公园的选址地点。

3. 选择利于改善城市小气候的地区

寒地城市因冬季需要耗能取暖，密集市区温度升高，明显高于城郊区域，使得冬季城市热岛效应十分严重，而取暖排出的气体也加剧了空气污染的程度。而绿化覆盖率高的具有相当规模的城市生态公园对于城市热岛效应具有明显的改善作用，热岛效应严重的城市密集区可以建设城市生态公园，来改善城市局部小气候。同时，城市生态公园可通过与原有的自然资源的纪合，建立城市自然风向的绿色走廊，引风入城，这也是改善城市热岛效应和空气污染的有效途径。

4. 保持寒地城市绿色廊道连续性

城市中的绿色廊道也是影响城市公园选址的重要景观因素之一。城市中的河流、绿带、道路、特色遗产等都是构成城市绿色廊道的主要元素，其可以是自然本底，也可以是人为构建的，主要功能是保证城市无节制地蔓延，改善城市的生态环境，提高城市防御自然灾害的能力，维持城市中动植物的迁移、传播和物质的交换。

第六章　基于生态文明视域的城市河流护岸景观设计

护岸是介于水陆之间限定水体的边缘地带，因为长期处于流水的侵蚀和冲刷之下，形成明显区别于水、陆的异质景观区域。城市河道护岸处于城市生态系统之中，具有复杂性和综合性。因此其景观的设计不仅要注重防御功能，而且应多角度、多层次运用多学科知识进行考虑。

第一节　城市护岸景观设计基本理论

一、生态设计理论

（一）生态设计的基本原则

1. 地方性

地方性是说设计应根植于所在的地方。对于任何一个设计问题，设计师首先应该考虑的问题是我们在什么地方，自然允许我们做什么，自然又能帮助我们做什么。设计过程中要尊重传统文化和乡土知识，适应场所的自然过程。

2. 保护与节约自然资源

保护和节约自然资本、重视人类社会与自然之间的和谐统一，摒弃掠夺式开发的弊病，达到人与自然共生的理想。

3. 充分尊重自然肌理

遵循3R原则，即减量化（Reduce）、再利用（Reuse）、再循环（Recycle）。生态设计的深层含义是生物多样性的设计，利用边缘效应建立生物自维持体系，核心是促进系统间的协调发展。

（二）景观设计的内涵

景观设计是指在某一区域内通过研究景观形态和结构，创造一个具有形态因素构成的较为独立的，具有一定审美价值及社会文化内涵的景物，具有自然和社会两个属性。景观设计的目的主要是改善人类生活空间的环境质量和生活质量。景观设计从本质上说，就应该是对土地和户外空间的生态设计，生态原理是景观设计学的核心。其所创造的景观是一种可持续的景观。

二、景观生态学的原理

（一）景观生态学内涵

景观生态学（Landscape Ecology）是以生态学的理论和方法研究景观（即不同生态系统的地域组合）的结构、功能及其变化的生态学分支学科。

以人类和自然协调共生的思想为指导，通过研究景观的空间格局、内部功能和各部分相互关系，探讨其发生发展规律，建立景观的时空动态模型，以实现对景观合理保护和优化利用的目的。景观生态学的特点在于从整个景观出发，强调生态系统间的相互作用。同时，还强调人类在景观中的作用，将其视为景观中的主要成分，能够在研究自然景观和人文景观中得到应用。借鉴景观生态学的研究成果和学术思想，用景观生态学的原理研究城市护岸的景观结构、功能和设计方法等，使城市护岸景观研究更符合生态学意义，有助于解决城市景观的持续性发展问题。

景观生态学认为景观是由一组以相似方式重复出现的相互作用的生态系统所组成的异质性区域，由斑块、廊道和基质三者镶嵌而成的镶嵌体。斑块（Patch）、廊道（Corridor）和基质（Matrix）模式是景观生态学的基本范式。为具体而形象地描述景观结构、功能和动态提供了一种"空间语言"。斑块是一个与包围它的生态系统不同的具体的生态系统。在景观中，斑块是基本组成之一。其具有相对均质性，其面积大小不等，斑块意味着土地利用系统的多样化。廊道是指狭长的线状或带状斑块。基质是景观中面积最大或最突出的部分，一般指背景植被或地域，在很大程度上决定景观的性质。

（二）景观空间格局（Spatial Pattern）优化方法

由于区域异质性使景观镶嵌体表现出不同的景观结构，而这种景观结构总的表现就是空间格局，即斑块和其他组成单元的类型、数目以及空间分布与配置等。空间格局实际上就是指不同区域的景观结果。格局从结构上可以分为：点格局、线格局、网格局、平面格局、立体格局。其核心是将生态学的原则和原理与不同的土地规划任务相结合，以发现景观利用中所存在的问题，并寻求解决这些问题的生态学途径。该方法主要围绕如下几个核心展开：

1. 背景分析

首先，要关注景观在区域中的生态状况，以及区域中的景观空间配置。其次，对区域中自然过程和人文过程的特点及对景观可能产生的影响进行分析也是区域背景分析应关注的主要方面。最后，还要分析历史时期自然和人为干扰的特点。

2. 总体布局

（1）总体布局的理论依据

总体布局就是以"集中与分散相结合"的原则为基础，提出一个具有高度不可替代性的景观总体布局模式。"集中与分散相结合"的格局强调集中使用土地，保持大型自然植被斑块的完整性，充分发挥其生态功能引导和设计；自然斑块以廊道或小型斑块形式分散渗入人为活动控制的地段，同时在人类活动区沿自然植被斑块和廊道周围地带设计一些小的人为斑块。

（2）景观格局

作为第一优先考虑保护和建设的格局应该是几个大型的自然植被斑块，并且作为物种生存和水源涵养所必需的自然栖息环境。而在一些小的自然斑块和廊道，则可以保证景观的异质性。通过景观空间结构的调整，使各类斑块大集中、小分散，通过确立景观的异质性来实现生态保护，以达到保持生物多样性和扩展视觉多样性的目的。这一优化格局在生态功能上具有不可替代性，是所有景观规划的一个基础格局。这一格局有大型植被斑块也有小的人为斑块，可提高景观多样性；同时，达到保护生物多样性的目的。

3. 关键地段识别

在总体布局的基础上，一定要注意识别一定的战略点。所谓"战略点（Strategic Points）"是指那些对维持景观生态连续性具有战略意义或瓶颈作用的景观地段。如生态网络的关键节点和间断点、对人为干扰很敏感而对景观稳定性又影响较大的单元，以及那些对于景观健康发展具有战略意义的地段等。

4. 生态特性规划

依据当时景观利用的特点和存在的问题，以规划的总体目标和总体布局为基础，进一步明确景观生态优化和社会发展的具体要求，如维持重要物种数量的动态平衡、为需要多生境的物种提供栖息条件、防止外来物种的扩散，保护土地以免被过度利用或被建筑、交通建设所占用等。这是格局优化法的一个重要步骤，根据这些目标和要求，调整现有景观利用的方式和格局，以决定景观未来格局和功能。

5. 空间属性规划

将生态和社会要求落实到景观规划设计的方案之中，即通过景观格局空间配置的调整实现目标，是景观规划设计的核心内容和最终目的。为此，需根据景观和区域生态学的基本原理和研究成果，以及基于此所得出的景观规划的生态学原则，针对生态和社会目标，调整景观单元的空间属性。

三、水利工程学理论

水利工程学作为一门重要的工程学科。它以建设水工建筑物为手段，目的是改造和控制河流，满足人们防洪和水资源利用等多种需求。其采用相应的护岸倾覆、地基沉降和水平滑坡等计算方法，确保护岸设计的稳定性要求。同时护岸的稳固性又是其他各个功能的基础和前提，因此，在进行护岸景观设计时首先要遵循水利工程学的基本原理，满足护岸的结构稳定性。但是传统的水利工程学存在着明显的缺陷，就是在满足人类社会需求时，忽视了河流生态系统的健康与可持续性的需求。因此，应取其精华，去其糟粕，在构建结构坚固的护岸的同时，注意兼顾护岸的景观和生态问题。

第二节　城市护岸景观设计结构、功能、原则与方法

护岸景观是一种自然地理要素和景观格局的特殊组分。作为陆地和水域两大景观要素的空间邻接区域，其具有既不同于水体又不同于陆地的异质性。由于城市护岸地处城市生态系统当中，受到人为干扰更加强烈，在生态、景观和工程防护等方面都不同于自然护岸。城市护岸多存在生物多样性和空间异质性大大降低，景观单调，防护性等远期状况令人担忧等问题。

一、城市护岸景观设计结构

（一）城市护岸的结构因素

护岸不仅仅是图纸上简化的一条线，它具有一定厚度和宽度，有水平面和垂直面。水平面承载着人、动植物的活动；垂直面控制着水陆生态流的交流。这样的结构使护岸具有重要的生态功能和景观特性。

1. 宽度

宽度是指护岸带的水平距离。护岸的宽度往往决定着水陆之间的过渡状况和生态联系的情况。一般来说，护岸带的宽度越大越有利于水陆环境的协调和改善。

2. 垂直性

垂直性指护岸内景观结构单元的总高度和垂直分层性。按照相对高程、洪水频率和持续时间的影响，护岸的垂直结构分为：岸底带（河床与常水位之间的部分）；水陆交错带（常水位与岸顶之间的部分）；堤岸带（人工构筑体部分）；岸顶带（护岸带以外的部分）。

3. 外形或长度

外形或长度指护岸带线性轴线的曲线分布格式。在人类活动影响下的景观格局趋向于规格化，所形成的界面形状趋向于直线化。

宽度、垂直性、形状或长度，表达一个三维结构。James L 曾研究指出如果河道的宽度、深度和弯曲形态与河谷的坡度、河床等不协调，则不管采用何种护岸，其岸坡稳定性都会明显降低。因此，在护岸设计中应根据实际情况选用护岸形式，确保岸坡的稳定性和安全性，力求做到综合考虑、科学布局、美化环境、创造多重效益。

（二）城市护岸的基本结构

城市护岸的景观构建应从护岸的生态结构入手，尽量保护其原有的物种和原有的生态系统。护岸景观是相邻水陆景观单元相互转化的发生区，可以分解成：岸底带、水陆交错带、堤岸带和岸顶带四部分。

1. 岸底带

位于护岸的基底处。这个区域常常会遭到水流的掏刷和顶流冲击而遭损坏，因此需要对这一区域进行特殊的处理，以保证护岸基底的安全稳固性。例如，现在城市护岸中常用抛石、石笼等，来增强岸底带的抵抗能力和对水流力量的消减。

2.水陆交错带

水陆交错带是位于常水位和洪水位之间的护岸区段，受洪水周期性的影响，在护岸生态系统和景观营建当中具有特殊的地位和作用。在城市护岸景观的建设当中，适宜采用多层或斜坡式的护岸设计，往往可以保留河滩地的存在，为动植物提供生存空间的同时，满足人类休闲、游憩的条件。滩地的高程设计应满足3~5年一遇的防洪要求。在景观设计时应因地制宜，在滩面较窄处，可适当布置生态湿地园，为水生动植物和鸟类提供栖息场地；滩面宽阔处，则在适当位置开辟各种活动空间和场地。

3.堤岸带

堤岸带位于洪水位和岸顶带之间，是护岸体系中最重要的防护工程，其坚固与否，以及能否与周围环境相协调，往往决定着整个护岸的安全、生态和景观的特性，因此堤岸带是护岸其他功能的前提条件。

4.岸顶带

岸顶是护岸位置最高的地方，因此其形态结构和色彩体量等均容易引起人的关注，对城市护岸景观影响很大。因此往往采用一些措施，如种植形式、色彩和形状等来降低护岸的体量感和突兀的感觉。

在城市中经常应用的是重力式结构护岸形式。它主要依靠墙身自重来保持岸壁的稳定，抵抗墙体背土的压力。其基本构造包括压顶、墙身、基础、垫层、基础桩、沉降缝、伸缩缝、泄水口、倒滤层等。

二、城市护岸景观设计的基本功能

在人类还未出现以前，岸就随水而诞生。随着城市的出现，城市护岸也从最初的规范水流向这一单一功能，又增加了防洪功能以及提供给人类休闲、观赏和亲近水体等功能，成为城市当中多功能的综合服务设施。

（一）安全防护功能

护岸的防护功能是城市护岸景观存在和延续的前提条件，它包括维系陆地与水面的界限、减缓流速、保护岸坡、减少水土流失等功能。如果不做护岸处理，就容易使岸壁塌陷，岸坡位置和形态发生很大的变化和转移，将有可能危及人类安全。因此，对城市护岸进行人工加固和稳定则显得十分必要。

（二）景观亲水功能

城市河流作为开放性的带状空间，蜿蜒于城市滨水区域，有效地组织着城市景观空间序列，是大部分城市的发展轴线。城市护岸景观是其中的一种独特的线形景观，河岸及其背景构成城市独特的自然景观元素，可以进行多角度欣赏，如对岸景观、纵观景观、鸟瞰景观等，强化岸线的景观层次。另外，护岸的竖向特征决定着河岸的景观敏感度高，具有较强的视觉冲击性。护岸景观建设有助于城市形象的改变与提升，强化地区和城市的识别性。另外，在条件许可范围内，因地制宜地设置亲水设施，如亲水平台、木栈道等，使人与水的关系通过护岸的这一载体的灵活变化得到进一步的升华，促进人与自然的和谐共生。

（三）生态稳定功能

城市护岸在多景观的复合生态系统中具有其特殊的生态功能。护岸把滨水区植被与堤内植被连成一体，构成一个完整的河流生态系统，是水陆之间的过渡区域。一个健康的交错带能使物质通过其界面区的速度和形式保持适当，景观异质性和生态多样性高，为动物以及水生微生物提供了栖息、繁衍和避难的场所等。一个脆弱的水陆交错带不但不能使水陆生态系统保持稳定，而且会导致生态不断向恶性方向发展。

（四）文化传承功能

作为城市景观中的重要组成部分，通过保留城市本土文化和生态系统，表现特有的地域特征，从而体现城市的精神和文化内涵。

三、城市护岸景观设计的基本原则

（一）整体性原则

作为城市滨水景观重要组成部分的城市护岸，在城市空间中发挥着重要的生态、社会和景观功能。城市滨水护岸的景观设计应根据城市景观生态系统的特点进行整体考虑，将城市护岸与城市规划相结合，成为城市景观的一部分，从而提高整个城市生态系统的稳定性和抗干扰能力。把握景观元素的立意，使护岸景观与城市整体关系协同发展，保持岸坡生态系统的完整性、安全性、健康性和可持续性。

（二）生态优先原则

城市护岸景观是以健康良好的生态环境为基础的，因此城市护岸景观设计要遵循生态优先的原则。主要有三方面的含义，一是要针对城市护岸景观中自然生态组分少的特点，适当补充自然成分，协调城市景观结构；二是注意护岸景观中物种的多样性，避免以往城市护岸建设中的物种单调、结构简单的状况；三是廊道、嵌块体形式多样，大小嵌块体相结合，宽窄廊道相结合，城市护岸的建设和集中与分散相结合。

也就是说，发展过程中应尽量保留原有的自然生境和自然历史风貌，充分尊重自然肌理，保持天然河岸蜿蜒曲折的特点，使护岸的线条柔和化、生态化；同时，适当增加自然组分的层次，改变单一的人工化环境，促进自然生境与人工景观的和谐交融。

（三）以"人"为本原则

人是城市空间的主体，任何空间环境景观设计都应从人的需求出发，体现出人文关怀，努力为人营造舒适美好的环境。城市护岸是城市中难得的滨水自然景观场所，能否给人带来较好的视觉感受和心理体验，提供良好的滨水休闲空间是设计成功与否的关键性因素。

（四）与周边环境相结合原则

城市护岸景观设计应与城市建设规划发展相一致，与周边生态环境相协调，与城市居民的需求相符合。护岸景观要与周围的建筑、树木、远处的山峦和嬉戏中的儿童等，所有的一切集合在一起构成滨水护岸的景观。

（五）场所地域性原则

城市护岸景观设计应体现城市的区域特征、民族风情和文化。要求护岸设计要尊重该地域的场所特征，即尊重传统文化和乡土知识，来延续当地历史文化，突出地域文化特征，充分展示现状地形魅力、水景元素，将地区文化底蕴，融会贯通赋予景观之中，营造有个性的城市护岸景观。

（六）经济美观原则

城市护岸景观是城市系统中综合服务性设施，其经济美观性原则也是不容忽视的。目前，生态适应性护岸技术在满足有效性的前提下，与常规方法相比，工程总体投资较低，并且能够提供多样性的栖息地环境，更具自然外观和美学意义。

四、城市护岸景观设计的方法

在城市护岸的建设中，应着眼于城市滨水整体景观，用美国著名城市设计师巴纳特（J. Barnett）的话来说，就是"每个城市设计项目都是应放在比该项目高一层次的空间背景中去审视。"然后根据"以人为本，宜宽则宽，宜弯则弯，人水相亲，和谐自然"的理念，考虑其多重功能：城市堤防的安全性、市民使用上的愉悦性、水域生态上的合理性、城市历史文化性、河道工程上的可行性、河道景观上的调和性等。河流护岸的景观效果应按照自然与美学相结合的原则，进行多维的时空景观设计。

（一）现状调查

对所选城市河段的护岸及周边的社会、自然和人文环境进行系统调查，主要包括以下内容：气候条件，水文条件，河势的变化规律和趋势，岸坡土体的物理和力学性质，工程区关键物种的分布，工程管理状况，现场可用或容易取得的施工材料，有无严重的土质和水质污染，工程施工是否会带来新的生态问题，人文历史状况以及入水关系和景观现状等，在此基础上进行护岸景观处理。

（二）总体布局

城市护岸景观设计是在城市生态系统优化的基础上应用景观生态学、水利工程学等理论，并结合城市景观现状对护岸景观进行的综合性设计。本书从大尺度空间着眼，小尺度空间进行具体分析，把城市护岸划分为景观区、景观节点和景观廊道，形成点、线、面相结合的景观综合体。其中景观区是根据生态和景观特征及其服务功能等进行划分的；护岸景观当中的"关键点"，通过景观元素的组织，形成绿地当中的各个景点。景观区（基质）作为护岸景观的"面"作为底，来衬托景观斑块的"点"，通过行道树或道路这样的"线"将各个景观节点联系起来，构成网状的护岸景观体系。

（三）景观设计

1. 生态适应性景观设计

护岸是水陆生态体系的联结纽带，是多种生物生存生息的环境。其生态性的好坏直接影响护岸景观和人的亲水需求。因此在设计中尽可能采用工程量最小的护岸设计方案，保留原有生态环境和原有生物。建造工程量最小，也就是扰动原有自然环境最小，使各种生物链得以继续维持。

（1）平面形式

古代"风水"最忌水流直泄僵硬，强调水流应曲曲有情，只有蜿蜒曲折的水流才有生气，有灵气。现代景观生态学的研究也证实了弯曲的水流更有利于生物多样性的保护，有利于消减洪水的灾害性和突发性。城市护岸应按照城市规划河道系统规定的平面位置、流水特点及自然地理状况进行设计。一般流水都是弯曲而行，河岸由凹凸岸组成，由于流水侵蚀的特点，造成凹岸基部侵蚀，比较陡峭、水深，并且继续受侵蚀而后退。而凸岸则容易堆积泥沙，水流较缓、水浅。根据水流的突出特点，护岸在平面位置选择上也应该因地制宜，根据凹凸岸特点来布置，形成舒缓弯曲的岸线，营造生物多样性的生境，尽显自然之美，同时为人类提供富有诗情画意的感知与体验空间。

（2）植物景观设计

护岸植被带是生态景观的关键环节，只有健康的护岸生态系统才能营造丰富多彩的城市护岸景观，而护岸植被缓冲区的有效宽度，岸边植被的类型、种群关系以及空间和动态变化等都是植被群落稳定性的关键。应因地制宜，利用乡土植物，注意结构和层次性，通过乔、灌、草多种类型的搭配组成群落结构以提高群落稳定性。

①植物群落的构建

城市护岸植物群落的结构是生态恢复的关键因素之一。在植物护岸设计中要从植物群落本身考虑植物种类的选择，一是物种多样性，生物多样性是健康河流生态系统的主要特征，因此在植物群落构建时要考虑乔灌草、深根与浅根植物、落叶与常绿植物的合理搭配，有助于提高植物群落的稳定性；二是植物的共存性，植物种类的选择要体现物种共存性。由于植物之间存在他感作用，要避免互相排斥的物种在同一群落的存在；三是按照群落自然演变的规律，合理确定植物的分布；四是考虑植物的本土化和经济价值等要求。植物群落结构设计的主要内容有各种群落组成的比例和数量，种群的平面布局，生物群落的垂直结构等。在植物群落结构中，乔灌草的合理配置是核心，必须考虑到密度、层次和树种等问题。主要依靠优势生活型植物种类，按不同生活型的乔、灌、草植物，建立起植被与生态环境水分条件相适应的群落关系。树种的多样性和混合配置可根据护岸结构特点结合当地情况，将在不同区域选取适合的植物种类。一般来说，混合使用几种不同的植物往往比使用单一植物种类更为有利。种植的方式往往以草本、灌木和高大乔木多层种植，构成复合型的生态体系。

②护岸植物种类的选择

护岸植物作为生产者的绿色植物是生态系统的基础，不同地区具有不同地质构造、环境条件和生物种群，因此护岸的植被选取要遵循自然规律。植物的配置也应以乡土植物为主，极力回避外来物种。现场或现场附近已有物种对于护岸工程中植物种类的选择具有很好的参考作用。作为生产者的绿色植物是生态系统的基础，不同地区具有不同地质构造、环境条件和生物种群，因此护岸的植被选取要遵循自然规律。自然选择已经为该流域选出最适宜的护岸植物。通过调查河岸周围，可以了解哪些是适应该环境的优势种。植物的配置也应以乡土植物为主，极力回避外来物种。植被中土著种越多，护岸看上去就越接近天然状态生态功能也就越强。

（2）植物配置

①根据不同植物的生长特性，按群落立体结构优化物种的空间布局

在河道断面方面看，岸坡可从上到下分成岸顶、堤岸和岸底。生长的植物有陆生植物、挺水植物和沉水植物。就陆生植物来看从垂直方向看，又有草本和木本植物。依据水域中不同生态类型水生植物对补偿深度的适应差异，设计营建由挺水、浮水和沉水植物为优势种的水生植物群落，具有合理的物种多样性，更容易保持长期的稳定。

河道常水位以上坡岸的种植，乔灌木大多应选用耐水湿、扎根能力强的植物，如池杉、垂柳、枫杨、毛白杨、臭椿等。种植形式主要以自然为主，配置突出季相。地被选用耐水湿且固土能力强的品种。结合地形、道路、岸线配植，有远有近，有疏有密，有断有续，曲曲弯弯，自然有趣。为引导游人临水观倒影，则在岸边植以大量花灌木、树丛及姿态优美的孤立树，尤其是变色树种。

常水位以下种植耐水湿的湿生或水生植物，根据植物的生态特征和景观的需要进行选择，荷花、睡莲等浮水植物的根茎都生在河水的泥土中，要参考水体的水面大小比例、种植床的深浅等进行设计，为形成疏密相间的效果，不宜把水生植物作满岸种植，特别是挺水植物如芦苇、水竹、水菖蒲等，以多丛小片状种植较好。

②根据植物的防护功能性进行配置

不同的植被类型对护岸功能的影响不同，例如，灌木、乔木对稳固河岸、抵御洪水的作用大于草地；而草地在过滤沉淀物、营养物质等方面的作用则更加明显。

③根据景观特色进行植物配置

护岸的绿化种植形式较多，有护岸造林的方法，有结合休闲观赏的形式等等，视绿带功能、宽度等而定。一般中小河道乔灌木的种植可规整些，株、行距可密些，硬质护岸则应多考虑运用垂直绿化，增加竖向景观效果。同时还要遵守因地制宜、适地适树、以乡土树种为主等基本原则，尽量不破坏自然地形地貌和植被。采用观赏群落式配置方式，利用花灌木、色叶树随季节变化而开花和叶色转变等来表达时序更迭，展示四季景观，对丰富河道景观有良好的效果。按群落时间结构进行物种的季节配搭，确保最大限度地利用自然资源与空间效能，实现护岸景观的时空连贯性。一般春季重在观花，夏季要求浓荫，秋季可用色叶树，冬季则用松柏傲霜的景色，如枫杨垂柳-碧桃榆叶梅。

2. 视觉景观设计

美丽的景观通过视觉给人以美的享受，同时可以调节情绪、振奋精神、陶冶情操。在护岸设计中应依照自然规律和美学原则创造护岸景观，做好护岸的平面纵向形态规划和横向断面设计、护岸景观元素（植物、铺装等）的设计等，通过景观规划设计手段提升护岸景观空间的综合特性和美感，强化水系的个性。创造出了清新美好、环境优美而又时刻变化的滨水景观地带，为人们带来轻松愉悦、健康和谐的环境。

（1）纵向和横向护岸景观处理

①护岸的纵向景观

护岸的纵向景观是顺着水流方向眺望的景观类型，看到的景物具有纵深感，并很

容易让人注意到护岸的平面形状。根据原有地形条件和设计要求安排，可随地形高下而起伏。起伏过大的地方甚至可做成纵向阶梯状。以植物为主要造景素材，并沿河岸设置一系列的休闲场地、休息设施、艺术小品、特色植物和各种活动区等，力图在河道纵向上，营造出一种自然的护岸景观序列，在狭长的用地范围内创造出连续、具有纵深感和动感的"长幅画卷"的景观特质。

②横向护岸景观处理

横向护岸景观处理是指从护岸与河流流向垂直方向眺望所见到的景观，其特点明显易见。河道两侧护岸造型、树木排列、扶手栏杆设计等，都是隔河彼此呼应景观要素，容易让人注意到护岸的规模。在护岸横向景观配置上，河滩地、堤岸、堤外绿化带三部分应有足够的宽度形成足够的景深效果。城市护岸中多采取复式断面结构，利用台阶、斜坡等形成多级变化。使其低水位河道可以保证一个连续的蓝带，能够为鱼类生存提供基本条件，同时满足基本的防洪要求，增加景观的立体感。保留滩地，当较大洪水发生时允许淹没滩地，而平时这些滩地则是城市中理想的开敞空间，具有较好的亲水性，适于休闲游憩。

（2）护岸景观设计方法

①护岸的色彩和肌理

城市护岸景观应该和周围环境相呼应，不能设计过火、过醒目而显得"跳"，因此材料的色调、色彩等应该选用与周围环境相协调的，不突兀和喧宾夺主，不适宜用对比色。一般来说，天然材料的色彩感容易与周围的景观相融合。护岸表面质感（肌理）是决定护岸感观印象的重要条件之一，使其表面形态自然、朴素、有动感是景观设计上的重要内容。为使护岸在河流景观中成为协调的部分，在选择材料时应根据河流的位置、区域自然条件、施工条件，并综合考虑护岸的性质、部位及材料对生态环境的影响等因素决定所用护岸材料。护岸的材料要以河流空间整体和护岸整体性相一致。

②尺度与比例

城市护岸的规模往往使人感觉过于高大突兀，因此保持护岸景观与周边环境的比例和尺度的协调性是护岸视觉景观设计的重要部分。根据"化高为低、化整为零、化大为小、化陡为缓、化直为曲"的原则，至少在视觉上降低护岸的高度和体量感。例如，以斜坡型或阶梯形护岸来代替直立式护岸形式，运用自然的绿地和天然材料的应用，进一步软化护岸景观，与周围的环境有了更好的交流和融合。例如，芝加哥湖滨绿地采用不同高度临水台地的做法，按淹没周期，分别设置了低台地、中间台地和高台地三个层次。在考虑硬质护岸坡度设计时，要有一定的限度，如果平缓的坡面过长会加剧护岸外观的单调感。一般垂直高度超过2m，坡长超过6m时，就会造成景观单调并给人以压迫感。肩部是护岸岸顶位于护岸轮廓线的位置，这一部位具有引人注目的景观特质，并直接影响护岸的整体形象。以往的硬质护岸形式，通常肩部生硬呆板，难以融入环境之中，甚至严重破坏护岸的景观效果。因此，在护岸设计中要有意识地利用植物、覆土等来减弱护岸肩部给人的印象。

③节奏与韵律

连续出现的同一护岸形式，同样会产生过长的单调感。因此，在设计时可以采用护岸形式的多样化和加入其他景观元素来调节护岸景观，打破单一的氛围。另外，护岸的高程随地形的变化而高下会产生层次丰富的竖向景观，但是要注意在风格统一的前提下进行精心设计，从而形成有秩序的节奏和韵律的感觉。邻接处即为不同护岸类型相交接的地方。采用渐变、钻入、叠加等方式的处理，使护岸的衔接部位自然地转换，而不会产生突兀的感觉，同时形成护岸景观的节奏变化。

空间的变化要有平面和立面设计上的共同变化，充分运用各种构景要素，形成变化丰富的空间序列节奏。常用的方法如下，

第一，通过地形起伏营造空间。

按照防洪要求，岸滩也有行洪功能，故岸滩的起伏变化的幅度，应满足防洪条件。在条件许可的情况下，岸滩的高低起伏变化愈大，岸滩愈宽，愈能呈现其独特的空间。如能将某一空间河滩设计成缓坡的小丘陵状，相隔空间河滩设计成浅水区，这一高一低的组合构成丰富的河滩板块，给人以特别自然的感觉，从而营造出不同空间类型的活动场地。

第二，通过绿化营造空间。

护岸的绿化是护岸景观的重要部分，也是护岸空间营造的重要手段。如植物的高低品种搭配，花草与灌木搭配，灌木与树木的搭配等的植物群落，形成高低错落的空间划分，品种应选择与当地环境格调相一致的多种植物，营造出富有地方特色的空间环境。

第三，通过构筑物营造空间。

在护岸景观设计中，考虑护岸与周围环境的空间一体性十分重要，如桥梁、码头、道路、平台及两岸景物等，应作为一体来进行组合，就会形成沿河的不同空间。

④人文景观设计

历史的沉积，民间的传说，历史名人的鲜活事迹，赋予了水系区域特定的历史和文化内涵。为传承历史文化，增添人文景观，在护岸设计中应根据特定历史内容和文化内涵选择相应护岸形式，展现出特定的历史和文化氛围。

3.亲水景观处理

护岸空间是亲水行为发生最频繁的地带。而护岸的密实与疏松，护岸高低以及护坡的陡峭，决定着水体可到达性。在护岸设计中应注意亲水性。所谓亲水性，就是人与水之间的某种紧密相连、相互作用的功用属性。在护岸工程设计时，必须特别注意水-陆-人的亲密协调关系，营造亲水环境。

（1）以低、矮护岸制造接近水的感觉

护岸给人类的感觉，往往决定了护岸的亲水活动的产生。低矮、平缓的护岸给人以安全稳定的感觉，是人们乐于接近的。据调查，当护岸坡度为1∶2时，护岸与水面的高度差为2m时，是评价护岸设计能否亲水的临界值。如果超过这一数值，最好采用相应设计手段，如将防汛墙适当后移，降低近水护岸高程；也可采取将直立式护岸分数层，设置为阶梯式护岸，来解除视觉上的隔离笨重感，构建水陆交融的亲水平台，修建长廊等人工休息娱乐设施等。

（2）多级台阶的护岸型式

多级台阶的护岸型式是亲水良好的复式防洪堤。这种河流的护岸工程，其亲水性往往集中在主河槽与平台间的空间范围。由于范围较大。亲水台阶的主要作用是连接人与水的通道，拉近人水之间的距离。从安全性角度考虑，在正常蓄水位以下 0.15～0.18m 处，应设置安全台阶，宽度应控制在 1.15～3.10m。一般的亲水台阶按公共休闲场所考虑，但尽可能平缓舒适。形成了与周边环境融为一体的具有开放空间的景观带，实现了防洪、景观、休闲的和谐统一。与高大的防洪堤相比，这种结构布局营造了容易接近水体的感觉。

（3）根据自然条件和人居生活需要考虑亲水性

亲水性的体现关键在于城市空间与滨水空间之间便捷的交通和人们对水体的可亲近感。通过设计不同形式的滨水活动场所和设施，设计形式多样、高低错落水陆交融的亲水平台，修建长廊、亭榭等供人憩娱乐，让人们很容易接近水体。另外，沿河设置各种设施，如亲水平台、路灯、坐凳、垃圾箱、栏杆等。创造出不同的空间类型和多种多样的变化形式，营造符合人类行为心理和精神活动的理想亲水空间，使护岸成为人们接近自然、回归自然的纽带。

（4）通过对大众行为心理研究对水边行为进行整合设计

选择行为发生的合理地段，进行相应的护岸空间形态设计，提供空间和通道，促进人们亲水性行为的发生，包括残疾人坡道和盲人的盲道设计，方便弱势群体的使用，并保证岸上水体视线的通畅。每隔 200～300m 间隔配置小型休息点，每隔 500m 左右设置小型景观小品。以行道树为背景，通过植物季相配置（包括色彩和层次搭配）在空间水平上塑造立体景观，形成优质休闲健身场所和景观通廊。

第七章　基于生态文明视域的城市水景观设计

水是生命链中最为重要的基本元素，由此产生了人类可见的各种生机盎然的现象。水的存在不仅仅体现于它的表象意义，更为重要的是，因此而形成的种种生命系统和不断衍生的、丰富的物质资源条件，以及人类借此而赖以生存的基础条件，并创造出人类璀璨的文明。在人居环境建设中，水不仅是不可稀缺的物质资源，更是美化环境形象，调节城市生态平衡的不可替代的要素。

第一节　生态水景观设计分类与作用

生态水景观设计从场地关系及景观应用方式上分为两个部分：以水为载体对环境进行造景，并发挥生态作用的水景观设计，即人工生态水景设计；以水为主题对滨水环境进行营建和改善生态系统的设计，即滨水景观环境设计。人类以水造景和以水为景已有数千年的历史，由以物理功能为主的治水、理水，逐渐分离出以视觉观赏功能为主的水景观设计。人们在长期使用、观察、认识、了解水的过程中摸索出两种造景方式：一是以水作景，二是借水为景。这两种方式不仅给场地环境带来视觉形式的变化，同时在优化场地生态关系、提高水资源的多重利用价值、丰富场地功能方面起到一举多得的作用。

一、生态水景观设计的概念

生态水景观设计是一门通过借鉴景观生态学的部分研究方法，结合艺术类学科知识结构特性和环境艺术设计特征，形成以水体形式和因此而衍生的环境生态现象为景观载体，以合理利用水资源条件体现景观环境的自然生态特征、文化特征、视觉特征，并发挥水对环境的多种影响、作用的系统课程。

生态水景观设计以水为景观环境设计的载体或主题，对环境进行系统的物理功能、生态意义与精神价值的营建性活动，使环境更适合人的生存与社会活动需要。生态水景观设计不仅仅限定于以水造景和借水为景的视觉景观作用；更为重要的是，由于水系统的引入，水对于整体环境系统的丰富与改变将起到关键的作用，植物、动物、空气湿度、土壤和微气候都将因此产生变化，对场地环境的未来提供了更多变化的可能，使环境具备多种生命体生长的条件，并在生长的过程中呈现出旺盛的生机和丰富的视觉现象。

二、生态水景观设计的特征

（一）水的特性与人文特征

水是流动的，可集小流成江海。水的特性生成了各种文化从原生、成长到形成的特征。人们常常以水域来概括不同文化的差异，海洋文化、内陆文化、长江文化、黄河文化、两河流域文化等。从傍水而居的生存现象上显而易见地体现了文化的交融与汇集。水流自古以来就成为人类远行的主要交通条件，泛舟往来，流动的水不仅承载了人与货物，同时也承载了各种文化和不同习俗，使沿岸各个群落的人文长久得以交流。大江、大河往往孕育出伟大的民族和悠远博大的文化体系，如中国的长江与黄河、俄罗斯的伏尔加河、法国的塞纳河、埃及的尼罗河等，都产生出灿烂的文明和优秀的文化，这些文化形态因水汇集逐渐形成，这也意味着生命与思想的交集如同涓涓小溪汇流成江海。水的特性既能培养不同的民族性格，又造就了不同特征的人文。这给予生态水景观设计更多精神意义的启示——水是多元的，是包容的，文化如此，设计亦如此。这便是生态水景观设计中所追求的人文生态特征。

（二）生态水景观设计的特征与形成因素

生态水景观设计是生态景观设计重要的支系统，在传统的用水、理水、观水、玩水的观念与经验上有了极大的拓展与超越。生态水景观设计将水的特性，人对水的种种依赖，传统的用水、理水方式和因水而形成的自然生态现象，以及多种文化与地域习俗相融合，结合环境地形、植被、土壤、动物等特定条件，应用到环境水景观设计之中，使其成为具有生态景观作用和多元文化表象的景观类型。生态水景观设计与传统意义上的水景设计不同之处在于，生态水景观设计的设计观念突出体现因水而连接的物质生态作用和文化生态作用（强调多元文化的融合与延伸），并在此基础上强调设计的前瞻性（结果的自然生长性）和视觉尺度的有效控制。这并非说传统的水景设计没有关注这些方面的作用，其区别在于，传统的水景设计是对环境资源的个体自觉地直用与体现，生态水景观设计是对环境资源的总体理解与系统运用。它基于三个方面的背景因素：

1. 时代文明的差别

数千年的农耕文明在社会生产和社会生活上造就了持有的形态与方式，科技与文化因此而呈现缓慢的生长状态。虽然有丰富的、不同区域的人文形态，但地理条件成为彼此交融的主要障碍；虽减缓了人类文明发展的整体进程，却使得区域文明的特征更加明显，在此背景下水景观设计的视野自然受限于文明的条件。自工业革命到今天的数字化时代，不足二百年的时间，人类的科技与文化的发展进入了一个全球化的突变时期，距离不再成为科技与文化资讯交流的障碍，所有的文明成果都将成为人类共享的资源，这使得当代水景设计的观念、视野、方法有了无限广阔的空间。地理学、植物学、动物学、气象学、景观生态学和环境经济学等学科研究的不断成熟与交叉发展，给予环境中有限的水资源更多被利用的可能。这不仅是全社会对环境的诉求，也必然导致水景观设计思考的角度、观念和方式发生转变。

2. 设计职业的独立

传统的营建活动都是在业主、投资者、建筑师或工匠师傅的指导下进行的，设计仅仅是依附于某种行业的一种技能。当人类步入工业文明后，快速发展的科技为人类的种种需求提供了更多的可能，促使社会的分工愈加细化。设计作为智慧型劳动，其独立价值被社会和行业普遍认同，不再是行业技术的附庸，而是创造社会价值和市场价值的独立职业门类。设计职业的独立意味着其从业活动走向了独立化、专业化，而不会更多地受限于行业与业主的要求，以非专业化的理解去指导专业化的活动。环境景观设计在此背景下应运而生。水景观设计是环境景观设计中重要的组成部分，也是相对独立的系统景观类型，它涉及水的供给与灌溉、防洪、泄洪、防旱储存、污染、安全，以及动植物生长与总体视觉效果等多方面的技术和应用问题。因而，多学科交叉使得生态水景观设计具有独特的技术与艺术执业特征。现在已有专门从事生态水景观系统设计的机构和设计师，来协助解决总体景观环境改造的系统衔接问题。

3. 自然资源的枯竭与人文资源利用

当代人类的生活条件是人类物质文明史上前所未有的，人均占有的物质资源是工业文明前的数倍，而人口量又是以前的数倍，资源的无度消耗使物质资源几近枯竭，其中包括水资源。据专家测算，地球所有资源仅够维系现在人类生存状态50～80年，物质资源的枯竭将意味着人文的萎缩。在此前景下，人类对未来生存环境的危机意识，迫使人们更加关注环境资源的利用。由于水在环境中既是人们必需的生活、生产资源，又是具有特殊观景作用的景观载体；同时还是动植物生长的基本条件，其对环境产生的多种重要作用，使得当代的水景观设计对水的利用更加慎重和吝惜，以求用有限的水资源为今天和未来发挥更多的效能。因为我们深知今天人类拥有的水资源条件已远不及从前，而人类文化资源是取之不尽、用之不竭的。生态水景观作为不同时代人类物质文明与文化体现的一种表象，如何将有限的水资源与无限的文化财富相结合，以产生新的人文资源，满足当代可持续发展的诉求，这是生态水景观设计应思考和解决的生态与环境问题。

三、生态水景观设计分类

（一）人工生态水景设计

人工生态水景设计是在无水的场地环境中，通过人为的方式将水引入，使之形成具有丰富环境生态作用的，并产生不同视觉形态与人文意义的景观物象。它包括人工建造的喷泉、叠水、水池、水渠、荷塘、溪流、瀑布、运河、植物绿化配景、动物养殖配景等，以及相关的取水、用水设施，如山石、舟船、廊桥、亭台、水车、水磨、水井等，这是人们最常见和常用的陆地水景方式。在陆地环境中对水的物质功能设施加以视觉化的处理，形成景观，以获得多种需要，并将自然中各种水现象用不同的技术方式加以模仿或移植，以体现人居环境的文化象征，由此获取更多的生活乐趣。人工生态水景设计必须根据环境的场地条件、人文条件、民风习俗、经济能力、气候条件等因素进行综合考虑，使其具备多种效能与作用，切忌仅从某一方面思考水景营建，造成引水为患的不良结果。陆地水景往往在缺水的场地环境中形成，用以改善环境的生态条件，增强视觉观景效果。在缺水环境中水的引水代价较高，生态条件较差，水景观与环境的形式兼容性不强，易造成牵强不利的结果。如何在陆地环境中营造人工水景？设计的依据是什么？用水的方式与用水量？经济代价与景观价值？景观规模、人文历史背景与未来持续的生长现象等，这些问题是人工水景设计必须关注和解决的重要内容。

（二）滨水景观环境设计

滨水景观环境设计是指借助环境中已有的江、河、湖、海、溪流等自然水域和陆地环境中已经形成的人工水资源条件（人工湖、运河），以水环境为主题进行的一系列生态性、功能性、安全性和观景性的治理、改造、营建、防护、利用、种植等设计活动。它包括以水体、河道、防洪设施、护坡堤坝、水岸、桥梁、滨水道路与建筑、动植物、人进入水体活动的设施、山石等多种载体和周边环境为设计对象，采用与环境条件、气候条件相适宜的设计手法，使其具有优化环境的生态作用，满足滨水环境中人的多种行为功能，加强环境的安全性，体现丰富的人文意义和增加环境的观赏效果；并依据人在滨水环境中的行为特征，对观景的不同视线、视角、视距、高差等视觉要求，以及多种景观物象进行符合生态规律和视觉规律的处理，更好地彰显滨水环境所特有的生态条件和自然风光与人工景观的景象效果，提升人居环境的生活品质。

滨水景观环境设计是以水为主题，并结合岸畔等陆地环境作整体思考设计。其主题对象存在多种变化的自然因素，如潮起潮落、汛期、枯水期、封冻、解冻等。这些因素会对岸畔环境的生态条件的改变产生直接影响。设计不能根据某一时季的景观优势去考虑景观的效果和体现生态的作用。水系的特性是可变的，而大部分的变化有规律可循，对环境条件、当地气候和其他自然情况的了解是滨水景观设计最基础的工作程序。滨水景观环境设计从场地范围上来讲比人工水景规模更大、更为宏观，涉及的各种关系也更复杂。尤其是人在水系环境中的种种活动行为和无规律的突发性灾难（洪涝、干旱、水质污染、滑坡、传染疾病等），更需要设计师了解、掌握水系环境的变化规律，并对可能产生的不同灾害程度作充分防护，使设计具有多种应变性，建立起良好、安全的水与陆地的生态关系、景观关系、人在环境中的行为关系。

这两部分关于水景观设计的内容，虽然在具体设计对象上有所不同，前者是以水为设计对象，后者是以水为设计条件；但二者的设计思想皆围绕着一个中心，即"水"在不同场地环境中的生态价值和景观形式的作用。从传统经验上看，人往往从生存的角度去理解水在环境中应用的物理价值和生态意义，继而从这些价值与意义所发生的种种形式现象上去判断它的人文作用和审美作用。当然，这一切都离不开技术。技术是时代文明的象征，它表现在不同时代的人对事物的了解、认识、利用、控制程度上，技术越先进事物的利用价值就越大，控制程度就越强。如何将水合理地利用、控制在人居环境之中，并发挥更多有益的作用，必须用今天的知识重新理解不同环境条件下的水资源利用。前人已经给了我们许许多多的治水、理水经验和关于水的人文艺术积累，今天的科技又处于空前发展的状况。在拥有了历史的财富和现代科技的手段下，水景观设计应该思考如何将科技、生态发展与人文艺术有机结合，有效地体现当代文明的特征，满足社会生活的需要。

四、生态水景观的作用

（一）以水造景（人工水景观）

1. 间隔作用

间隔作用是指以人工的沟、渠、池为载体，对场地环境进行有效的划分，改变原有场地景观的生态格局，合理地控制场地分区关系、交通关系、动植物种类布局关系和视觉关系，使场地景观内容更加丰富，生态景观特征更加明显。

2. 主题标志作用

主题标志作用是利用水景观特有的形态、体量、效果，在场地环境中形成具有主题象征意义和地标作用的水景，而这类水景观通常以喷泉、瀑布等动态水景和大体量的静态水体形成。其表现形式突出典型性和主题性，在设计上强调水景观形态的独特性。

3. 点缀作用

点缀作用是指以小规模、小体量的水景在场地中进行具有视觉效果和生态功能的点缀性应用。这类水景形式多体现在水与环境的灵动性、趣味性，在运用手法上，动态与静态水体都被采用。点缀性水景在场地环境中发挥辅助配景作用，是由视觉引发的精神感受。东方造园思想中的一种境界追求的是以不变求变化，这在中国的山水艺术中表现得淋漓尽致。在水景观表现形式上常常以瀑布、池塘、水注、溪流、涌泉、跌落等方式表现。在设计上注重水景与环境的融合。

4. 底衬作用

底衬作用指在建筑物或景观对象周围，引水环绕或将水作为配景，以其多变的色彩衬托出主体景观形象。此类水景形式主要根据主体景观对象的体量、色彩、形态、所处地形环境特征，以及观景视距、视角等因素进行设计，在设计上注意以陪衬为主，切勿喧宾夺主。

5. 亲水作用

亲水作用指在适当的人工水景环境中，应设置玩水所必需的条件，满足人的亲水需求。水景的作用不单是供人欣赏，同时也是供人游玩。不同的水景形式可提供给人不同的玩赏条件，溪流和池塘可供人嬉戏，瀑布与喷泉可供人冲淋，大面积的水域可供人泛舟等。水景设计的亲水性是让人在观与玩的活动中寻找生活的乐趣。此类水景因人的参与活动的多样而延伸出丰富的形式，无论是静水、流水、跌水、喷水，大型的或小型的水景，都有可被利用的游玩方式。在设计上需根据人对不同水景的形态、特征采取各种行为方式进行合理设置，着重考虑不同的人群在玩赏过程中的安全因素。

6. 软化环境作用

现代人居环境大多处于被改造过的硬化场所，自然土壤表层往往被水泥覆盖。在远离自然的城市中，生硬不变的环境使人愈加迫切地向往自然环境，以丰富的自然现象消解表情呆滞、一成不变的环境所带来的极端心境。水景的注入不仅使生硬的场所有了形态的软化，也使人的内心有了丰富的情感。在水景设计中需要与环境物象的形态确立对应关系，以对比的方式突出水景观的形态特征，体现可变性与动态因素，削弱硬质构筑物所造成的场地同一性的视觉效果。

7. 改变生态格局的作用

改变生态格局的作用指在无水与人工硬化环境中，通过对水系的引入，改变场地环境的生态格局，植入异质生态系统；并通过对场地土壤与湿度的改变，构成适宜动植物自然生长条件的场地特征，达到调节场地微气候与生态景观功能的目的，使环境随自然现象的变化而变化。植入异质生态系统应与软化环境作用相对应，不仅从景观形态上解决视觉问题，同时从生活需求上解决质量问题。在设计中需根据环境的地理条件，场地的限制性因素和气候条件，因地制宜地设置水景生态系统，并控制植物生长与动物养殖的规模、种类和具体地点，避免生长失控，造成负面作用，导致控制成本加大。

（二）借水为景（滨水景观）

1. 映衬作用

映衬作用指利用自然水体宽阔、平坦的水面，影映、衬托岸畔的山峦、植物、建筑、岛屿以及天色等景象。映衬作用又分两个方面：一是影映对象，适宜于选择尺度较大、水面相对平静的水体，使岸畔景色能较完整地凸现出来；二是衬托对象，利用水面不规则的折射关系所呈现出的色彩和肌理效果，衬托岸畔景物，产生色彩与动静的对比，形成具有风景价值亦赋予变幻的景观环境。要达到良好的映衬效果，必须根据水域环境中的两个要素（即水体特征与场地地形特征）进行借景利用。因此，选址成为发挥景观作用的首要环节，针对滨江、滨海、滨湖等不同环境条件的优势加以有效利用，使水体的不同状态成为景象特色。设计时应注意水体特性（即流水或静水），水面尺度与岸畔景物尺度的影像比例关系，桥梁、岛、建筑、道路、植物、山、石等的映衬影像节奏关系与遮挡层次关系，日光映衬与灯光映衬的不同效果等。

2. 连带作用

这一作用来自人类与生俱来的依水生存的规律。集居的群落大多分布于水系的两岸，带状的水成为构成社会关系、维系生命的首要条件。这种生存形式一直延续至今，由生存需要衍生为视觉需要，并以此种方式引用于景观环境之中。在水域景观环境中，水以其特有的形态和流动性，将布局分散、构图简单的景观环境和园林景点有效联系，形成一个视觉关系完整、景观内容丰富的景园系统。而各景园相互间的联系与对景关系必须依赖水系和桥梁形成，产生不同层次的景象作用。在设计上应根据不同场地与水系条件、人的活动需要，以及场地使用定位进行合理规划，因地制宜地设置桥梁、廊道、植物、堤坝和改造河道，并与水的相关要素、特征形成岸畔立面景象联系，使其环境更具完整性、安全性和观赏性。在整体场地系统中，自然水体发挥着纽带与联系的多种作用，往往以天然的河流、湖泊、人工溪流、海岸线等面积较大的带状或线状水系为主，突出总体景园环境的主脉，并采用多种形式如流水、静水、跌落水等，体现其丰富的视觉变化和区域关系。

3. 近水、亲水作用

近水、亲水作用主要指在不同的自然水域中体现人的近水、亲水活动需要：人要接近水、玩水必须靠一定的安全设施与条件来实现，如码头、滨水栈道、入水梯道等，不同水系条件可提供给人以不同的玩水行为活动，湍急的山溪可以漂流，宽大的河流、湖面可以泛舟、畅游、垂钓，浅水池塘可供儿童嬉戏等。在场地环境中设置与水域条件相适宜的、符合人相应活动特征的近水平台、亲水活动区域，是充分利用水域资源条件发挥亲水作用的主要方式。在设计上应根据不同水域环境所提供给人们的近水、亲水活动特征着重设置安全措施，可供漂流的水系需清理河道，近水平台、滨水栈道需加护栏和照明系统，浅水区域应平整河床、治理滩涂、除去水生植物等以避免安全隐患，在人群活动密集的滨水场地应增设各类垃圾箱以免污染水质环境。近水、亲水作用发挥得越好，环境利用率越高，参与活动人群越多，而安全与环境保护问题就越突出，这使得滨水景观设计需要更加深入研究环境与人的行为关系。

4. 发展生态的作用

水是生命不可缺少的物质，不仅有着人们所期待的风景价值，同时具有滋养一方土地生态的重要意义。发展生态的作用指在自然水域环境中，水系长久养育着当地的生态关系，以自然的法则调节环境、气候、动植物生长的平衡，形成自然景象。作为景观环境，人的欣赏与生活行为活动的介入，必然导致场地环境的改变，而这种改变往往主观地从人为活动方面出发，给生态环境带来不同程度的破坏。造景不是毁景，改变应从有利于环境生态发展的角度去思考。因此，对于自然水域的景观设计应根据场地环境已有的生态优势、水系特性、地理气候特征、人为活动和环境中的不良因素，以谨慎、克制、宽容的态度处理人与自然水系环境的共生关系。顺应其长久形成的自然规律，尊重野生状态，剪除不良因素，适度地开发利用环境资源；在保持原生态环境优势条件的基础上有效地发挥调节环境湿度、微气候，灌溉、滋养环境中动植物的生长，优化环境代谢循环等生态作用，使环境更加生机盎然。

第二节　生态水景观设计原则、要素与形式

以水为景在中国已有数千年的历史，从远古传说的大禹治水到传承至今的"风水学"，从自然风景中的游山玩水到生产、生活选择的依山傍水，水的存在形式构成了环境生态的基本格局、聚居格局与人文状态，也形成了不同的自然景观和人文景观条件。本节将介绍有关生态水景观设计原则、要素与形式等方面的内容。

一、生态水景观的设计原则

（一）形成水景观的生态服务作用

无论是人工水景还是自然水域景观都具有景观功能和生态功能，在设计的过程中，这两种功能将并置在同一个系统之中，使这一系统能有效地发挥水景观生态的服务作用。水景观生态的服务作用是指由水构成的区域生态系统对人与环境具有的服务功能。不同条件、规模的水景观发挥的生态服务功能有所不同，概括起来有以下

内容：

1. 形成生长条件

引入水系或借助自然水域，形成或改善动植物生长、栖息的条件，构成区域环境生态多样化和组成格局多元化，从而形成人的游玩行为与知觉感受的多样化。

2. 形成经济价值

利用水域系统的优势条件，开展旅游、农、林、牧、渔等产业活动，带动区域经济发展，保障区域环境良性循环。

3. 气候调节

无论水体规模大小，水景观都会影响区域湿度、降雨和微气候的变化。

4. 水调节与供应

水景观除了具有景观功能以外，可发挥土壤灌溉、交通、生活和生产用水，以及水储存与控制作用。

5. 隔离与传播

利用水流条件对所限生物物种进行生长的隔离限制，也可利用水流作媒介，为需要发展的生物物种进行生长传播。

6. 提供休闲娱乐和运动条件

根据不同的水资源条件，开展各种有利的休闲娱乐和运动活动，如垂钓、泛舟游玩、游泳、滑冰等。

（二）利用水条件建立生态系统健康的环境

1. 生态系统的健康

"健康"在这里有两个概念，即健康的人和健康的环境，只有健康的环境才能养育健康的人。健康的环境指环境中生态系统的健康，这并非以人的现实生存需要来判断环境生态优劣，而应该尊重自然的法则。健康的人身体各个系统应具有自动的平衡能力、相互作用的活力，从这个意义上不难理解生态系统健康的环境应具备的条件。

（1）具有各系统的自动平衡能力

在环境中各种系统的变化所造成的指标缺失能在相互作用中得以弥补，并使指标处于正常范围。

（2）新陈代谢顺畅，在遭遇疾病后能自动恢复

有机体的生态系统运行顺畅，无变异失调、运行紊乱的负面现象；遇外在原因造成一定程度上的破坏，致使景观环境遭受疾病时，能自动恢复，表现出健康环境的弹性与抵抗力。

（3）环境中具有多种生物体，并形成多种层次的生物链环境中物种丰富，构成相互作用、互为依赖的消长循环。

（4）具有生长活力与稳定性

各系统相互作用且具有持续性和稳定性，显示出旺盛的生长反应力和抵抗外因的压力。

2. 建立环境生态系统的健康

水在环境中好比是人身体中的血液，是环境各生态系统中最重要的基础系统。缺

水的环境肯定是不健康的环境，如：沙漠、盐碱地，其生物生长条件很差，缺少生态的丰富性，其现象反映为景观的单一性。生态水景观设计是通过改变原场地中的重要因素——水，来影响环境的生态形成和发展，并产生多样化的视觉效果和景观功能。这取决于组成方式的多样化和生态系统的多样化。要实现设计目的，需要了解区域环境的各种组成条件，并以此为依据思考景观建设项目定位的可行性，项目形成后对环境生态系统改变的持续稳定性，以及各种指标要求，结合水景观的生态服务功能与环境生态系统健康的要求，修正项目目标内容，利用水的系统衍生功能改善环境生态系统健康之不足。其具体作用有以下几个方面：

（1）植入与补充生态系统

根据不同地域的生态系统的现状，产生改善生态系统缺陷的作用，分为两个方面：

①旱地环境植入生态系统

旱地环境指缺水的区域，如：远离水源的山地、丘陵、沙漠、城市街区、广场等生态健康度较差或生态系统单一的环境。利用人工引水的方式植入新的生态系统，改变该环境的生态状况，改善微气候条件，形成生态系统丰富的、健康的景观环境。

②水域环境补充生态系统

对于水资源丰富的区域，由于自然或人为因素的影响易造成季发性、突发性的生态疾病，形成生态系统运行障碍的水系环境。例如，河道淤塞、河床地形条件复杂、滨水危岩滑坡、水土流失、水质污染、动植物繁衍与疾病传播等，对这些情况进行改善或补充，使环境生态系统健康地发展。

（2）改变区域景观格局。

在原有区域的不良生态景观格局的基础上，通过对水系的引入和改善，改变区域环境的生态格局，使环境中的水文、生物、栖息活动，物理、化学、经济等指数（综合期望值）达到生态系统的健康要求，构成健康的景观格局。

（3）利用水景形式改善环境的生态条件。

利用多种水景形式（自然或人工）对环境生态产生积极作用，无论是流动的、静止的、跌落的、喷射的、滴落与结冰的水，在呈现不同视觉景象的同时，对环境的生态发展也会产生不同层次的作用。水的流动对于生物种类的传播、养分的传递是最有效的方式；静止的水对于生态的稳定、养分的固定与贮存、土壤水分与空气湿度的保持有突出的作用；跌落的水含充足的氧，对水生动植物的生长具有重要的作用；喷射的水对环境空气湿度的保持和土壤水分的吸收有明显的作用；水的滴落对于水资源严重缺乏的干旱地区是重要的灌溉方式，既能使土壤保持植物生长所需的水分，又可以最大限度地节约水资源；结冰的水对水生动植物病虫害有重要的防患作用。季节更替规律是自然给予环境以保持生态系统健康的调节方式，并提供给人类多种涉水活动的条件。

二、生态水景观的基本形式

水的自然形态决定了水的存在形式，一切人工水景都来自自然水现象的启迪，并通过科技手段使之更具视觉感染力和生态作用。而自然水域环境的景观营造，则是在长期治水、理水的生产、生活经验中逐渐形成的。生态水景观的设计就是在不同的环境中运用或借助水的不同形态、生态作用和水资源条件，结合现代科技手段，获得不同的景观效果和生态效益，这也是生态水景观设计所发挥的作用。在水景设计中，常常采用和借助的基本形式有流水、静水、跌水、涌泉、喷泉、冰景等六种。这六种水景形式又会对环境产生不同的生态影响，构成必然的景观现象。流水有江河的急流、缓流、回流等；静水有湖泊、池塘等；跌水有瀑布、水帘与跌落、丝落、线落等；涌泉有低涌和喷涌；喷泉有喷射与喷雾；冰景有冰河、冰湖、冰雕、冰灯、冰川雪山等。这些水景形式都会不同程度地影响水体周边生态的形成，而环境生态的发展又会造成整体景观观赏的有利和不利因素。因此，必须在设计和应用的过程中加以明确地控制，根据不同场地的条件、配景环境、动植物生长特性、气候条件、营造成本和维护成本等因素，综合考虑水景观所形成的状态、尺度规模，采取的营建方式、技术、造景目的以及形成的生态关系等，使之发挥多种形式的作用和对场地环境的生态调节作用。生态水景观的形式不仅仅局限于水，而是包含关于水景形成的种种景观对象，如岸线、滩涂、设备、设施、道路、桥梁、栈道、植物、亭台、建筑、土壤、动物、人等。这些景观对象与水景之间产生着必然的形式对应关系，并决定着水景形式存在的取向。

水景观的形成来自人们的主观建设（人工水景）和自然客观存在（自然水景）两个方面，而形式感取决于水与周边环境的总体反映。水是景观环境中重要的形式因素之一，但不是环境中的绝对形式条件，它必须与环境发生各种关联，形成有效和有序的视觉的、听觉的、嗅觉的、触觉的以及功能性的关系，才能体现水景的多种形式意义。

三、流水景观设计要素与原则

（一）流水景观设计要素

无论是人工水景还是自然水景，流水景观都是因地形的高差而形成，水面形态因水道、岸线的制约而呈现，水流缓急受流量与河床的影响。这些因素成为流水景观形成的必要条件，也带给人们多种知觉、视觉、听觉、触觉等感受，由此延伸出丰富的景观功能。

1. 自然流水景观

自然流水景观简称河流景观。自然流水景观设计，一是对客观存在的水系环境，根据其场地的地理条件、水资源、气候、汛期等自然规律与河道地质、植被等自然条件，结合水系形式特征与流域人文背景，形成总体设计思路；二是找出其中造成流域环境生态干扰的不良因素，进行针对性的优化设计，对水体、水岸线、护坡、河道、桥梁、建筑、观景平台、道路、植被等主要环境景观因素进行合理整治与建设，调整水域环境的景观生态格局，保持并突出水系的生态景观优势，构成区域景观环境，使自然景色与流水形态显现最佳的风景表现力。

自然流水景观的作用受河流长度和流域面积的限制。河流景观从规模上可习惯性分为江、河、溪，即大、中、小三类。

（1）大型河流景观

大型河流通常指长度为数百公里以上、流量大、水域面积辽阔，对区域生态格局、气候的形成产生主要作用，对区域人文具有重要影响的著名河流，如中国的长江、黄河，埃及的尼罗河，南美的亚马孙河，欧洲的多瑙河、塞纳河、莱茵河等。这些大型河流跨越了不同的地理、地质和生态区域，甚至不同的国家，有着丰富的生态系统、人文背景和多种系统服务功能，如灌溉、交通运输、水力发电、养殖、城镇供水、调节气候、动植物群类生长等。这些作用，无论是自然的或人文的，都使河流景观具有多样性的特征。大型河流的景观是一个内容庞大的系统景观，由于其尺度规模和系统功能，人们常常以中、远视距去关注它的景象，而非近距离地注视，并从区域环境的生态发展与应用需要去考量景观格局与形成，这给景观设计提出了特定的要求。大型河流的景观规划需根据流域原生态格局、水流特性，结合区域人文和社会生产、生活发展对水系生态条件的影响，构建具有多重功能与价值的流域景观系统。在这个系统中景观规划将依据河流流线特征，分区域、分系统、分段落进行规划设计，以实现生态景观功能与景观服务价值的最大化，由此构成景观的现象的综合性与多样性。这使设计体现出对流域环境中具体景观的表现所采取的模糊性倾向，而对各系统相互作用而形成的区域景观则强调整体性。这是由人的视距与景观对象的距离之间的关系而定的。景观的整体性反映区域环境的总体生态系统特征和景观功能。每个景观对象则是总体景象中的组成因素，与环境系统存在必然的逻辑关系，并对景物间的因果关系起强调作用，即突出景观的整体性。如水岸线、护坡、河道、水利工程、桥梁、建筑、码头、轮船、观景平台、道路、植被、动物等景物，在线形的河流景观中应更好地与环境相联结，与区域人文相融合，构成特色风景。

（2）中、小型河流景观

中、小河流通常指长度为数十公里以内，流量较小、水域面积相对较窄的河流，其对当地的生态格局和气候变化有重要的作用，并对当地的生活习俗有一定的影响。虽然其规模不及大型河流景观，但同样具有独立的生态系统与相应的景观服务功能；在与人类的距离关系上更接近于人，有利于中、近距离观赏河流景观；河流线性特征明显，并具有旱涝易于控制、便于利用与改善等优势条件。因中、小型河流景观的流域面积不大，生态系统相对简单，规划设计可根据系统现状与景观功能需要进行区域整体设计。在强调区域环境生态系统的互补性和整体性的同时，突出其可利用的条件，根据河流线性特征建立独特的两岸景观廊道，结合近视距观察的特点，将单体景观对象，如水体、水岸线、护坡、河道、水坝、桥梁、建筑、观景平台、道路、植被等具体表现，形成具有丰富变化的，具有多种景观服务功能的河流风景。

2. 人工流水景观

人工流水景观则是在无自然水体的场地环境中进行水景设置，对于原场地生态景观格局具有嵌入性影响，可根本性地改变原景观状态。人工流水景观设计需根据场地的生态条件、原景观系统的健康状况、地形、地貌、空间大小和周边景观情况，考虑水系引入的生态作用、动植物生长与控制要求，水体规模、流量，流水线形、沟渠形态、环境微气候以及其他自然景观与人工景观的相互对应关系，并利用各生态系统的相互作用，形成较为独立的小流域生态循环。人工流水景观多以小规模流量进行设计，在形式上注重流线与池面的结合，做到张弛有度，更好地体现水在环境中的景观作用，并结合桥、建筑、景台、道路、植物和地形变化，表现精致的人工流水景观。

（二）流水景观设计原则

1. 岸线与护坡

（1）自然河流的岸线与护坡

水岸修建对保障河道安全、加强景观效果、减少水流对岸线的冲蚀起到多方面的作用。在宽大的河流上修建岸线必须根据防洪要求进行设计（10年一遇、20年一遇、50年一遇等），并在急弯处的护岸加高不少于300mm，小型流水的弯道处必须保证弯曲半径最低为水道宽度的五倍。河道大多属下沉式，岸线修筑需根据河岸土质、岩层和水流情况而定。河岸有土岸、石岸和混凝土岸，不同的材料对河岸具有不同的防护作用。土岸渗水性强，利于缓流水系的岸畔植物的培植，利用植物的生长根系加固岸线，使岸线与水面呈现自然连接的关系；石岸和混凝土岸渗水性差，利于防止急流河道岸线的水土流失和岩层冲蚀。

（2）人工流水的岸线

人工流水的可控性强于自然河流，其流量规模也较小。由于人工流水对植入的场地环境具有重要的生态景观作用（灌溉、养殖、保湿、造景等），因而岸线设计需根据流水景观的作用与场地作用进行营建，如长距离引入自然水源进行灌溉而修建的水渠，形成多维度的农业景观。水景的构筑多采用在石岸和混凝土上贴陶片、瓷片，或用卵石垒砌等修建形式。其目的是减少水量渗漏、统一流水线形、防止水流堵塞、保障水质洁净等。

2. 滩涂与湿地

自然河流的滩涂与湿地是由流水冲刷、汛期、旱季和潮起、潮落等原因自然形成的浅滩河床现象，是河流景观中最常见和最复杂的场地因素。由于水流的间断性作用，使得丰富的有机养分淤积留存，给动物栖息、植物生长提供了得天独厚的条件，形成流水景观环境中最具生态功能的地表，要使其发挥景观功能，需在原场地系统条件上增设人为活动系统，调整滩涂与湿地中易产生环境疾病的因素和人涉入的危险地块。在设计中常采用的方式有：

（1）疏通死水浅塘

将沉积过多的腐殖质的水塘与流水疏通，通过水流冲走积存过多的泥沼，减轻生态系统压力，使水质变清，易于动植物生长。

（2）设置涉入系统

人对于流域环境的介入使景观服务功能得以充分体现，但作为原生态环境却又因为人的过多进入而被破坏，这一矛盾需要通过控制人群流量来解决。采用砖、石、防腐木、钢、混凝土等硬质材料，营建观景道路、平台、构筑物等，并限制道路的涉入流线、道路宽度和构筑物规模，使涉入区域和人流量以及构筑物既能控制在不影响环境各系统正常运行的范围内，又能体现场地景观的服务功能。

（3）规划滩涂景观区域

在大、中型河流的岸畔常常存在大片的河滩地，是水禽、两栖动物和滨水植物生栖的场所，也是优良的景观区域。由于每年汛期水流的冲刷程度和旱季水位落差的不同，滩涂景观随季变迁，使得生态系统难以稳定，被水流冲刷至此的淤积物易造成景观障碍。鉴于这种普遍现象，设计时可根据汛期与旱期的不同水位落差规划、整理滩涂地块，具体做法有以下几种：

①形成梯田状河滩

用石岸、混凝土岸围合成水堰养殖或填土种植的场地条件，以梯次的高差构成河滩生态的相对稳定，并根据汛期最高水位和旱季最低水位的滩涂状况、水位持续时间来设置梯状河滩的填充方式与养殖、种植内容。

②根据河滩条件设置亲水与近水设施

一味地强调河岸统一硬化，将水与岸主观地隔离是不符合自然生成规律的，这妨碍了河流景观的自然属性和景观服务功能。可根据河滩的地形条件设置亲水与近水活动设施，如涉水梯道、码头、入水平台等。在设计此类设施时需要针对水流情况作具体处理，以免造成河道交通障碍或遭遇特殊洪峰时设施坍塌。

③整理滩涂形成活动区域

对于河流岸畔大面积的浅滩河床进行针对性处理，使地块条件得以充分利用。可根据旱、汛期水位不同的落差情况分段规划处理，设置不同季节、不同内容的活动区域。以汛期不易淹没的最高水位线为界，用沙、土、碎石、草坪、植物等规划场地，为两栖类动物、候鸟、水禽设置栖息地，并选址营建适宜人群活动的景观场所；对于旱季大量裸露、汛期易被淹没的浅滩，先用填土夯实松软的淤积层，再用混凝土和石块硬化场地，避免塌陷，形成季节性的活动场所。

3. 河道与地形高差

水流的形态与高差有直接的关系，地形落差越大水流越急，形成不同的流动现象；河道尺度的宽窄也能影响水流的缓急与形态。水流缓急不仅具有视觉景观形式，而且具有景观服务功能，成为影响流域生态与人文景观的重要因素。急流冲刷会使河道与河床因水流通过性好而不易造成河道阻塞，水流的自净能力增强，但易造成土壤流失、水情复杂，造成下游缓流处泥沙沉积、河床抬高而形成隐患，使流水景观服务功能减弱；缓流则使景观服务功能增强，但会使水流自净能力降低，水质变差。在自然流水景观中，河道与高差是长久、自然地演变而成的，造就流域环境特殊的水流现象、生态现象、人文现象和交通运输方式。

自然河流景观设计中，河道与地形高差可根据流域环境对水资源的需要（工农业生产、城市用水需要、流域环境生态系统健康、交通运输等）进行适度的调整，采取筑坝、围堰、清理河道等改造方式，以控制水流流速，更加充分地利用水资源。但在改造自然河流的同时应考虑原生态系统的结构关系，依条件而行。无论是急流或缓流的江河都有其独立的生态属性和生态链，如果单方面从满足人对河流的应用功能出发，不加限制地对河道筑坝截流，改变自然水流高差、流速和泄流方式，会导致河流中原生动植物生长规律遭受严重破坏，上游水流冲刷下来的泥沙、沉积物在筑坝蓄流河段形成淤塞，易造成水质污染。整治河道、改变水流是一项耗资、耗时的重大工程，对流域环境的生态变化有长远影响。因此，景观设计要求从多方面进行综合考虑，将河流环境中的有利条件、不利因素与应用的价值，以及改变河流现状所可能付出的各种代价等，进行综合的得失测算与评估，并以此为设计依据，才能获得良性发展的景观效益。

人工流水多以小规模景观为主，较自然河流其规模、流量有很大的差别，且可控性强。在河道与水流高差的设计上，一方面根据场地条件考虑水景观形成的线形流向与落差关系，以河道宽窄控制流水水面的形式节奏与流速缓急，并使水流形式在平面与立面，以及多角度视觉关系上体现景观特性；另一方面考虑水的来源条件与景观作用，人工流水景观多在缺水的旱地环境中建造，场地水资源有限，大规模的水景观引入会造成建造代价和维护代价过高。此外，场地生态建立的灌溉、土壤保湿和保障水质所需补水与排水应考虑急流与高差因素，急流与高差过大易造成水量缺失加快，补水量加大形成运行负担。因此，应注重景观效果、景观功能与经济价值等因素，合理设计河道长、宽、形态与水流高差尺度，以控制流量、流速和水流形式，结合环境生态需要，最大限度地发挥有限的水资源作用。

4. 安全、节能与环保

（1）自然河流景观

自然河流景观是景观功能最强的系统，也是人类活动最密切、行为方式最复杂的景观对象。

①安全方面

安全主要指防止景观环境中的种种因素对人的正常活动行为可能造成的伤害。河流景观的水深、流速、河道、滩涂、岸线等都是自然形成的，也是人的涉入行为最频繁，容易产生安全隐患的场所。因此，景观设计需要针对环境的现状特征和人的行为方式进行分析处理，从交通方式（水上船运、桥梁、水岸观景道路等）、游玩方式（近水、亲水活动）、观赏方式（静态与动态观赏）上，结合水流、河道、滩涂、岸线、气候、生态等特定因素，因地制宜地设置不同的人为活动条件，并对设计用材和营建尺度做出具体要求。如滨水车道、步道的形成，护栏、路面的处理，船运对河道的要求，游玩涉水活动对河滩、河道的改造等，在不改变自然河流景观特征的前提下，安全地发挥景观功能作用。

②环保方面

环保主要指景观设计对河流及流域环境中的生态系统的健康运行所采取的保障措施。河流景观的环保设计通常采取的措施有：

a. 减少人为造成的水源污染，控制排放量；

b. 针对流域环境中可能引发生态系统障碍的因素进行改造，避免形成区域环境的生态病变；

c. 在河道、滩涂、岸线的改造与建筑、堤坝、桥梁等景观构筑物建设中，应选择天然或无污染的材料修筑，并严格控制施工方式与程序，避免造成水质与环境的污染；

d. 控制过多地修建人为活动场所、动植物养殖设施，减轻环境压力；

e. 已不以满足悦目为终极目标，避免在无科学研究、考证的前提下，盲目引入外来观赏性水生或岸畔动植物，使外来物种和由此而带来的物种疾病，在无天敌和环境控制能力的状态中，无节制地生长，并随水流快速、大面积蔓延，构成对区域环境原生态系统的破坏和环境灾难。

f. 控制无节制地利用水资源，尽最大可能减少截断河流的水利工程，避免河流与流域的原生动植物的生长、繁衍规律招致断裂性破坏，致使某些物种灭绝。

（2）人工流水景观

①安全方面

人工流水景观主要设置在人流量较为密集的场地环境中，如城市广场、公园、步行街、住宅小区等。因其存在于无水的环境而备受人们的青睐，水景与人的活动关系更为密切。设计从安全的角度对水深、流速、水质的控制，水岸、河底、高差、岸边道路的构筑方式与人为活动特征等进行处理。在无特殊涉水活动（滑水、游泳、冲浪等）的要求下，作为普通观赏、游玩景观的水流深度一般控制在200mm～350mm之间。水体两岸、水底多采用硬质材料修建，使水流通过性好，材料表面进行防滑处理，保障游人、儿童涉水行为的安全。在水流蓄积处修建清理排水设施，保障水流洁净，避免循环系统淤塞。水岸步道、景桥等多以石材、防滑地砖、防腐木等材料营建，石材表面应进行防滑处理，尤其是硬度和密度较差的沙石类，在滨水环境中容易生长青苔，拉槽或毛面处理是必要的，以求在满足景观需要的同时又起到安全、环保的积极作用。

②节能方面

由于人工流水景观往往存在于无自然水源的环境，并以动态流线的形式呈现，水流循环、水量补充、水质保洁等都需要消耗大量的能源作景观保障。因此，控制水体规模、硬化人工河岸以防止水量渗漏，利用地形高差合理控制流速的缓急等，是人工流水景观节能设计中常采用的具体方式。

③环保方面

a. 控耕规模与流量，使场地环境特征和原生态系统特征不被大面积破坏。

b. 控制流域范围和引入动植物的种类，使引入的流水景观与生态景观的发展控制在有序的范围内，并与原场地生态系统和场地关系相融；动植物种类和数量的引入必须严格控制，避免蚊蝇与不良物种无序生长。

c. 控制水量，建立与水景规模相适宜的蓄水、供水、排水、清淤系统，避免溢满、断流和水流变质，造成环境污染。

d. 建立控制管理设施和条件，保障因水系而形成的生态景观系统可持续地发生作用。

5. 流水与景观环境

流水景观效果的优劣不是简单指一条河流或人工水流的形态景象，而是由水流与流域环境中的多种因素形成，并取决于水与周边物象景观关系的协调程度。在景观场所中任何可视物象都是设计需要思考的对象，静态的、动态的、自然的、人工的、功能性的、非功能性的、可视的与不可视的等等。流水景观应与流域环境条件、生态生长特性、人文特征等要素协调一致，形成相互对映、相互作用的整体关系，这才是景观设计的诉求。

四、静水景观设计要素与原则

（一）静水景观设计要素

1. 静水景观的功能

静水景观由洼地集水而成，有地壳变化隔海成湖，有自然雨水和小型河流汇集而成的，以及地下水外涌和人工引水蓄存等，由此形成常见的湖泊、池塘、水库、水田、水洼，这些不同规模、容量的水体对不同地域、地块的景观系统的形成起到了决定性作用。但并非所有的静水景观都具有持久性，其中有部分是短暂的，随季节产生也因季节变化而消失。决定水景持续的条件主要来自景观水源的进水方式和补给量、水体大小和容量多少、环境气候和地质结构，以及对水资源的应用量。静水景观的水量多少直接影响水域环境的生态状况和景观功能。由于静水景观可利用优势明显，资源的利用与分配成为有效使用景观功能、保持水域环境生态系统平衡的核心问题。在有限的资源条件下将景观功能所涉及的产业作用进行科学的疏理，剥离易造成生态系统障碍的自然危害和人为因素，形成符合水域环境条件，利于生态健康发展和景观服务功能的产业链，使静水景观更好地作用于社会生产和社会生活。

2. 静水景观的类型

静水景观从应用功能的角度上可以从水的蓄存和汇集形式，由于其具备广泛的应用价值，所形成的景观现象的种类相对繁多。从景观水体形成上分为自然静水景观和人工静水景观两类；从景观功能上分类有：养殖业景观（渔业养殖和水禽养殖）、农业静水景观（水田、种植水塘）、工业静水景观（工业用水蓄存和污水处理）、区域供水蓄存景观（水库）、天然湖泊旅游景观、运动与活动景观（游泳池、儿童戏水池）、城市环境小型观赏静水景观）等；从景观形态上分为自然形与规则形。

3. 静水景观的设计形式

（1）下沉式

下沉式指在丘陵地带选择低洼地形进行局部围合，或在平原地区进行局部开挖使地面下沉，形成蓄容空间，并根据场地条件和景观作用，控制水域范围、水位。水面低于地面以俯视的方式观看，影印关系清晰，可获得较为完整的水面观赏效果，因而成为城市和乡村水景中最为常用的一种形式。

（2）地台式

地台式指水景的蓄容空间修筑于地面又高于地面，其景观作用主要是益于城市环境造景观赏。它分高台式、低台式和多台式三种。地台式水景观的规模相对较小，由于其突出于地面，使其在环境中具有很重要的配套使用功能和观景价值，往往被作为场所中的主体景观。地台式水景常常与其他水景形式结合运用，形成动与静、虚与实相互作用的景观主体。

（3）镶入式

镶入式水景是将水的景观作用由外环境引入建筑内部，或者穿过建筑空间形成水榭，成为室内外环境相互沟通的纽带，使水体对环境的生态作用、对空气湿度的影响作用和气温的平衡作用有效地发挥于室内空间，同时增加了室内的亲水活动，如游泳、儿童嬉水、观赏养殖、垂钓等。

（4）溢满式

溢满式水景是下沉式和地台式水景的形式延伸，水池的水面与边缘或地面齐平，可随造型需要与跌水景观结合，使水溢满后顺池壁缓流。溢满式水景追求一种宁静、祥和的景观状态，体量规模通常较小，但水景与人的关系更为密切，增强近水、亲水活动的感觉。

（5）多功能式

多功能式水景实际上是一种传统的造景形式，水体规模相对较大，以适应多功能需要。在农耕时代水池是集观景、消防、饲养等功能为一体的生活设施。而在今天的城市、乡村的生活环境中依然广泛沿用了这种形式，只是景观功能更为丰富。将水池的观赏功能与游泳池、溜冰场、养殖水生植物、动物等结合，建立如立体农业景观、园林人工湖景观和水景游乐景观等，增强景观作用和生产作用。

（二）静水景观设计原则

1. 水岸线

（1）自然静水景观岸线设计

岸线的处理不能一概而论地硬化成人工堤岸；隔绝式硬化虽统一了岸线的视觉关系，但却阻隔了水与岸畔的系统关系，以及水生动植物的生态习性。因此，对于大型自然湖泊和水库的岸线景观设计应根据水岸地形、地质、防汛要求，景观功能的具体利用方式、景观风格、植被生长状况等条件，进行针对性处理，从整体区域景观的层面去分析发展优势、不良隐患和易造成环境疾病的可能因素，分区域、分段落采取加固保护，建立水与岸的系统连接，合理地设置近水设施和滨水观景道路。岸线修筑应建于通常水位以下，根据水下土质结构用碎石或混凝土作垫层，避免腐蚀、渗漏而造成水岸塌陷；表层则采用灵活多变的形式方法，丰富环境的景观效果。

（2）人工静水景观围岸与池底设计

人工静水景观主要指池体由人为的方式修筑，水源为人工引入形成的景观形式，岸线关系均由人为控制，其形成效果取决于水景的围岸与池底：由于人工静水景观具有规模较小、水体自洁性较差、水质易受污染、水的渗透性强等特点，因此，无论是下沉式或地台式水景建造都应根据景观的功能作用采取不同的方式进行处理。围岸与池底在设计时不仅要解决功能性、安全性问题，同时要注重形式效果，无论是乡村的农业、渔业景观还是城市的园林、广场、泳池等，都应满足功能的特殊造型要求和不同环境条件下的视觉形式要求。围岸与池底的景观效果取决于水景形成的方式和水的透明度。

2. 修筑景观

设计中可根据水域条件适当修筑景观，如堆砌湖心岛，延伸岸线形成半岛，修筑观景川雨桥、水榭、湖中亭、涉水栈道、游船码头等滨水、入水景观，使水域环境具有丰富的景观功能。修筑景观因涉及湖底、水体、岸畔等因素，需考虑因湖底基础加固、水位落差形成的景观效果以及岸畔景观连接关系，避免造成形影单调、破坏整体的负面作用。

3. 安全与环保

（1）自然静水景观安全与环保

景观利用必须尊崇环境条件，合理的、有限定性的利用是对环境发展最有益的设计方式，采用限制资源利用量、人流进入量、产业进入量等方式，以减轻人为因素所造成的环境压力。对于游客相对集中的水域环境，容易产生一定的安全和污染隐患，需设置相应的安全设施。环境保护方面，设计应规划和控制业态规模，集中设置商业区和其他产业区域，以便集中处理生产、生活污水和垃圾；严格控制水域内的网箱养殖作业，避免水中微生物过多形成负养，使水质受到破坏；在人群密集区和主要观景交通道路旁设置分类垃圾桶，减少环境污染。

（2）人工静水景观安全与环保

①水深、水量控制。

水深控制在500～1000mm范围内，水量根据水深范围的保有量和更换频率加以控制，节约资源。

②利用障碍。

路旁、广场的下沉式景观应有高出地面的围沿或护栏，形成障碍提示，围沿高度不低于200mm，避免人误入，同时阻挡部分尘土对池水污染、环境污染。

③设置篦栏。

人流相对集中的观景区域，需在排水口和水景旁设置篦栏，分离池内排水和环境积水，保障水质清洁。

④控制动植物数量。

观赏养殖类景观应根据水体规模进行水生动物的投放和植物的种植。因池水不易频繁更换，当繁殖量超过正常范围时需及时减量，避免供养不足造成动植物大量死亡，引起水质、环境、空气污染。

⑤注意儿童安全。

城市静水景观由于具有亲水、近水的魅力，常吸引儿童进入池中玩耍，对于涉水的景观水深应控制在200～500mm范围内，池底表面需采用防滑材料，岸沿需处理成弧形，避免跌倒碰伤。

4. 城市静水景观与环境

（1）水景形式应符合当代视觉审美需要，符合现代城市环境的风格。

（2）水景的体量应与场地协调，并具有相应的比例关系。

（3）灵活运用不同形态的景观物象配景，以形成更具创新性的景观形式。

（4）根据不同环境条件和功能需要，限制水深在500～1000mm为宜，使水生植物得以更好地生长，并保障安全。

（5）寒冷地区的地台式水景蓄水量应减少，水面须低于地面，以免结冰膨胀，破坏围岸。

（6）水池池底表面可配各色面砖或拼砌多样的图案，使水景色彩更加悦目。

（7）小型水景可用玻璃纤维、混凝土、压克力等耐腐、防渗材料铸造，形成小型水景容器，放置于地面、水中，并注水构成地台式、下沉式或池中池等小型整体景观形式。

五、跌水景观设计要素与原则

（一）跌水景观设计要素

1. 蓄容

无论是自然的还是人工的瀑布都需要蓄容环境，这是形成瀑布的必要条件。瀑布蓄容分上下两个部位，自然瀑布实际上是地形变化造成河床断开，形成立面流水；人工瀑布则是由底池蓄水和堰顶蓄水循环形成，不仅要设置相应的循环设备，同时还要设置补水设备，因为瀑布在流落的过程中挥发量与流失量较大。由于人造瀑布景观的蓄容与流量都具有可控性，在城市环境中，因场地局限、环境复杂等因素，设计通常根据场地的具体情况与构筑物相结合，以构筑不同容量的蓄容条件，并利用不同高差，设置瀑布景观的形式。

2. 出水口

在人造瀑布景观设计中，出水口的设计是体现瀑布效果形成的关键，它决定瀑布的规模与表面形态，出水口有隐蔽式、外露式、单点式和多点式等。

（1）隐蔽式是将出水口隐藏在景观环境之中，让水流呈现自然瀑布的形状。

（2）外露式则是将出水口突显于景观之外，形成明显的人工瀑布造型。

（3）单点式指水流从单一出口跌落，形成单体瀑布。

（4）多点式指出水口以多点或阵列的方式布局，形成规模较大的瀑布景观。

（二）跌水景观设计原则

1. 蓄容与跌流的形式关系

在设计跌水的立面与平面效果时，应根据景观环境的总体关系思考相互间的比例尺度，分清主次。如以平面水体为主，立面水景的尺度设置应相对较小；若以立面为主，平面水景尺度应相对较小。蓄水分底池蓄水和堰顶蓄水；堰顶往往在跌水景观的顶部，水平面往往高于视线；底池通常设置在水景的底部，水平面低于视线，可视面大。因而跌水景观立面与平面的比例关系，主要体现在视线以下的蓄容水面与立面流水的尺度关系上。池面过小，跌流过大，容易产生空间局促、水花飞溅、地面湿滑的不良影响；反之，则容易造成水面占地过大、跌水效果隐弱、水景形式呆板等现象。

2. 跌水景观与环境

跌水景观分为较大体量的主题水景和较小体量的景观小品。较大的跌水景观，将根据场地环境的需要形成变化丰富的、形式突出的景观主体，设置在人流和视线相对集中的区域，供游人玩赏。由于人的亲水习惯，设计时应考虑设置人在跌水景观环境中的行为方式和多种安全因素。

3. 安全与环保

（1）安全因素

跌水景观分自然跌水与人工跌水。人工跌水应控制池底水面与池岸的关系、池岸与地面的关系，并限制池水的深度，既突出跌水环境的特征又保障游人的安全，由于瀑布高差原因，堰顶蓄水池通常不设置人为活动区域，避免游人意外跌落。自然瀑布景观往往地形较为复杂、高差较大，应在上游河道与岸畔设置隔离带和禁令标志，禁止游人进入瀑布跌流区活动，以免发生危险和造成景观破坏。

（2）环保因素

①控制人工跌水景观规模，以较高频率更新水质，将更换的水用于绿地灌溉，有效控制运行成本。

②在上下蓄水池周边修建隔离设施和排水系统，避免脏物或污水污染水体。

③对自然瀑布景观的上游河道的用水、排水进行严格控制，保障景观区域的生态健康。

4. 跌水景观与环境

人工跌水景观设计应根据场地环境的条件和整体景观风格进行思考。跌水的高差关系和声响效果是造成景观主体突出的主要因素，常被作为景观环境的主景表现形式。跌水景观的高差与场地面积，以及其他景象的尺度即成为总体景观的合成因素，过分地强调水景体量而忽略环境的协调，会造成水景孤立、建设运行代价过高、水资源浪费过大的不良影响；体量过小的瀑布景观其特征又不能充分体现。因此，控制水景的体量与环境的关系，发挥景观特色和生态作用，并根据环境地形条件、建筑条件巧妙地结合，突出跌水景观的趣味性和生动性，才能完美地体现跌水景观的功能。

六、喷水景观设计要素与原则

（一）喷水景观设计要素

1. 城市绿地喷灌

大部分城市绿地都处于场地关系较为复杂、远离自然水源的环境，喷灌的设置应注重节水性与观赏性相结合，喷灌距离、作用面积和人行关系的结合。在系统设计上需考虑运行成本和维护成本，并灵活地运用不同喷灌方式，满足不同场地的绿化灌溉需要，同时形成具有动感的水景。城市绿地喷灌作为观赏性喷灌设施常根据环境条件采用固定和机动两种方式。

2. 农作物喷灌

农作物喷灌是现代农业景观的一个重要组成部分，也是农业生产的重要手段。这类喷灌在原理上与城市喷泉景观相同，但因其作用不同，亦存在利用方式、景观规模、景观特色的差异。城市绿地喷灌用水量小，设施系统相对简单；农作物喷灌用水量大、地形环境复杂、农作物种类丰富，喷灌设施系统复杂。城市绿地喷灌重在营建水景、绿化场地和环境的综合景象关系，农作物喷灌则以大面积农作物在不同季节生长状态为景象目标。因此，在大面积生产区域应根据不同场地条件和农作物生长要求设置喷灌系统。

（二）喷水景观设计原则

1. 喷泉景观设计原则

（1）水池喷泉

喷泉景观虽以喷入空中的水柱为景观主体，但水池的景观作用和功能作用不可忽视。水池的设计需经过合理的计算才能使喷泉发挥良好的景观作用。通常情况下喷泉高度的两倍是池面四周的宽度（喷泉高度×2=池面长、宽或直径），如果是斜喷，以喷射的最高点的高度的两倍，从最高点向喷水方向计算为水池宽度。营建喷泉应根据场地条件，在场地空间较小的地方尽量不要设计大型喷泉，以免场地局促，影响视觉观赏。

（2）旱地喷泉

旱地喷泉多出现在场地宽阔的城市广场环境中，其所有的喷水系统都隐藏于地下，隐蔽工程较为复杂，增大了维修和保养难度。为旱地喷泉集中设置检修口是关键，通常做法是将输水管道安置于排水沟内，沟顶盖活动的金属水菌，沟底设排水管，以便检修。由于沟内潮湿，管道最好使用不锈钢或高压塑料管以防止锈蚀和渗漏。喷头安置应与地面保持水平，避免形成障碍。因喷出的水直落于地面，为防止场地湿滑，地面应铺装防滑材料。

2. 绿地喷灌与农作物喷灌

（1）管道系统

作为农作物和城市绿地喷灌，管道系统是一个复杂的工程，是由主干管、支干管和竖管组成。主干管保障输水，支干管负责分流，竖管能安装喷头、控制高度，确定喷头之间的距离。喷灌管材主要有塑料管和金属管两类：硬聚氯乙烯管（PVC）、聚乙烯管（PE）等统称为塑料管；金属管有无缝钢管、铸铁管、薄壁铝合金管和钢筋混凝土管。

（2）水泵设备

无论喷泉景观还是生产性喷灌都必须靠水泵提供水流压力，常用设备有离心泵和井泵，动力供应的有电力水泵和柴油动力水泵。国内通常以汉语拼音缩写字母代表水泵型号，如离心泵有BP、BPZ，国际标准为IS，井泵有长轴离心深井泵JC和井用潜水泵QJ等。

（3）水源工程

需要在水源附近修建泵房、蓄水控制池和沉淀池等设施，保障喷灌设备系统正常运行。在城市环境或缺少自然水源的环境中，常常采取人工引水或就地掘井的方式解决供水问题。对于大面积作物喷灌，掘井须根据地下水蕴藏量、井容量、喷灌用水量和作物生长需求量等基本情况进行测算，以合理分布掘井点，有效地发挥水源作用。

3. 安全环保与节能

（1）水源安全

①定期对水源水质进行抽样检查，确保水质在正常使用值范围内。

②对水源河流流域的业态排放进行严格检查和控制，避免水质污染。

③城市喷泉景观的循环用水必须加快水源更新频率，不得长时间利用，避免场地

空气污染。

（2）节能

①定期检查设备系统运行情况，及时解决渗漏和失控等无效运行类问题。

②根据作物和观赏植物的生长需要选择设备类型、控制使用时间。

（3）设施安全

不同区域环境中的喷泉、喷灌系统设施的分布应根据该区域的气候条件、土壤条件等综合环境条件进行科学配置，对自然或人为因素可能造成的系统设施、设备的损坏加以防患。

第三节　自然冰雪景观与冰雕

冰雪景观是水因气候、温度变化而产生的另一种景观现象，分自然冰雪景观和人工冰景。由于冰雪景观形成的条件是温度和季节，并伴随环境季节温差的变迁而改变，当春暖花开之时冰景即随之消融；因此，冰雪景观具有季节性和暂时性的特点。

一、自然冰雪景观

（一）自然冰雪景观与地理气候

气候是形成地理环境特征最重要的因素之一，也是导致区域性发展差异的主要原因之一。它对于水系（河流、湖泊）的水文特征有着极其重要的影响，季节变化所造成的降雨量和降雪量的多少，直接影响河流的流量、湖泊的容量及其水位变化；气温的高低，直接影响河流、湖泊是否封冻和冰期的长短。自然冰雪景观是自然水系景观和环境随季相变化的一种形式，水系景观的变化与水域地理环境的气候关系密不可分，二者相互作用，构成具有不同地域特征的景象。

（二）自然冰雪景观的人文现象

在寒冷地区，无论城市或郊外、平原或山林，冬季都是莽莽雪原，天地一色、浑然一体，或蓝天白地、映衬鲜明，无不令人心旷神怡。北国冰雪对于区域人文精神、文化、民俗、生活习惯、行为习惯、物质文明的形成具有潜移默化的作用。从历史文献到现实生活，人们可以随处感悟到自然冰雪景致所带来的诸多影响，艺术的表现，文学的描写，戏剧的演绎，冰雪中的着装、运动、嬉戏，"一江天堑变通途"的神奇等。这些关于冰雪的影响与特征，不仅形成了南国北地种种物质生活方式的差异，而且造就了丰富的人文现象：北国的雪原，南国的绿洲；北方昂头喧嚣的唢呐，南方低头婉约的竹笛；从北方深沉悠远的秦腔、气宇轩昂的京剧到南方幽怨缠绵的昆曲、情趣浪漫的黄梅戏；从北国的冰灯到南国的花灯，等等。寒冷的气候、冰天雪地的景色，陶冶出一方人文、一方性情和一方习俗，在漫天飞雪、滴水成冰的环境中身体的寒冷却被心灵的激情消融，就像南方人遥望金色的田野，夏季的炎热早已被喜悦驱散，是景象唤起人们忘情的遐想和对生活更美好的希望。

（三）自然冰雪的景观功能

冰雪虽产生于水在自然气候下的变化，但其周而复始的规律早已被人类认知、掌握，并广泛地运用于生产、生活，成为生活中不可缺少的自然规律。人们利用封冻的河流过河，利用冰块储水、降温、储藏食物，利用冰面滑冰，利用雪山滑雪，利用封冻的河面凿窟垂钓等。在与之相伴的同时，欣赏它、关注它，并以此作为希望的开始。冰雪不仅可观、可用、可玩，同时也是大自然自我清理更新的方式，对于区域生态有着防止病虫害，减缓或隔绝环境生态疾病的蔓延，防止森林、植被的火灾等功能。

（四）冰雪环境中的安全与环保

1. 人的安全

冬季冰雪环境中人的行为活动方式与其他季节条件下有所不同，厚厚的保暖服装使人体态臃肿、行动笨拙，道路积雪湿滑、冰面光洁使得行走迟缓、小心翼翼，这些都是人在冰雪环境中自然形成的自我保护意识。而严寒与惧怕抵挡不住美丽冰雪的诱惑，人们热爱冰雪，在其中玩耍、嬉戏、滑雪、滑冰、冬泳、垂钓、踏雪，用生命的激情扮靓冬季的风景。但在此环境中却潜藏危险，平日地上清晰的沟壑洞窟被掩藏于白雪之下，难以逾越的河流被冰雪覆盖，荆棘丛生的洼地误为平川，许多日常容易判断的危险在这时都被隐藏。因此，环境设计必须根据人群的活动特征和环境条件，将可能存在的危险进行规避和解决。

（1）道路与标识

道路易被雪覆盖，造成游人误行险地，需在道路两旁间隔设置明显的指示标识，标明道路方向和路宽；在人流较多的路上可采用灯光或反光材料制作标识。在城市环境中，道路积雪应及时清除，避免行人滑倒、车辆失控；在野外环境中被雪面覆盖的不适合人群活动的场地应设置明显警示标志，避免误入。

（2）冰面活动与雪地活动

野外冰面活动通常在河流、湖泊、池塘的封冻冰层上进行，对于冰层厚度的安全性往往靠经验和封冻时间来判断，缺乏科学性。对人群活动较频繁的自然水域冰面需进行冰层探测，设置明显的警示标志，告知冰层厚度和能否进入，并定期监测气温、水温和冰层变化。在冬季到来之前，应对滑雪人群活动较多的场地进行针对性清理，整理陡坡、乱石、洼地、灌木、树桩等易造成活动障碍的物体，形成缓坡为宜。

（3）设置观景游玩活动的安全条件

自然冰雪景观，远观苍茫雄伟，近观冰雪晶莹。在冰雪环境中选择最佳位置、视距、角度和对象设置观景游玩条件，是有效利用自然景观的重要手段，而观景游玩活动的安全性是决定环境景观作用的重要方面。首先，根据景观特征与环境条件设置观景与游玩路线，道路形成应考虑不同季节的观景游玩活动需要，避免多重设置造成环境破坏；同时对冰雪条件下道路湿滑的情况作针对性处理，对于陡峭危险路段应采取封闭措施；其次，在观景条件好、地理位置适宜的道路旁设置游玩场地，供人观赏、休息和玩耍，并在有高差或陡坡的场地边缘设置防护栏和禁令标识。

2. 设施与环境的安全

（1）设施安全

设施的安全主要指河流水域的设施安全。在流水状态下的河流设施有桥梁、船、堤坝、管道、码头等，因水流作为天然屏障，使之难以受到人为的损坏。当河面封冻天险成为通途时，所有设施都暴露在人的活动范围之中，人们可以通过冰面接近桥墩、船只、堤坝、泵站等，由于视线与活动位置的不同使人产生新奇感和接触行为，使得设施的正常使用受到影响，甚至受到损坏。因此，在封冻前应作好船只等水面活动设施的停靠工作，并形成特殊景观效果；封冻后应对重要设施采取必要的防护措施，设置隔离地带，避免人为损坏。此外对管道设施需采取防冻胀措施，根据不同对象采用不同的保温防护方式，保障供水、排放不受季节影响。

（2）环境安全

环境的安全主要指人为活动对环境所造成的安全问题。由于季节性封冻使河流、湖泊等水域成为人群活动较为频繁的区域，游玩的废弃物和防寒的临时搭建物等，都可能造成环境的污染和破坏。尤其在季节转暖、冰消雪融时，大量废弃物进入水中，造成区域性水质污染。除采取在人群活动较频繁的区域放置垃圾桶或进行环境清洁维护外，教育人们树立环境保护意识才是保障环境良性发展，发挥景观功能的有效手段。

二、冰雕

（一）冰雕的景观作用

冰雕是常见的人工季节性冰景，在中国最早利用冰雕作为景观的地方是哈尔滨，因其形式独特、晶莹剔透、应用灵活，可结合灯光在白昼、夜晚呈现不同变幻的景观，并伴随季节的持续而存在，现已流行于许多北方城市和地区，成为备受人们喜爱的、大众化的、具有一定文化象征意义的景观形式。

（二）冰雕设计与环境

冰雕虽是临时性景观，但其景观作用不可忽视，只要环境气温低于0℃，冰雕可保持持续不变的状态。冰的可塑性强，对其设计的方式很多，可从液态水开始进行色彩和透明度的表现，并通过成形模具一次性浇铸形成。此外也可将水制成冰块，再进行雕琢或拼接，组成较大体量的冰雕作品。冰雕属于室外景观，对环境条件的要求有别于普通雕塑。首先，温度应低于0℃，以保持景观形态的完整；其次，需要根据环境的景象特征进行冰雕设计。由于冬季户外环境多以白色雪景为主，缺乏相互的映衬关系；因此，需选择具有色彩对比条件的场地或采用有色冰雕进行搭配，凸显冰雕的景观效果。

（三）灯光与冰雕

冰雕之美不仅在于白昼中的形态，还显现于夜晚中晶莹梦幻般的华彩，因其透明、透光的特点成为人工光照表现的特殊形式。不同的光照作用下，冰雕呈现出截然不同的景观效果，光照的方式有外打光与内打光两种。外打光指灯光光源从冰雕的外部环境对其进行多种方式的投射，不同色光通过冰雕的透射、折射、混合，产生奇特的景观效果。内打光是指不同色光从冰雕的内部透射出来，使整个冰雕成为发光体，产生晶莹剔透的幻彩景象。灯光是冰雕在夜晚不可或缺的配景方式，灯光的照射不仅果用静态的，还可以根据环境条件采用动态照射。丰富的色光与变化的照射方式，使冰雕更具表现性。

（四）气候变化与安全

冰雕是季节性的人工固态水景，随气候转寒而存在，转暖而消失，可见气候变化对冰雕景观产生着直接的影响。气候转暖时对户外小型冰雕通常采取自然融化的方式，但对于大型冰雕或人工构筑冰景却不宜采用此种方式，因大型冰景的造型与结构较为复杂，当受热融化时其受力结构会产生不同程度的变化，容易垮塌，造成安全事故。因此，需在季节变化前进行拆除，拆除时根据场地条件和人群活动情况，采取水冲和切割拆卸的方式，并在拆除现场设置相应的安全隔离带，防止误伤人与周边环境。水冲拆除则必须选择排水条件较好的场地进行，避免地面积水成冰，造成场地湿滑和行人意外的情况发生。

第四节　水与动植物景观

水不可能以孤立的形式无为地存在于环境之中，河流、湖泊、水塘都有着不同的生态培育作用，这些水体使人们直接联想到池中花、水中鱼，岸畔的各种动植物。这是一种必然的景象联想，也是人在长久的生存经验中形成的生态印象，它表明人对水景观作用的理解是综合性、广义性和衍生性的，水因生态作用而产生丰富的景观作用。

一、水与植物景观

（一）植物的景观功能

植物的景观功能分为两类：一类是生产性植物景观，另一类是观赏性植物景观。

1. 生产性植物景观

生产性植物景观是指与水发生直接景观关系的，为社会生产与社会生活提供物质资源的植物景观。由于应用面广，其对区域景观有较大的影响，对环境生态与社会生产、生活有多重作用；并具有季节性变化的特性，形成于同一场地环境条件下的不同作用、不同形态不同色彩、不同气息，以及给予人们不同希望的丰富景象。阡陌旁纵横交错的水渠，一望无际的稻田，满目葱绿的林地，充满诗意的藕塘，这些景致是自然的力量与人类智慧、勤劳结合的产物，在赋予人们充足的物质资源的同时，又给予人们感官和精神上的满足。生产性植物景观无需刻意的视觉化设计，其形成的景观作用和视觉冲击力却是任何观赏性景观无法比拟的。面对这样的景观环境，设计的作用是怎样利用丰厚的景观资源，更好地发挥其景观作用。

2. 观赏性植物景观

　　观赏性植物景观是指与水体产生直接景观关系的水生植物景观和滨水生长的、以观赏性为主的植物景观。观赏性植物不仅与水景结合成为相互映衬的景观，而且还具有吸引动物栖息觅食、丰富环境景观形式、清洁水质、形成环境生态循环系统、保护环境水土流失、补充空气中氧气、保护环境生态健康等功能。不同植物种类对水与环境发挥的景观作用亦不相同，这取决于植物的生长习性和特征。只有在对水系环境、气候、土壤与植物生长特性、形态特征等因素进行充分了解的基础上，才能创建有利于水域环境的，美好、健康、合理的，符合生态持续发展要求的景观系统。

（二）植物配景的原则

　　在水景环境中，并非所有的植物都对景观具有优势作用，也不是所有的植物都适合在滨水环境中生长，需要根据各种因素与条件进行合理配置。作为植物配景，应注重以下配置原则：

　　1.种植原则

　　栽种什么种类的植物、采用什么种植方式是决定植物配景效果好坏的关键，植物选种需要依据其生长规律和生长形态，结合水景尺度、场地空间大小、水域面积、水体动静状态以及原生态景观形式等因素来考虑植物种类、种植地点和种植方式。对于水生植物则应根据水景环境的土质、水流情况和水底情况，考虑采用直接种植或是盆栽放置等。在城市景观境中，由于场地条件和水景条件的限制，地面高大的树木种植密度不宜过大，以免造成视觉阻碍和行为不便；对于较小的人工水景应考虑种植少量挺水、浮水和沉水植物作为点缀。

　　2.反哺环境的原则

　　无论是岸畔和水生植物，对水域环境生态的持续发展都具有极其重要的作用，植物的根、茎、叶、花、果实为水体和陆地中的生物、动物提供丰富的生存条件，使得水域环境的生态形成向多样化的趋势发展。因此，植物配景不但要从视觉的角度进行设置，更应根据水域景观环境的总体生态条件和发展需要进行配置，力求在多物种、多系统相互作用、相互协调的状态下形成健康的景观环境。

　　3.控制不良因素的原则

　　植物配置要根据环境条件与状况而定，不能简单地认为绿化即景观，绿化即生态。仅仅考虑景观效果而忽略植物在生长过程中产生的负面作用是不行的，这会造成环境安全、水质污染、堤岸垮塌、蓄水渗漏、行进障碍、空气有害物质含量过高等不良影响。

（三）植物配景作用

　　1.掩映作用

　　高大的岸边植物可对环境中的景物和光线造成遮掩，形成若隐若现、若明若暗的视觉感受，丰富场地的层次变化和阴影关系，增加环境空间感，并对环境中的水景、构筑物和不良景观进行遮掩。

　　2.构图作用

　　无论是在自然或人工的景观环境中，都会存有景观缺陷，尤其是对于较为宽阔的水域、过于平坦的场地和空旷的空间，简单的几条横线，构图显得单调、缺少变化；或是城市环境中，高楼围合下的水景环境，纵横交错的构图显得杂乱无序；规则的人工水景，几何形构图又显得过于简单。这些环境都可采用不同种类的植物配置，对环境的构图进行调整和优化，利用植物形态丰富场地的景观关系。

3. 围合与区分作用

植物在环境中可发挥围合和区分不同空间的作用，以不同的数量、不同的形状和不同的种类划分出不同景观功能的区域。例如，在较深的水域中用植物围合岸畔以避免安全问题所起到的防护功能；行道边栽种植物起到隔离分区和视觉导向的作用。

4. 色彩作用

季节变化是景观环境中的重要因素，对植物的形态与色彩影响巨大，不同的植物在不同季节所呈现的色彩现象各不相同。在水景环境中，植物色彩的变化直接影响着水面的影映关系和色彩变化，同时也给予观赏者不同的视觉感受和心理反应，体现出不同的景观情调，并与水构成互为相应的对景关系。

5. 生态延伸作用

植物景观本身就是生态的体现，它不仅给环境以丰富的观赏内容，由于植物生长的特征，还给环境带来生态价值和景观价值的延伸。植物的存在补充空气的氧分，植物的花朵、果实给环境带来芬芳的气息；水中植物给鱼类和两栖动物生长提供了食物；岸边的植物给鸟类和其他动物提供了觅食与栖息的条件，形成多物种相互作用的景观环境；动物的鸣叫为环境增添更多情趣……这些由于植物所产生的生态景观给人类生活提供了更丰富的内容与环境氛围。

二、水与动物景观

（一）动物的景观功能

1. 保持生存环境生态健康发展

不同水域环境形成了不同的动物种类，并限制其数量，这是自然的法则。而不同种类和数量的动物对其生存环境具有反哺的作用，动物的生长过程即是对环境产生影响作用的过程，处于不同生物链层次的动物在生存活动中对水体、土壤、植物以及动物彼此间都会产生不同的作用，促使环境生态的各系统在相互影响中制衡、消长，并呈现平衡发展的状态。

2. 为社会生产与生活提供物质条件

人类利用动物服务、生产与生活由来已久：逐水游牧、伴水而居，形成了传统的渔业、牧业和养殖业；食物、生产资料、皮革制品、交通运输等，为社会生产与生活提供了大量的物质条件。由于其规模化作业，各种种类的动物被分类饲养，这种在水域环境中的生产现象便形成了特殊的景观。

3. 为人类提供观赏和垂钓活动

人类在长期与动物相伴的生活中已形成了密切的关系，在欣赏它的同时，也在其间进行各种休闲、娱乐活动，体现出不同生命间休戚与共的联系。作为观赏对象无论是野生的或是驯养的动物，人们都对其关爱有加，尤其在城市环境中人们为满足对自然的眷恋，常在水景环境中饲养观赏性鱼类、水禽、飞鸟和其他动物，以动物的灵动和优美的身影去唤醒人们内心尘封已久的自然性情。

4. 科研与教育

动物对于人类来说，是既熟悉又陌生的对象。动物的世界是人类探知不尽的领域，许多科技成果的形成都来自动物的启发和借助动物进行验证，动物生存与活动的现象也是科普知识教育的典范，如动物园、动物自然保护区等。因此，动物景观具有科教意义。

（二）动物景观类型

动物的种类繁多，本节不以动物学的分类方式进行划分，仅将与水景产生直接生存关系的、具有明显景观作用的动物类型进行甄别。从生存关系上分为水生动物、陆地动物、昆虫、两栖动物和水禽；从景观功能上分为野生动物、生产性养殖动物、观赏性养殖动物。

1. 水生动物

作为景观的水生动物主要指鱼类，鱼类生长在水中，可视性受到一定的影响，加之鱼常常处于游动状态，只能透过水面看到时隐时现的身影，这也正是鱼类景观诱人之处。

2. 陆地动物

所有陆地动物都离不开水，动物在水边饮水、嬉戏、栖息，使得水域环境更具情趣。

3. 昆虫

昆虫是水岸或浅水区最为常见的动物，它们生长在植物与微生物丰富的水域环境中，形成种类繁多的群体，成为近距离景观，虫鸣使环境更具趣味性。昆虫也成为其他动物的觅食来源，并吸引飞禽等动物构成环境景观的特殊效果。

4. 两栖动物

在生活环境中常见的两栖动物有青蛙、龟、螃蟹等，这些动物常出现在岸边的草丛和石缝中，虽然没有显著的视觉景观效果，但蛙鸣声给夏季的池塘增添无限的情趣，而龟、螃蟹也给人们的休闲活动增添许多乐趣。

5. 水禽

水禽是水景中典型的景观，鸭、鹅、白鹭以及许多鸟类都喜欢在水边觅食栖息，鸟鸣使环境意趣横生，形成别具一格的景致。

（三）水景与动物的引入原则

1. 野生动物的引入

野生动物种类的多少是衡量一个区域生态状况的重要依据，野生动物的引入是恢复区域生态的手段之一。这是一个长时期循序渐进的过程，并非抓几只野生动物进行放养就使生态得以恢复，引入动物的种类与数量要靠水域环境的多种自然条件的吸引。当气候、水质、植物和其他动物等条件适合某些动物生息、繁衍时，这些动物会自然进入，并会由此产生连带引入的效果。通常首先是处于生物链较低层次的动物，如昆虫、鱼类，而后是小型食草类动物和鸟类进入，当小型食草类动物和植物发展到一定规模时，食肉类动物和大型食草类动物将会进入。这是自然平衡的法则，也是生态发展的规律。

2. 饲养动物的引入

利用水域环境在水中和水岸饲养动物早已是人类生产的重要手段。逐水草放牧、围水养鱼、稻田养殖等，从传统牧业、渔业生产发展到综合性、多功能的养殖生产形式，养殖技术不断地发展，使得环境资源得以充分地利用，并由此形成特殊的景观。饲养动物在引入环境的方式上与野生动物有所不同。首先是动物本身，野生动物的生态敏感性高于饲养动物，环境适应能力较差；而饲养动物因长期受驯养，与人类共同生存在同一环境之中，其生存习性已经适应人类饲养的方式，基因中的野生敏感性已逐渐退化，因此容易饲养。其次是环境因素，野生动物的引入在于水域环境的生态条件应适宜其生存要求，其进入对环境的生态发展具有建设性作用；而饲养动物因其适应性强，对水域环境的生态条件要求不高，并且其以生产为目的，通常是单一种类的动物饲养数量、规模较大，如果不以科学的方式进行节制性饲养，会破坏环境的生态平衡，造成环境生态系统运行障碍。饲养动物分为两类：一类是生产性饲养，另一类是观赏性饲养。

（1）生产性饲养

生产性饲养是以满足养殖动物生产与生活需要为目标的生产现象，主要是畜牧业、渔业、养殖业，饲养动物种类有牛、马、羊等食草类动物，各种鱼、虾、龟、鳖等水生和两栖动物，以及鸭、鹅等水禽类动物。这些家禽、家畜的饲养不仅为社会生产和生活提供了大量的物资资源，也与水体共同形成特殊的景象。生产性饲养动物无论是水生的、两栖的或是陆地的，由于生产规模的需要，通常选择生态条件较好的自然水域环境进行饲养，但易造成以下环境问题：

①引入动物的规模强势改变原生态结构

引入饲养动物因具有生长周期短、繁殖成活率高，动物数量增速较快等特点，迅速成为环境中的强势种群。自然环境中可供食物有限，易造成引入动物与原野生动物争食，导致原生态结构改变，并形成环境生态压力。因此，生产性饲养动物的引入应根据环境生态容量和原生态格局，科学地、适度地进行引入饲养。

②单一物种的蔓延

受经济利益的驱使，在水域环境中引入的外来动物种类，尤其在自然水系中网箱养殖的外来鱼类，当适应水域环境后，并流入自然水系，由于无天敌及其他物种的限制作用，容易造成外来动物的无节制生长、蔓延，形成区域性生态灾难。因此，对于外来物种的引入，应进行严格控制和科学验证。

③动物疾病的蔓延

引入的生产性饲养动物，多为经济型、改良型非本土动物种类，在引入动物的同时极易将其病害引入环境，造成水域环境中同类原生动物在无免疫能力下使病害相互传染，并随河流水系蔓延。因此，对于饲养动物的引入应严格根据国家相关法规执行检疫，保障环境生态健康。

④造成水质污染

在自然水系中引入鱼类和水禽类动物，为促成动物快速生长，补充自然食物的不足，人们会利用现代技术制作适合动物生长需要的合成食物，并对水体中饲养的鱼类、水禽动物进行投放，由此造成大面积的自然水域的水质污染。其造成的环境生态损失远甚于养殖带来的收入。

（2）观赏性饲养

观赏性饲养动物多在城市的水景环境中进行小规模饲养，饲养的种类较为单一，主要以各种形态及色彩漂亮的观赏性鱼类和水禽为主。观赏性动物在饲养规模上远不及生产性动物，因而对于环境的生态影响力相对较小。但正因为动物的存在，对城市环境的生态健康程度是一种检测。城市环境中的水景条件有限（河流、湖泊和人工水景），水岸大多经人工处理，水域环境的自然弹性较低，加之城市人群流密集，对野生动物的吸引力有限。在生态条件较好的城市公园的水景环境中，只能吸引部分野生昆虫、鱼类和水鸟、水禽等小型动物。环境的生态营造和景观效果使观赏性饲养动物成为重要的造景手段，并以此弥补水景环境中的生态缺陷，吸引同类野生动物进入，达到提升环境生态健康程度，加强景观生态特征的目的。作为观赏性动物，其在景观环境中应注意以下配景要求：

①与环境生态协调

无论水中的鱼，水面的水禽或是岸上的动物，在引入时应注重与环境生态的协调，以环境生态条件为基础，发挥水系、微生物、植物、动物等物种间的相互作用，使水域环境生态保持稳定、协调的发展。只有协调的生态环境，才有美观的生态景观。

②控制数量与规模

饲养观赏性动物应根据环境条件对其引入数量进行控制，避免过快繁殖，造成环境生态压力。尤其是鱼类，当达到一定数量时应酌情减量，避免造成大量死亡，污染水质。

③注重与植物景观的搭配

植物景观不仅是水域主要的配景，还是水生动物和水禽的天然食物与栖息环境，并与动物构成生态景观现象。因此，观赏性动物的引入需根据植物的景象关系、植物提供的食物结构与动物觅食关系、不同植物与动物的栖息关系等因素进行综合考虑，形成良好的生态运行功能。

第八章 基于生态文明视域的城市景观旅游规划设计

旅游业已经成为一种时尚产业，随着人们环境意识的增强，生态旅游受到人们的追捧，成为一种潮流。关于城市景观生态旅游规划设计，本章将从城市景观生态旅游规划理论、景观生态旅游规划主要内容、生态旅游开发影响这些方面进行详细的介绍。

第一节 城市景观生态旅游规划理论

一、旅游规划的理论与方法

体现生态旅游部分思想的旅游规划早于生态旅游概念本身，主要表现是旅游规划引入了生态学的思想，在著名的专家和学者对旅游规划的研究中，较成熟的技术理论有：

1. 旅游区演化理论，即旅游区生命周期理论，有时也称为旅游产品生命周期理论；

2. 旅游地资源优化配置理论，即门槛理论或门槛分析方法；

3. 旅游区社区和谐发展理论或社区方法等。

中国杨桂华等人在分析一些美国、加拿大等国专家的研究成果的基础上，概括出生态旅游开发规划的十大原则：承载力原则、原汁原味原则、社区居民参与原则、环境教育原则、依法开发原则、资源和知识有价原则、清洁生产原则、资金回投原则、技术培训原则、保护游客原则等。这些研究虽然有一定的理论深度，但仅对生态旅游规划的基础性和原则性的问题进行了探讨，可操作性不强。

（一）生命周期理论

目前，被学者公认并广为引用的是 1980 年由加拿大地理学家巴特勒（Butler R. W.）建立的旅游区生命周期理论，认为旅游区的发展和演化要经过六个阶段即：

1. 探索阶段。只有很少的探险者进入；目的地没有公共服务设施；吸引来访者的是当地的自然吸引物。

2. 参与阶段。当地居民间有一定的相互作用，并且旅游业的发展能为旅游者提供一些基本的服务；不断增加的广告作用触发了特定的旅游季节变化；开始形成一定的地区性市场。

3. 发展阶段。旅游设施的开发在增加，促销工作也在加强；旅游贸易业务主要由外地商客控制；旺季游客远超出当地居民数，诱发了当地居民对游客的反感。

4. 稳固阶段。旅游业成为当地经济的主体，但增长速率正在下降；形成了较好的商业区；一些颓废的老旧设施沦为二流水准；当地人们力争延长旅游的季节。

5. 停滞阶段。游客的数量和旅游区的容量达到高峰；已经建立了很好的旅游区形象，但是该形象已不再具有优势；旅游设施移作他用，资产变动频繁。

6. 后停滞阶段。有五种可能发展选择，极端情况是或者迅速衰落，或者快速复兴。

该理论主要用于：对旅游区发展过程和历史的解析；预测旅游区的发展走势，指导市场营销；诊断和分析旅游区存在的问题，指导旅游区的规划和对策的制定。当初的理论是从单一产品旅游区得出的，对多产品组合的复合旅游区，在实际应用时要注意不同阶段的主导产品作用，以及其他主要产品的相对地位和对旅游区贡献度的变化。这些会对旅游区的发展和演化方向产生强烈影响。另外，对影响旅游区或旅游产品演化因素的复杂性要有充分的认识。在分析影响旅游区发展和演化因素时，要抓住不同发展阶段的主要因素，充分考虑各个阶段的时代发展背景因素的影响，因为在不同的时代背景下，旅游发展的政策环境，社会经济状态，对外开放政策，人们消费能力和旅游意识等差异很大。

（二）门槛理论

1968年，区域和城市规划专家马列士（Marris. B）在南斯拉夫南亚德里亚沿海地区的旅游发展规划中，首次将门槛分析方法直接应用于旅游区开发。他从门槛分析的角度把资源分为两大类：一类是容量随需求的增加成比例渐增；另一类是容量只能跳跃式地增加、并产生冻结资产现象。同时他把旅游业中资源按功能特征分三种：

1. 旅游胜地吸引物。指风景、海滨、登山和划船条件、历史文化遗迹等；

2. 旅游服务设施。指住宿和露营条件、餐馆、交通、给排水等；

3. 旅游就业劳动力。指服务于旅游业的劳动力。

马列士认为以上三种旅游资源中住宿条件可随需求的增加，容量逐渐增大，属于第一类型；而给水条件属于第二类型，因为给水量在不超过现有水资源条件下可渐增，但增到一定限度后需要大量投资开辟新的水源，这一限度便是供水量发展的门槛。在跨越门槛后如不再继续增容利用，便会产生剩余容量，导致资产的冻结，大大降低了方案的经济效益。经过不断的实践和总结，终极门槛（EET）方法随之产生，即为生态系统的应力极限。超过这一极限生态系统就不能恢复原状和平衡。门槛分析方法已不局限于具体设施项目分析上，已被应用到整个旅游区的开发规模上。

（三）社区方法

这一思想的主要倡导者为墨菲（Murphy P.），他在《旅游：一种社区方法》（The Ecotourism Society）一书中较为详细地阐述了旅游业和社区之间的相互影响，以及如何从社区角度去开发和规划旅游。他把旅游看作一个社区产业，作为旅游目的地的当地社区类似于一个生态社区。社区的自然和文化旅游资源相当于一个生态系统中的植物生命，当地居民被看作是生态系统中的动物，他们既要生活又要为社区发展服务，旅游业类似于生态系统中的捕猎者，而游客则是猎物。旅游业的收益来自游客，游客关心的是旅游吸引物即自然与文化旅游资源以及娱乐设施和服务，这是"消费"的对象。这样吸引物和服务、游客、旅游业以及当地的居民便构成了一个有一定功能关系的生态系统，其比例关系是否协调，直接关系到旅游区系统的健康和稳定。按照这种思想去认识和组织社区旅游业便称为社区方法。

社区方法强调社区参与规划和决策制定过程，并把旅游区居民作为规划的重要影响因素、同时考虑居民在当地旅游业发展中的作用。这个理论还把旅游业整合到当地社会、经济和环境的综合系统之中，有利于当地旅游业走向可持续发展的道路。

二、景观生态旅游规划的基本理论

景观生态旅游规划是一门实践性学科，涉及面宽，但其一系列实践活动是建筑在一定的理论基础上的，并以理论为指导的。其主要基础理论有经济学理论、区位论、美学理论、系统论、地域分异规律和生态论等。

（一）经济学理论

旅游规划是把旅游资源转化成旅游产业的技术过程，同时也是一种反映市场调研、资源开发、产品设计、项目建设、设施配套、产品形成、经营和管理的旅游经济的活动过程。遵循规划经济学的一般原理，为建立或完善不同大小区域内完整的旅游产业体系，满足旅游者的需求，产生较高的综合效益，旅游规划必须进行产业投资机会分析、旅游市场调研与策略研究、旅游供给与需求研究及旅游效益评价。产业投资机会分析主要是：首先分析某一区域是否适合旅游业发展、旅游业与其他产业相比较的优势及它们之间的合理结构，以便确定以最小的资源耗费使需求得到最大限度满足的投资方案。它是决定某一地区是否应发展旅游业的最初经济分析过程与行为。其次、需就旅游业内部具体优先发展哪些产业部门的投资机会进行分析，以最终确定旅游开发中合理的旅游产业结构。旅游规划必须依托市场的存在，才能使资源优势转化成经济优势，促进产业的形成与完善。因此，旅游市场调研是第一位的。它是以旅游者为核心，综合分析旅游者产生的社会与经济基础、个体特征、需求状况、旅游产生地与接待地的空间相互关系、客流量大小及流量时空分布规律和发展趋势，最终进行市场定位。在此基础上，利用旅游市场中的竞争机制、价格机制等确定旅游市场经营的策略，达到争夺旅游者、争夺旅游中间商、提高旅游市场占有率的目的。另外，旅游规划应使需求与供给相平衡或大体平衡。旅游供给研究首先要分析旅游资源与设施供给状况，确定旅游供给指标，如旅游设施总接待能力、旅游容量、旅游资源开发利用率等。总之，运用经济学的原理与方法可以使旅游规划立足市场，面向消费，合理开发资源，优化产品结构与项目，体现旅游规划的经济性与市场性。

（二）区位论

旅游区位论的研究始于20世纪50年代，克里斯塔勒（Christaller）首先对旅游区位进行研究。他从旅游需求出发，却忽略了旅游供给等因素，最终没能建立起一个旅游应用的理想空间模式。直到美国学者克劳森（Clauson）提出旅游区位3种指向和德福（Delf）在提出旅游业布局5条原理后，旅游业的区位理论研究才有了实质性进展。他们认为旅游规划的区位研究应侧重于以下几个方面：

1. 区位选择

主要指选择什么样的地域，旅游区地理位置如何、有哪些区位优势、面向怎样的客源地，接待地与客源地之间空间相互关系是互补性还是替代性，可达性如何。其目的是为旅游活动确定最佳的场所。区位选择是一个动态过程，有次序性、等级性，从而形成范围不同、等级有异的旅游区域。

2. 旅游交通与路线布局

旅游交通与路线是联系旅游区与客源地的旅游通道，其布局研究与实践是实现游客"进得来、散得开、出得去"与物资及时供应的前提和保证。

3. 产业规模与结构确定

主要指旅游活动中"六大要素"的空间布局，最终确定合理的空间结构和规模。

4. 地域空间组合结构研究

主要包括区域分析与区域模型研究、旅游区等级系统划分与功能区分、旅游项目与基础设施的空间安排、旅游基地建设及它们在一定空间范围内的最佳结合，最终形成以旅游基地为中心、有不同等级空间组织结构的旅游区。

5. 位址选择的方法研究

位址选择，不仅要依赖区位理论，而且要依赖研究者、规划者、经营者的经验。通过可行性研究，包括投资的销售策略，市场区位的社会特征、经济特征、交通设施，所选择位址的自然适宜性等，确定分析法。

（三）美学原理

旅游是现代人对美的高层次的追求，是综合性的审美实践。旅游规划的任务就是在现实世界发现美，并按照美学的组合规律创造美，使分散的美集中起来，形成相互联系的有机整体，使芜杂、粗糙、原始的美经过"清洗"，变得更纯粹、更精致、更典型化，使易逝性的美经过创造和保护而美颜永驻、跨越时空、流传久远。美的最高境界是自然的意境美、艺术的传神、社会的崇高和悲壮美，这也是旅游规划中所追求的最高目标。旅游空间和景物学特征越突出，观赏性越强、知名度越高，对旅游者吸引力就越大，在市场上竞争力也就越强。旅游规划实践就是创造出人间优美的空间环境和特色景物，使旅游者在美好事物面前受到感动和激励，得到美的陶冶和启迪，使视野更加开阔、品格更加纯洁，在精神上得到最大的满足和愉悦。

（四）系统论

旅游规划的研究必须从建立旅游系统工程出发，以系统方法指导生态旅游规划，坚持整体性原则、结构性原则、层次性原则、动态性原则、模型化原则和最优化原则。这些正源于生态旅游规划的特征。

1. 整体性原则

整体性原则要认识到旅游业是个产业群体，同社会、经济、环境景观联系极为密切。产业中各部分、产业与环境之间存在着相互联系、相互制约和相互作用的关系。在规划中既要看到产业整体功能与效率，又要让各个部门在整体中得到发展，成为地区经济中新的增长点。

2. 结构性原则

旅游业各要素间的排列组合方式多样，有多项、双项、单项之分。产业结构的研究，可增强产业之间的联系，获得最优的整体性能。

3. 层次性原则

旅游规划是在一定空间范围内进行的。空间大小不同，内部组成产业也不同，从而构成不同空间层次、产业层次的网络体系。层次性是旅游开发的一大特点。

4. 动态性原则

旅游产业系统受内部要素和外部环境的影响，有其发展、变化的过程。在旅游规划时，要根据旅游业发展的不同阶段，确定不同的发展目标、规模和手段。同时，还要掌握旅游业今后的发展趋势，使旅游规划具有超前性和预测性。

5. 模型化原则

旅游系统是开放的系统，受多种因素的制约和干扰。为了更正确地认识和分析该系统，有必要设计出系统模型来代替真实系统，从而掌握真实系统的本质和规律。模型化的系统研究方法，不仅能使研究做到定性，而且有可能通过定量来达到研究目的。

6. 最优化原则

由于旅游系统具有综合性、复杂性的特点，旅游规划时可采用多种途径设计出多种各具特色的旅游规划方案，从中选择出最优的系统方案。

（五）地域分异规律

旅游环境的空间差异和旅游资源分布不均匀性是客观存在的，受地域分异规律制约，其主要表现如下：

1. 不同地貌部位空间分异

例如：山水组合的地貌部位，可分为水域-滩地-阶地-山麓-山坡-山顶，山坡有坡向和坡度的差别，地貌部位的差别可导致水热条件的重新分配，形成不同小气候，进而影响光照、温度、湿度，导致植被、土壤的差别。区域自然条件差异造成内、外动力过程不同，会形成不同的自然景物。

2. 同一地貌的空间分异

在同一地貌地区，由于岩石性质、土质状况和排水条件的不同，又会造成空间进一步分异。坚硬的岩石受节理、断层和风化作用会形成陡壁或象形石柱，松软岩层形成和缓或平坦的地面。

3. 人类活动导致空间分异

人类在生产、生活的活动过程中，给人居环境打下了人类文明差异的烙印。人文的遗迹，在古代基本同自然环境相一致。进入工业化的现代，人类创造了超越环境的景物，如摩天大楼、游乐园人造园林、人造主题公园等。

研究旅游环境与资源的空间分异的意义，在于按照自然规律和客观实际划分地域空间，便于旅游产业布局；突出各空间的资源特色，形成自身形象，并利于设计游览顺序和路线，形成各具特色又有联系的网络，发挥旅游区域的整体效应。

（六）生态学原理

生态学是探讨生命系统包括人类与环境系统相互作用规律的科学。生态学ecology一词，源于希腊文oikos，意为栖息地，logy意为论述或学科。1866年，德国博物学家海格尔首次定义生态学为"研究生物与环境的相互关系的科学"。这一概念一直沿用至今，其中，生物包括动物、植物、微生物和人类本身；而环境则指一系列环绕生物有机体的无机因素和部分社会因素之总和。有机体可以影响其生存环境，生存环境又反过来影响有机体的生存，二者相辅相成。生态学的各个层次如个体、种群、群落、生态系统、景观和生物圈等，无论以何种形式存在、发展都可以认为是生命与环境之间协同进化，适应生存的结果。所以生态学的实质是适应生存问题，生态适应与协同进化是生态学各个层次的特点。

20世纪50年代以来，以研究宏观生命环境综合规律为方向的系统生态学，得到迅速的发展，逐渐成为现代生态学的研究中心。60年代末，世界环境问题日益突出以后，系统生态学又成为环境科学的理论基础之一。从生态系统的观念来进行环境影响的现状评价，预测评价和指导环境规划，已成为全球范围的生态学的主要应用领域。

一个平衡的生态系统，应当具有良好的稳定性、恢复力、成熟性、内稳定和自治力。现代生态学认为：所谓平衡的生态系统，是系统的组成和结构相对稳定，系统功能得到发挥，物质和能量的流入、流出协调一致，有机体与环境协调一致，系统保持高度有序状态。生态系统的平衡是动态的平衡。保持生态系统的平衡，实际内容是保持系统的稳定性。生态平衡存在于一定的范围并具有一定的条件，这个能够自动调节的界限称为阈值。在阈值以内，系统能够通过负反馈作用，校正和调整人类和自然所引起的许多不平衡现象。若环境条件改变或越出阈值范围，生态负反馈调节就不能再起作用，系统因而遭到改变、伤害以致破坏。一个生态系统的结构功能愈复杂，其阈值就愈高，也愈稳定。这就是"多样性导致稳定性定律"。由于生态系统所能提供的食物能量是有限的，所以一定区域范围内生态系统所能维持的人口数量也有一个上限。这就是生态系统的人口承载力。对于旅游环境而言，它主要表现为旅游区的土地承载能力。运用生态学原理来指导旅游环境的生态系统规划，具有重要的实际意义。

（七）可持续旅游的研究和共识

随着可持续旅游概念的产生，世界各国开始从可持续旅游的各个方面进行研究。一般认为，可持续旅游与旅游环境容量、生态旅游、可持续旅游政策、资源利用与保护之间的平衡关系，可持续旅游与社会和区域可持续发展有密切关系；将自然、文化和社会经济环境作为旅游规划的核心要素；重视社会文化规划、旅游开发，要将地方文化的保护置于重要地位。

与传统旅游研究相比，可持续旅游不仅具有明确的经济目标，而且具有明确的社会和环境目标，旅游业发展必须成为有益于当地社区协调发展的行业。可持续旅游规划将文化看成是旅游资源的重要组成部分，规划不仅强调自然、经济的可持续性，而且强调文化的可持续性。可持续旅游强调在旅游业发展过程中建立和发展与自然及社会环境的正相关关系，激活或消除负相关关系。但是旅游业经济利益与环境保护和传统文化保护需求之间的矛盾是客观存在和不可避免的，旅游规划需要在社会、经济和环境方面做出抉择，确定最佳方案。

三、旅游规划理论的结构

生态旅游规划理论的研究是系统认识与科学指导生态旅游规划实践的充分必要条件，也是目前旅游规划领域的薄弱环节。面对激烈的旅游市场竞争形势，旅游规划研究时不我待。生态旅游规划理论的发展，迫切需要突破各传统学科之间的专业壁垒，建构学科理论的结构，改善理论研究的布局，把握主线，少走弯路。

（一）理论形式

生态旅游规划理论要发展成为学科的理论体系，须通过概念、变量、原理、陈述这一系列抽象的形式建构。概念作为科学研究的思维工具，是旅游规划理论体系的形式要素。旅游规划理论的形成往往以概念的完善为基础。变量与公式用于科学反映旅游规划理论要素间的关系，它是建构旅游规划理论体系、科学描述和谋划旅游发展动态的必要条件。公式则是概念与变量通过建构数学模型而形成的数量关系，它是理论走向科学化的核心标志。如1989年世界旅游组织（WTO）召开的各国议会联盟大会通过的《海牙宣言》，所提出的"自然资源是吸引旅游者的最根本力量"，代表了现代人类的一种强烈的价值判断，加之它出于权威的世界旅游组织所通过的国际宣言，因此，这一理论命题具备了公理的性质。

（二）内容

生态旅游系统的边缘组合性，决定了生态旅游规划理论的范围涉及经济、环境和社会诸多理论领域，如旅游经济学理论、旅游心理学，还有闲暇与游憩学、旅游社会学、旅游政策学、旅游区域学、旅游生态环境学和规划理论等。上述诸多旅游规划理论范畴可概括为经济、环境、人文三部分，它们通过科学规划把生态旅游连接成有机整体。

其中，经济部分主要研究在旅游资源分配、旅游生产、旅游加工与旅游服务的过程中，各类人与人相互作用的效益和效用关系。从而使规划能科学地把握旅游者与旅游企业的关系，改善旅游资源的开发利用，旅游行业的结构优化、旅游市场划分、旅游产品定位和营销。

环境部分涉及旅游地理学、旅游生态环境学、旅游工程学、城市规划学、风景园林学等领域。其重点研究旅游在地球表层的分布规律；旅游者与旅游资源、基础设施、服务设施、旅游项目的关系，使旅游者的空间环境行为规律与组织旅游空间的关系获得科学依据，并为资源调查与评价，资源配置、资源保护、资源利用、旅游目的地布局、工程建设、项目开发提供依据。

人文部分涉及旅游政策学、旅游社会学、旅游心理学、旅游文化学、历史学、考古学等领域，还关系到旅游价值取向和旅游产品品味的塑造。它通过研究价值和意义体系，树立人生或社会理想的精神目标或典范，塑造文化内涵，从文化层面激发旅游者的智慧、正气或创造性，引导旅游者去思考目的、价值，去追求人的完美化。

旅游政策学，还在高一层次上调节旅游发展的规模、结构与质量，调节旅游者之间、法人之间、旅游者与法人之间的行为关系，保障旅游系统和谐地运行。人文理论研究为旅游规划的人文资源评价、发展预测、旅游项目优化、线路选择、游览经历优化、社会关系协调、特色与品味的塑造等方面提供不可或缺的思想、理论和技术。

（三）逻辑关系

生态旅游规划理论众多的内容，只有沿着哲学-科技-实践的转化关系和理论的升华，才能形成完善的逻辑体系，从而使众多的生态旅游规划理论整合成为一个成熟的科学理论体系。

生态旅游规划理论的哲学层面主要研究旅游规划最一般本质及其基本规律，它包括关于生态旅游规划的认识论、价值论和实践论。通过认识论，能科学地把握规划知识的来源及其发展过程，解答规划理论发展的最一般规律等重大问题；价值论的任务是科学地把握规划与游客需要的关系及其基本规律，解答规划的价值内容，规划与评价的关系，价值评价与科学认识的关系等一系列价值论问题，并指导旅游规划；实践论的作用在于科学地把握规划与生态旅游发展实践的关系本质及其最一般规律，促使旅游规划与发展实践相互结合，最终通过较小的发展代价、较快的进化过程，将旅游发展引向更符合游客需要的客观状态，从而改善主体与客体的需要关系，旅游发展实践作为客观的价值尺度和手段，是评估和解决旅游发展理想与现实之间矛盾的最终手段。

生态旅游规划理论科学层面揭示旅游规划范畴内所涉及的众多内容及其关系的本质、过程和规律，实现对规划本体及其逻辑的描述、把握和预见，其内容包括：1. 关于生态旅游系统及其发展的理论，核心课题是动态规划；2. 关于生态旅游系统规划的理论，该理论领域至少包括旅游规划理论、预测理论、模拟理论、决策理论4个部分；3. 关于生态旅游规划实施的理论；4. 关于生态旅游规划方法的理论。

生态旅游规划理论的技术层面是指导哲学层面、科学层面的理论物化为技术。技术层面的任务包括：解答规划技术的来源、区分规划技术的类型、处理不同技术间关系、认识规划技术发展的规律、鉴别规划技术的优劣、确定规划技术标准、预测规划技术的发展方向，直至规范旅游规划的技术操作过程。

上述逻辑关系，使生态旅游规划理论所构成的秩序与人类认识自然、改造自然的一般过程同构，与科学技术研究体系的发展过程也趋于一致，这将加速规划理论的操作性、科学与需要性相结合的进程，建构旅游规划理论的结构，能使相关的理论、技术、方法得以相互贯通和转化。其中哲学层次的旅游规划理论，为理论体系的发展及其本质特征提供根本方法和最一般的理性认识，科学层次的理论，为旅游规划理论体系的发展提供了环境、形式和内容范畴的理性认识；技术层次的理论则提供把握旅游发展的实践与途径。毋庸置疑，生态旅游规划理论体系的多层次和开放性，将提示旅游规划理论研究的机会与风险，促进旅游规划学科的发展。

四、景观生态旅游规划体系的建立

由于生态旅游系统规划涉及的内容繁多，规划人员需要从大量的基础素材中挖掘出地方特色，确定优势市场，进行项目设计，制定科学、合理的总体发展目标，并把它们以一种清晰、简洁的方式表述出来，使旅游规划的程序和核心内容高度概念化和层次化。生态旅游规划体系可以分为四个层次，基础层次、核心层次、辅助层次和目标层次。各层次间存在着内在的依存制约关系。

（一）基础层

主要是对资源、环境和客源市场的研究。资源是基础的基础，因此首先要对它的类型、质量、数量、分布进行分析和评价。资源的特色和环境特点决定区域特征，其中资源特色是主要因素，同相邻地区资源环境条件进行分析比较，找出自己特殊性资源、优势资源。只有这样，旅游产品才有竞争力。基础层次的另一方面包括客源市场的需求。因为资源的开发、产品的设计受市场制约，只有符合市场需求的开发才是合理的开发，只有按市场需求设计的产品才会产生效益。基础层次决定核心层次的开发。

（二）核心层

核心层是由无形产品和有形的项目组成，是规划工作中的核心内容。旅游产品的生产和销售是旅游产业的经济特征。旅游企业向市场出售的不是实物产品，而是无形的综合性服务产品。这种产品只有旅游者到了旅游区才能实现购买和消费。旅游规划的中心任务，就是从市场和资源出发，设计出有特色、有新意、有竞争力的产品。产品的物质保障是项目，项目是产品的载体。产品与项目结合，才能使区域有吸引力。为了使旅游产品在市场有竞争力，所规划的项目必须是特色项目、垄断性项目、精品项目和规模项目。由于项目的建设要投入资金、人力和物力，所以项目建成后需要较长时间的管理，而建成的项目是固定的。所以，项目的确立和建设应慎之又慎，要经过相关的科学论证与主管部门审批。

（三）辅助层

旅游项目建设离不开配套设施的支持，该层次是旅游规划体系的辅助层次，其内容包括与规划地区旅游项目建设相关的交通、通信、金融、能源、供水、排水、环保等配套设施。

（四）目标层

旅游规划目标是对规划地区的总体设计和形象的策划，是规划的最高层次，反映规划地区旅游发展的方向和总体特色，受各层次内容研究的深度、广度制约。目标的确立又对产品开发、项目建设、设施配套等具有明显的指导和宏观调控作用。

通过以上四个层面的规划，可使规划项目的内容和程序易于把握，也可使重点、难点突出出来，使规划的思路清晰，达到结构合理，特色突出，有较强竞争力的目的。

第二节　景观生态旅游规划主要内容

一、区位

旅游区区位主要指旅游区在区域环境中的位置与地位，属于宏观空间环境，它与客源市场共同构成了旅游规划的基础。

（一）旅游区与依托城市的关系

旅游区与依托城市之间的关系主要是指两者之间的距离及依托城市本身的重要性。经济发达、消费水平高的国家与地区，主要偏重旅游区旅游资源的类型、品位、功能特征，与依托城市间的距离往往不被视为重要因素；而经济落后的欠发达国家与地区，区位是旅游区开发的先决条件，并直接影响到旅游区的投资规模、开发导向、经济效益和成本回收率等。这些地区或国家对旅游区的开发首先要考虑其经济效益如何，没有充分的客源市场，没有便捷的交通条件，没有理想的可进入性，再优美的环境和价值再高的旅游资源类型，也无法得到经济收益。这也就失去了旅游开发的意义。中国在考虑区位条件时，对于旅游区与依托城市的距离有一个大致的限定，一般是以依托城市为中心，以150km为半径的范围内首先考虑旅游区的开发；其次是交通条件，有无主干公路从旅游区通过，或者与旅游区非常邻近，有支线公路进入；其三考虑旅游资源本身的优势。对于开发规模则要考虑依托城市的经济基础和背景，人口密度和消费水平。目前中国一些旅游区与依托城市之间的关系有以下几种情况：

1. 资源优良、区位条件与区域经济基础好

这种情况以中国沪、宁、杭地区和北京市及其郊区最为典型。比上述地区稍微差一些的旅游风景地有西安地区、广州及珠江三角洲地区等。

2. 资源品位高、区位条件与经济背景较差

这种类型在中国占有很大比例，如安徽黄山与九华山、湖南张家界、长江三峡与宜昌、南岳衡山、中岳嵩山、东岳泰山、北岳恒山、贵州黄果树、四川峨眉山等。其共同的特点是依托城市经济基础稍差或距依托城市较远，其经济条件不够优越，交通也欠发达。这些情况在一定程度上制约了旅游区的开发和旅游业的大发展。

3. 资源品位较差、区位与经济条件好

这类地区主要有湖北武汉、四川成都等地口武汉和成都本身的旅游资源较少，邻近的周边地区资源类型单调，档次不高，而一些有名的风景区又距这些城市较远。往往是游人来到这些城市，匆匆一游便很快离去，交通很方便，航空、水运、公路都很发达，这反而成了送走客人的方便条件。

（二）区位选择

新开发或待开发旅游区首先要考虑区位选择问题。一方面要分析旅游资源品位及其使用的功能和效益，另一方面就是旅游区的区域背景。区域背景因素有客源市场及旅游需求倾向，以及邻近旅游区资源特色、功能与本区的异同关系等。比如，墨西哥

政府选择坎昆（Cancun）作为旅游度假区的最佳地点，正是考虑到坎昆地区的区位优势和资源优势：

其一，坎昆具有优越的海滨环境，包括气候条件、海水及其功能特征，海滩和海岸带地形地貌特征和海岛岩礁等；

其二，该区具有世界级的人文旅游资源——玛雅文化遗址；

其三，该区邻近加勒比海地区客源市场，可以有效地吸引和分流加勒比海地区的客流。

因此，在旅游区区位选择时，可以考虑以下原则：

1. 社会经济原则

旅游区区位选择要有利于当地社会文化的进步和发展，提高当地居民的经济收入和生活水平，由此带动全社区的经济发展。

2. 环境与生态原则

所谓环境指区域背景、生态特征、地理位置与地形地貌，以及旅游资源的居住质量等，环境对社会与经济具有制约的效力，环境选择要考虑与周围旅游资源的关系，如资源类型、品位方面的异同，从而找到自己的优势，在旅游专项设施方面应具有自身的特色和主要风格，要选择自然环境优越的地带，山、水、植被俱佳的区域，少污染源，这是当代旅游者所追求的理想旅游区。

3. 区域资源类型的反差度

有些新开发的旅游区本身社会、经济条件比较落后，开发能力低，交通不方便，但资源类型较全面，特别是自然资源类型中的山林、水体等比较优美，与所依托的城市地区具有完全不同的特征和面貌。这一因素也将有利于旅游资源的开发。

二、旅游市场

简单地讲，市场即客源市场，也就是旅游者的集合体，有了旅游者的到来，才会产生经济效益，为其服务的旅游业才会兴旺起来，这反映了旅游业典型的市场经济特征。另外，旅游开发与否，开发方向、规模、产品、配套设施建设等，都要看市场现状和发展潜力。因此，在编制旅游规划时一定要搞好市场定位和预测。

（一）旅游市场的新形势

旅游业经过最近50多年的发展，市场已进入较成熟阶段，旅游者需求呈现出新的特点：

1. 出游决策的理性化

旅游者对旅游有了新的认识，把它作为现代生活的一部分，追求物质和精神享受。游客每次旅游活动的目的性、计划性明确，按照自己的经济能力和时间状况安排活动，那种随机性、冲动性的消费人群渐少。这就要求在规划中将产品设计作为重点，以适应市场的需求。

2. 旅游需求的精致化

随着教育、科技的发展，旅游者中文化层次也在不断提高，一般观光满足不了其需要。这就要求在旅游规划中作旅游产品深加工，增加生态文化含量，设计出内涵丰富、外观新颖、反映时代潮流和地区文化特色的旅游项目。目前、知识性生态旅游产品和项目已成为时尚。

3. 旅游形式的两极化

旅游形式出现动、静两极分化。动的方面向参与型、娱乐型发展；静的方面讲究崇尚自然，返璞归真，游客对生态旅游、文化旅游越来越青睐。

4. 出游方式的多样化和个性化

最初的旅游活动多为大众性的观光旅游，客源市场比较单一，而今单一的市场已被各种细分市场所代替。每一细分市场都有一定特点，并且需求各异，从而构成总体旅游需求多样性和每一个细分市场的特殊性。散客成为当今市场的主体，游客多以个人、家庭、亲友组成的小单位形式出游。

（二）客源市场定位

对既定的客源市场，要从分析其群体背景如经济发展速度、人口特征和政治制度以及个体特征如收入、职业、带薪假期、受教育水平、生活阶段、个人偏好等入手。这些特征，决定了旅游区开发的规模、结构和方向。对出游能力的定性与定量研究，目前尚无统一的标准，但大都选择人均收入、交通可达性、人口规模等指标。有人认为出游能力由客源地若干与旅游行为有关的社会、经济、心理和生理等变量决定的。一般来说，人口规模越大，与目的地交通可达性越好，人均收入高的旅游潜在市场，其出游能力越大，并利于旅游目的地的开发与规模的扩展。

1. 市场定位依据

（1）客源地与旅游区距离、交通条件和交通费用；

（2）客源地的社会经济发展总体水平、人均国内生产总值、人均国民收入和可自由支配收入及居民旅游意识；

（3）客源地与旅游区历史的、现实的政治、经济、文化、民族、宗教等联系；

（4）旅游区旅游资源与产品对客源地居民的吸引力大小。

2. 市场分级

市场一般定位为一级市场、二级市场和三级市场。

（1）一级市场也称核心市场，一般为区位条件好、经济发展水平高、与旅游区现实的和历史经济及文化联系密切、被旅游区旅游资源和产品强烈吸引的地区，是旅游区旅游业发展的基础和市场开发的首要目标；

（2）二级市场是发展市场，是不断开拓的市场；

（3）三级市场占的份额小，被称为机会市场或边缘市场。

在规划中，旅游市场除了定位为一级、二级、三级外，常常还要对它们作进一步的细分、以明确产品开发方向。可以按地域、旅游者年龄、性别、职业、宗教、种族、文化程度、生活方式、家庭结构以及旅游目的等个体特征进行细分。划分越细，市场定位越准确。

（三）客源市场预测

客源市场预测的目的是了解未来市场的发展速度和方向，以便及时把握未来市场动态，制订市场营销策略，根据需求适当地调整旅游供给。旅游需求具有不稳定性和可选择性的特点，给规划中客源市场预测带来极大的难度，如何进行科学、合理的市场分析与预测，掌握旅游者时空流动的特征和地域分布规律，建立旅游市场发展演变模式，是当前和今后旅游规划研究需要解决的问题。

1. 预测依据

（1）旅游业自身发展规律

旅游业的发展一般经历初创期、发展期和成熟期。

初创期的特征为：高投入、高速度、低质量和低效益；

发展期的特点为：中投入、中速度、中质量、中效益，处于从速度向效益型转换的阶段发展模式；

成熟期特征为：低投入、低速度、高质量、高效益，体现为效益型发展模式。

（2）客源市场扩大的制约因素

全国、省、市旅游规划有关预测指标以及对本区旅游业发展提出的要求；

旅游基础设施和重大项目对客源地居民的吸引力度；

区内第三产业发展形势、速度对旅游业发展速度的要求；

区内推出旅游产品类型、数量和规模，将影响旅游者数量和增长速度；

客源地社会经济发展趋势，人均收入和消费习惯。

2. 预测内容

（1）入境旅游者人数，年均增长量。

（2）入境旅游者人均停留天数和日消费水平。

（3）旅游外汇收入及其年均增长量。

（4）国内旅游人数、收入及其年均增长量。

3. 预测类型

客源市场预测，根据年限的长短，可分为短期预测和中、长期预测。

（1）短期预测，指预测1年或1年以内旅游客源市场的动态，为下一年制定旅游产品销售计划和经营策略提供基础。

（2）中、长期预测，指3年到5年，甚至10年、20年以上的预测，是为制定旅游发展的中长期计划、各种设施和项目建设提供依据。

由于预测是根据现有或过去的发展情况来揭示未来市场走向的，任何突出性的、不可估计的因素都有可能影响预测的准确性。预测年限越大，受其影响的概率越大。

4. 预测方法

（1）时间序列分析法

时间序列分析法是根据时间序列的变动方向和程度，对客源市场进行外延或类推，依此预测下一时期或以后若干时期可能达到的水平。该方法常见的有简单移动平均法、趋势分析法等。简单移动平均法也称算术平均法。

简单移动平均法在客源市场预测中可以消除某几个季节、月份和年度客流量的大幅度变动，从而得出一种较平滑的发展趋势。其缺陷是：将远期和近期客源量相同看待，没有考虑近期市场情况的变化趋势，所以准确度往往不是很高，最好与其他方法协调使用。

（2）指数预测方法

指数预测方法是根据初始期流量，按照一定的指数发展，得出预测期客源流量的一种方法。根据指数的高度，可以设计出高、中、低几种方案。此法没有考虑到客源流量发展中受交通的瓶颈因子、旺季旅游区容量等限制因素的影响，也未考虑到发展中的一些促进性因素的作用，如带薪假期增加，因此数量预测值可能与以后的实际客流量有较大差距。这种方法常常在客流量原始数据积累很少的情况下采用，有时也作为其他预测方法的参考。

（3）综合预测方法

影响客源市场流量的变化因素很多，虽然可以通过运动的数据积累来揭示一些未来发展的方向和趋势，但没有任何一种方法可以精确地预测未来。因此，在很多客源市场流量预测的案例中，常采用多种预测方法，最后将这些数据汇总平衡，即在定量的基础上，预测者根据未来市场可能的影响因素而做出定性平衡，从而力求得出同未来实际客流量最吻合的预测值。

三、规划布局

规划布局是将旅游项目在空间上合理安排，使产业在空间上循序扩展，并与经济、社会、环境、文化相协调，共同发展。从大的区域到小的景区都要做好统筹布局。

（一）总体布局

1. 影响因素

旅游总体布局必须遵循旅游经济发展的客观规律，又受政府宏观调控制约。从这些年中国旅游业区域发展分析来看，影响总体布局的因素有：

（1）经济基础

旅游业是满足经济富余者物质和精神消费的产业，要求有基本的接待条件，因此近些年来中国发展起来的旅游区大都分布在沿海东部经济较发达的城市。例如：中国7大旅游区中，5个分布在东部沿海地区。

（2）资源特征

旅游者的追求目标是特色突出、级别高和知名度高的景点，以满足求新、求知、求奇的需要。中国7大旅游区中，北京长城和故宫、西安秦兵马俑、苏州园林、杭州西湖、桂林山水、海南亚龙湾等名贯中华，世界少有。黄山、峨眉山、九寨沟、张家界、长江三峡、千岛湖等地旅游业发展也很快，都以资源取胜。

（3）区位和交通条件

旅游业是旅游者空间移动的产业，因此客源地与旅游区的空间距离和交通条件就成为旅游业生长的重要影响因素。例如，广州、深圳、珠海等城市就是依据区位优势和交通条件发展起来的。

（4）宏观调控

中国旅游业是政府主导型产业，各级政府从宏观经济发展出发，对旅游业有统筹安排和布局。中国广大重点旅游区的提出和政策倾斜，就是政府宏观调控的结果。因此，这些城市的旅游业如果能很快地发展起来，将对中国旅游业发展和布局起着带动和辐射作用。

2. 区域布局模式

旅游业都是在一定的区域按着不同模式布局发展。根据这些年来中国旅游业的发展规律，大体可分为点、线、网络状发展模式。

（1）点状扩展模式

国家旅游局从全国旅游业发展全局出发，并结合各地实际，在1985年制定的《旅游事业发展规划》（1986—2000）以点的形式布局全国7大重点旅游区和二级重点旅游区或旅游线。例如，北京重点旅游点的扩展，可形成几个旅游圈层。中心点是第一圈：故宫、八达岭、十三陵、颐和园、天安门、北海、香山等；第二个旅游圈：十渡、周口店、龙庆峡、白龙潭、卢沟桥、慕田峪；第三个旅游圈：清东陵、清西陵、潭柘寺、雁栖湖；第四圈：金山岭、承德、山海关、北戴河、野三坡。

（2）线状开发模式

点与点之间通过交通干线连接成线状开发模式。如山东省以泉城济南为中心，沿津浦路和胶济路呈"广"形线状模式开发。南北线：济南（泉城）——泰山（名山）——曲阜（名人），为山水圣人旅游线；东西线：济南——淄博（齐文化）——潍坊（民俗）——青岛（山海、名城）——烟台、威海（海滨），为齐文化、民俗、海滨旅游线。这两个条带相连接，互动开发，带动山东旅游业发展。

（3）网络状模式

在区域经济和旅游业较为发达地区，多景点相集聚，形成较为合理的旅游网络系统。例如，长江三角洲地带旅游区域即是中国经济发达、旅游业活跃的地带，以上海为中心，以南京、杭州为两翼，凭借两江（长江、钱塘江）和四通八达的公路，将15个国家级风景名胜区和12个历史文化名城连接起来，形成中国最大的旅游经济区。

（二）功能分区

旅游规划按功能进行组团划分，每一个组团常被称为功能区。综合国内外学者的观点旅游区一般按功能分为入口区、度假中心区、康体健身区、户外活动区、文娱活动区、度假别墅区、维修区。其中入口区、度假中心区和维修区三个功能分区统属于综合服务区，度假别墅区是服务社区的外围地区，也可一并归入服务社区。康体健身区、户外活动区和文娱活动区属于旅游度假区中的吸引物集聚区。其中，康体休闲活动功能在旅游度假区中具有极其重要的作用。

1. 功能分区要点

（1）旅游区必须进行功能分区

景观项目与配套设施有机结合，合理布局，秩序井然，这是旅游区规划设计的一项重要原则。

（2）功能分区需要考虑的内容

首先应该考虑旅游吸引物的构建和保护；其次要考虑交通及服务设施的便利性；另外，要考虑旅游区的滚动发展问题，不能在客源市场不足和建设资金没有到位的情况下在所征地上全面撒网，要预留一定用地用于未来的发展建设。

（3）旅游服务社区的位置

一般考虑两大因素：核心旅游吸引物和对外交通。核心旅游吸引物一般位于旅游活动集中的地方，其附近安排住宿设施便于旅游者的活动，更能吸引旅游者；对外交通的便利性有利于旅游区初期的开发建设以及后期疏散人口。

（4）不同规模类型的旅游区

功能分区应具体分析：大型旅游度假区的康体休闲设施分区所占的比例要大一些，如高尔夫球场、网球场、跑马场等在整个旅游度假区中占有较大面积；小型旅游区一般不设置这些高档的康体设施，只是在度假中心酒店中设置一些康乐设施，如游泳池、室内网球场等，康体设施分区所占的面积比例要小一些。

（5）不同区位类型的旅游区

功能分区情况也有所不同：客源型旅游区由于资源条件不是太好，要适当增加康体休闲活动设施的比例；资源型旅游区由于资源条件较好，康体休闲设施的比例可以少一些；客源-资源型旅游区处于二者之间。

（6）资源易于破坏的旅游区

服务设施分区应建立在离资源较远的外围地带，严禁在核心旅游资源附近建立服务设施，并且按资源品级进行分级设置保护区。

2. 空间布局的平面模式

（1）考虑核心吸引物

①围绕核心天然吸引物或消遣设施的规划布局模式。

通常一处天然吸引物，如湖泊、沙滩以及山间滑雪地可以被选为规划布局中心。这种类型的旅游区，娱乐、休闲是第一位的，居住是第二位的。占地广阔的核心娱乐、休闲设施被安排在这一天然吸引物所在地或在其周围。从而构成规划布局的中心地，其他设施包括住宿、餐饮、购物、交通、停车场以及辅助性服务设施，则被安排建设在这一核心设施的周围。

②围绕接待服务中心的规划布局模式。

在缺乏具有特色的自然要素的情况下，一座服务周全的接待中心，也可作为规划布局的核心；购物、餐饮、娱乐、停车及辅助设施安排在中心周围，通常需用花园及人工造景来提高建筑的吸引力，同时接待中心建筑本身必须颇具吸引力，建筑构思要具有创新性。

（2）考虑基地特点

规划人员在实际操作过程中，还要根据不同类型基地的特点布置功能分区。旅游区的地貌形态与活动设施的地域配置决定了空间布局的形态，归纳起来有带状、核式、双核式、多组团式等。这些模式的共同特点是以自然为核心，游憩活动安排在辅以适量人工设施的自然背景中。位于海滨和湖滨的旅游区布局，一般原则是平行于海岸或湖滨岸线，这种布局的规律是由其资源条件和地貌背景决定的。核式布局的旅游区建立中心区，集中布置商业、住宿、娱乐设施和其他吸引物，附属设施围绕中心区分散布置，其间有交通联系，这种结构有利于节约用地。双核式布局的旅游区一般依托于城镇，在旅游区内建立辅助型服务中心，这种结构适合于风景名胜区或自然保护区周围的旅游区。多组团式结构的旅游区是目前规划和开发常用的结构，适合城市周围地区，多采用面状的开发方式，但要有充分的开发资金以及注意防止出现"摊大饼"现象，造成土地荒芜、水土流失。

四、景观规划

旅游是人与环境进行感应和交流的活动，有效的景观规划对于保持旅游区的景观特色、景观质量来说是关键，通常我们遵循景观生态学原则和空间尺度原则进行旅游区的景观规划。

（一）景观规划的原则

1.景观生态学原则

景观生态规划是后续的总体规划、详细规划等落实的基础和指导性纲领，根据景观生态学分类形成的不同类型区，应根据其结构和功能的互动关系，进行合理的可持续开发。

（1）以景观生态学原理为指导的旅游规划原则

①系统优化原则。

即把景观作为系统来思考和管理，实现整体最优化利用，旅游规划是对旅游区生态系统及其内部多个组分、要素进行规划，密切协调宏观和微观之间的关系；规划者从整体的高度上，强调生态系统的稳定性和自然规律。

②多样性原则。

多样性的存在对确保景观的稳定，缓冲旅游活动对环境的干扰，提高观赏性等方面都起着重要的作用。著名生态学家奥德姆认为，作为人类既富裕又安全和愉快的环境，应该是各种生态年龄群落的混合体，而城市化生活的水泥和钢筋主体的单调城市景观，促使人们渴望返璞归真，贴近自然。因此，旅游区规划重点是景观多样性的维持，旅游空间多样化的创造。

③综合效益原则。

即综合考虑景观的生态效益和经济效益，规划改变景观并可能带来副作用，了解景观组成要素之间的能量和物质流的联系，注意生态平衡，结合自然，协调人地关系，体现自然美，生态美及艺术与环境融合美。如将观赏、游乐与林业、养殖等生产结合，集约管理，减少废物压力，取得综合效益。

④个性与特殊保护原则

景观规划设计尽可能展现个体的魅力，旅游区内有特殊意义的观景资源，如历史遗迹或对保持旅游区生态系统具决定意义的斑块，都需要特殊保护。

（2）景观生态学的宏观规划

调查阶段是旅游规划的基础，包括工作区范围和目标的确定及旅游区内自然社会要素等基础资料和相关资料的调查收集，以便获取区域的背景知识，为进行景观生态学上的分析做好基础信息的准备。

分析阶段主要包括旅游区景观形成因素分析、景观分类和对景观结构功能及动态的诊断，为规划提供科学的依据。景观从空间形态上，可分为斑、廊、基、缘。斑代表与周围环境不同，相对均质的非线性区，如由景点及其周围环境形成的旅游斑。廊道指不同于两侧相邻土地的一种特殊带状要素类型，旅游区内主要的廊道类型是交通廊道，分区内外廊道和斑内廊道三层次；另外，有动物栖息廊道、防火道等，旅游规划侧重交通廊道设计。基质指斑块镶嵌内的背景生态系统或土地利用类型，分为具象和抽象两种，对基质的研究有助于认清旅游区的环境背景，有助于对核心保护区的选择和布局的指导，也有利于分析确定保护旅游区的生态系统特色。缘是指整个旅游区的外围保护带，或是旅游斑的外围环境。例如，寺庙区，应有外围的缓冲区，以保护其原有的宗教氛围。

规划管理阶段从整体协调和优化利用出发，确定景观单元及其组合方式，规划包括功能分区、典型景观设计和工程示范。景观管理运用景观生态学的原理及方法，追求结构合理功能协调，促进系统内的互利共生与良性循环，管理包括硬件系统如各类监测站点及有关职能部门，对景观变化的管理监督控制体系等，软件系统如管理法规处罚办法等。

（3）景观生态学的微观设计

旅游区的主要功能是为人们提供旅游活动，同时为生物提供栖息地和基因库。规划结合生态因素，可以使这两功能均得以实现。影响旅游区景观美感及舒适的因素很多，在规划中可重点考虑地质地貌、生物、水文、气候等生态因素。

由于地质地形形成旅游区的骨架，在规划时重点工作：调查地质断层、断裂带及地貌滑坡等灾害，分析建设项目的可行性及防护工程必要性等；保护有特殊意义的地质地形，形成具有科学意义的旅游资源；规划中的建筑道路尽量依山就势，不搞大型的破坏性工程，总的思路是预防、保护和保持原有地形。

结合生物规划，创造良好多样的植被景观，研究地带性植被分布，保护自然群落，经营绿色大环境，改善小气候；针对区内植被不同的水土涵养、防护、风景、经济等功能，对植物合理开发，提高风景建设的美学欣赏价值；保护珍稀植物资源，创造多样性环境，提高旅游吸引力；依托植被环境，创造野生动物栖息，活动、迁徙、保护和观赏的区域。

结合水文因素规划，保护水体和湿地，尽可能保持天然河道溪流，注意瀑、潭、泉或具漂流条件的河流段开发利用时的环境容量；利用植被——土壤系统形成的过渡带，保护渗透性土壤，从而保护地下水资源。

气候因素不是人为容易控制和改变的，规划时要充分利用气温差异和天然风等条件，因利乘势建设舒适的旅游接待设施；建筑等建设项目的布局尽量不干扰天然风向，反之以适宜的布局形成，扩大风道，降低污染，丰富立体视觉；一些特有的现象如佛光、云海和海市蜃楼等，可以作为气候旅游资源，但在未完全揭示其形成机制之前，要保持原有的自然环境状况；针对气候灾害如暴雨、霜冻等，建立应有的预防系统。

2. 空间尺度的规划原则

（1）区域旅游规划

随着旅游业对区域社会、经济、环境影响不断深入，强调环境与经济并列为规划目标的大旅游规划越来越受到重视，内容包括：旅游业服务与设施的规划，旅游吸引力的规划。其规划原则具体为：第一，旅游吸引力依赖于特殊的区位，即拥有丰富和高质量的自然与人文资源，并与附近客源市场有良好的通达性；第二，旅游规划要反映旅游是由供求两方构成的；第三，区域旅游规划的核心是整个区域中最有旅游投资和开发利益的区域。总之，区域旅游规划特别适用于制定有关旅游交通运输、市场营销、组织间合作及旅游环境和社会方面的政策。

（2）旅游区规划

旅游区的构成主要包括三个部分：一是旅游资源吸引区；二是具有足够的基础设施以支持旅游接待服务业发展的社区；三是连接客源市场区的可达性交通。因此，城镇或居民点及其周围地区就可能构成一个旅游目的地，该尺度的旅游规划主要是实体规划，即对规划区范围的土地利用进行综合规划。

（3）景点规划

旅游项目不再被强调为单独实体，而是环境整体的一部分。对一个设计的检验与接纳已不完全是设计师与委托人之间的协商问题，还要得到游客的满意和认可。

（二）景观规划的内容

旅游景观内涵丰富、形态多样，有非物质性的景观，如节庆、商业等；也有物质性的景观，即人们普遍认识的景观。本章所探讨的景观重在物质性景观，它既是旅游区形体环境的核心，更是旅游规划设计领域内日益受到重视的新课题。建立良好的旅游景观体系．是构筑旅游新形象、满足旅游新发展的重要基础。

1. 规划理念

旅游景观规划必须坚持在保护环境的基础上以人为本的指导思想，创造富有特色的并能体现旅游的区域特征、民族风情文化和时代精神的旅游环境景观，为游客提供舒适、宜人的旅游生活和休闲空间。

2. 景观构成要素

景观构成因素可以归纳为自然和人工两大类。

（1）自然要素

指旅游区一些特殊的自然条件，如山川丘陵、河湖水域等，它是构成特色的基本因素，也是景观体系规划的基础。自然要素包括以下内容：

①山体

山体是景观的组成部分和构筑景观的重要载体。山体往往成为景观的焦点和核心。

②水系

河湖水域既是旅游区的命脉，也是景观的焦点，同时又是环境的净化器。

③植被

形态各异的树木、四季交替更迭的花开叶落，不仅美化了环境，使环境生机盎然，也为环境生态系统的稳定性和多样性提供了保证。

④田野

现代都市快速的生活节奏、封闭的环境，使人们更加渴望接近自然。旅游区周边甚至楔入城市内部的田园风光都可能成为良好的自然景观资源。

（2）人工要素

旅游区内因山就水的道路、独具特色的建筑，以及其他人工设施形成了景观重要组成部分。

①建筑物

它是旅游区文化和历史的浓缩和积淀。具有时代性、民族性和地方性的建筑物，是旅游区特色的重要组成口不同地段所布置的标志性建筑、对景建筑、窗口建筑等，突出了旅游区空间特色，强化了其指向性和标志性。

②构筑物

它是景观的重要因素，有的甚至成为景观体系的核心，如观光塔、水库风景区的大坝等。

③道路广场

不仅具有交通的功能，也是形成景观特色的文化空间。经过精心设计、富有地方风格的绿化景观路、建筑景观路、民族风情景观路等特色街道和反映旅游区面貌的主题广场、特色广场，代表着旅游区风貌和文化品位。

④园林

它融入了众多的自然植被、自然山水，是与自然最接近的人工景观D世界各城市普遍重视园林建设，尤其是旅游城市及以自然资源较差的旅游区，精心构筑更为原始、自然的园林，成为旅游区景观的一大特色。

⑤环境小品

它是景观的点缀构件，包括雕塑、碑塔、花坛、水池、栏杆、灯柱、广告牌等。具有时代精神和地方特色、布置得当的环境小品，对美化旅游区、展示文化和陶冶情操都具有重要作用。

3.景观设计导则

景观体系规划的目标还在于引导旅游区建设和规划实施。景观设计应致力于创造充满活力和吸引力的景观；形成安全优雅而又有秩序的旅游区空间环境。它一般以设计导则的形式表现出来，包括人工要素的设计和自然要素的保护和改造两方面。

（1）人工要素设计

①建筑设计

从建筑的尺度、形式、材料、色彩等诸设计要素入手，规定共同遵守的准则，以保证建筑的彼此协调，强化旅游区总体特征。

②街道景观设计

从街道作为重要的公共活动空间的观点出发，通过规定断面、地面铺设、沿街建筑、交叉口等街道空间构成要素的设计，创造舒适宜人的街道景观。

③开放空间设计

规定旅游区点、线、面相结合的开放空间系统中不同性质开放空间的设计导则，以形成丰富多彩、民族文化气息浓郁的空间环境。

④绿化系统设计

旅游区绿化系统由公园、街头绿地、基地绿化、道路绿化及隔离带绿化组成，是景观体系中最活泼的景观组成要素。规定各空间景观的植被类型、配置要求、设施内容、景点主题等，以创造系统的绿化环境。

⑤环境小品设计

对环境小品的布置地点、形式、尺度、色彩等提出系统的设计要求，创造宜人的休闲氛围，丰富美化旅游区的景观环境。

⑥其他景观设计

城市夜景灯光设计，桥梁、涵洞等构筑物的设计，也应结合景观体系的布局要求，进行设计引导和指标控制。

（2）自然要素的保护与改造

在景观体系总体框架的指导下，对自然要素按规划需要进行不同的处理。对良好的植被、独特的山体等，要进行形象和质量方面的保护，提出保护措施。其他自然要素，应结合其在景观体系中的地位，进行适当的改造，以适应总体景观格局。

五、产品策划

（一）产品特点

旅游产品属于服务性产品，它们有不可以贮藏、不能转移、生产消费同时性、购买者必须亲身前往而无可替代的共同特点；旅游产品又与服务产品可持续城市生态景观设计研究有区别，其独有的特点是：

1. 综合性

旅游产品涉及旅游活动中的吃、住、行、游、娱、购六大要素，是有形物质设施与无形服务的综合性组合-综合性是它区别于其他物质产品和服务的重要特征。因此，旅游产品的生产经营难度大，要求更高，在规划中必须从开发产品出发，对各要素进行综合考虑、全面安排。

2. 信息性

旅游产品是抽象的、无形的，没有固定形态，只有旅游者到了目的地亲身接触，才能完成购买过程。旅游者在出游之前，所得到的不同渠道的各种信息会直接诱导或压抑其决策，这说明旅游者在购买前得到的信息是十分重要的。所以，对于旅游产品的包装、商标、广告等信息策划的资金投入应高于其他产品。

3. 共同性

一地旅游资源开发形成的旅游产品，既可为区内外各企业共同利用，又可以在各地被其他企业复制。因此，旅游产品同其他产品不同，它无专利、无产权、无商标。在规划和经营中，应将特色产品、垄断性产品和创名牌产品的项目作为开发重点。

4. 附加值高

对各种孤立的资源和设施，只要编排、组合得好，就会形成高附加值的产品，尤其是垄断性产品。所以，旅游规划产品设计中一项重要的原则就是创新。一个从区域特色出发、冲破常规的设想，可使某个旅游区成为倍受注目的旅游热点。美国迪士尼乐园、深圳的锦绣中华和中华民俗村就是大胆想象创新的代表作。

（二）产品构成

国家及省市的旅游业要想得到稳步、健康的发展，旅游产品必须有一个合理结构，才会吸引更多的旅游者。1999年国家旅游局向世界旅游市场推出生态旅游产品，以改变中国目前旅游产品结构，提高旅游品位，增强市场的竞争力。

1. 观光生态游产品

观光是旅游者依赖于优美环境和景物进行的一种文化性美学观赏活动，它使人赏心悦目、流连忘返。观光旅游是人类萌生旅游动机的第一选择，它给予人的刺激最直观、最深刻、最容易被各层次人所接受，也是开展其他旅游项目的基础。这种旅游是长期历史形成的，并有美好的未来。

2. 度假生态游产品

休闲度假是现代人追求较多的短期旅游生活方式。它是利用海滨、湖畔、温泉、山林等高质量生态环境开展休闲度假、健身康复等旅游活动的产品。例如，黑龙江省伊春有亚洲最大的红松原始林，被称为中国最大的天然氧吧，在原始森林里，游客可以漫步、漂流。随着世界经济的发展，城市化和工业化的速度加快，休闲度假已成为大众的需求，也是提高社会生产力的一种重要手段，再加上该产品主要是吸引海内外停留时间较长、消费水平较高的旅游者，因此能充分发挥旅游设施的综合作用，提高经济效益，已成为各国、各地区积极重点开发的旅游产品。

3. 特种旅游产品

特种旅游产品在中国刚刚引起重视。它是有特殊兴趣和强烈自主性的旅游者借助人力或自驾机动交通工具，在特殊的旅游目的地或路线上实现其带有参与性、探险性或竞技性的个人体验，而进行的旅游活动及其产品的总称。其主要内容有探险、科学考察和体育竞赛等项目。特种旅游产品的开发主要在偏远山区、沙漠、戈壁、海岛、大江大河和远海区，其市场面虽窄，但具有产品功能、宣传功能、经济功能和引导功能。产品功能即它填补了中国旅游产品的空白，满足了有特殊偏好的旅游者的需求，丰富和完善了中国旅游产品的内容和结构，增强了中国旅游产品在旅游市场上的竞争力和吸引力；宣传功能即一部分特殊旅游活动具有艰巨性、风险性、刺激性，常引起公众和社会名流、新闻媒介的关注，成为新闻的热点，产生轰动效应；经济功能即特种旅游有较高的经济附加值，垄断程度高；引导功能即此产品有示范性，有利于带动其他产品的开发和升级换代。因此，有条件的地区，在规划时要对特种旅游产品给予关注，充分发挥"特"的作用。

（三）产品设计

依据旅游区的自身特点和合理功能结构，设计旅游产品要求：

1. 从区域资源优势出发，设计出有地方和民族特色的产品系列，优化旅游产品结构。

2. 发挥创造性，设计出新奇产品。旅游产品设计是科学、艺术、经济、环保四位一体的创造。因此，设计要从地区文脉的发展和资源特色出发，提出科学设想，在"异"字上下功夫；设计师要有艺术家的想象力，大胆创造，使产品由无名到有名，从投入-产出角度出发，考虑建成实体后在市场上能否有吸引力和竞争力、能否有经济效益。这是建筑在知识、信息和环保基础上的设计，是现代知识经济在旅游规划中的典型表现。

3. 在设计产品系列中要突出拳头产品，发挥主导和带动作用；本着"你无我有，你有我优，你优我新，你新我奇"的原则筛选具有垄断性、能发展成规模的名牌产品，即"金字塔"尖上顶级产品。使其进入旅游市场后，能产生轰动效应和较强的竞争力。

4. 旅游产品的设计要把点串成线，再延伸成面，特别是中心城市在产品设计中要发挥接待基地作用和辐射作用。

总之，旅游产品设计要以观光、度假、特种旅游产品为依托，改进产品组合，更新换代，使重点旅游产品突出、系列产品多样，使旅游区形象鲜明，富有活力。

六、旅游组织

旅游规划中设计出的旅游产品，还必须通过旅游组织来实现。而旅游线路的设计与销售直接关系到旅游点、旅游设施等的利用程度和旅游业的兴衰。

（一）旅游线路概念

所谓旅游线路，是指专为旅游者设计、能提供各种旅游活动的旅游游览路线。它按旅游者的需求，通过一定的交通线和交通工具与方式，将若干个旅游城市、旅游点或旅游活动项目合理地贯穿和组织起来，形成一个完整的旅游运行网络和产品的组合。

旅游线路与游览线的区别：

第一，旅游线路涉及面广，通常指一个较大的空间范围内各种旅游点、旅游项目与旅游交通路线的空间组合；游览线涉及面小，指在一个旅游区内串联各景区、景点的观览线；

第二，旅游线路与游览线都有"旅"与"游"的功能，但侧重点不同，旅游线路侧重"旅"，游览路线侧重"游"。前者在"旅"的过程中强调旅游交通的合理安排，后者则是在"游"的过程中强化"旅"的乐趣与观感，并且"旅"的过程很薄弱。

旅游线路与交通路线也有区别：

旅游交通是旅游线路组织的生命线，旅游线路需要一定的交通路线和交通工具与方式作依托。交通路线只涉及旅游活动"行"的部门；旅游线路则涉及旅游活动中的"吃、住、行、游、购、娱"六大部分，还需要各部门密切配合，合理安排旅游日程。

（二）旅游线路的分类

1. 按空间范围分类

一般分为洲际旅游线路、洲内旅游线路、跨国旅游线路、国内旅游线路和区内旅游线路等。大尺度的旅游线路多选择著名的、最有价值的风景区和旅游城市。为迎合游客出游的"最大效益原则"，旅游规划者在旅游线路的安排上基本不走"回头路"。小尺度的旅游线路多呈节点状，旅游者选择中心城市为节点，向四周旅游点作往返性短途旅游。

2. 按性质和内容分类

一般分为观光游览型，休闲度假型，会议、商务、探险等专题型、综合型等。

（1）观光型旅游线路。一般串联多个旅游点，可满足游人观览、猎奇的需要。由于游客重复利用同一线路的可能性较小，因而旅游路线成本较高；

（2）休闲度假型旅游线路。多用于满足游客休息、度假的需要，旅游线路串联的旅游点少（只有1～2个），而游客停留时间长，旅游线路重复利用的可能性高，旅游线路的设计要简单、经济得多；

（3）专题型旅游线路。多围绕一个主题，串联多个内容相似的旅游点，以满足旅游者深层次、单项旅游的需求。该旅游线路针对性强，虽客流有限，但主题设计可多样化，因而旅游市场前景较好。

（4）综合型旅游线路。是根据游客需要，把不同性质的旅游点或城市串联在一起，巧妙配合。

3. 按交通工具分类

旅游线路按使用的主要交通工具可分为航海、航空、内河大湖、铁路、汽车、摩托车、自行车、徒步及混合型旅游线路。

4. 按旅游过程分类

旅游线路按旅游过程可分为全包价旅游线路、小包价旅游线路。

（三）旅游线路的设计

生态旅游区的交通规划主要是旅游线路的规划设计，目前科技发达、交通载体和交通方式日益多样化，交通规划必须形成为实现旅游功能而有机联系的交通系统。旅游产品销售最终都要落实到具体的旅游路线。郭来喜认为，在当今买方市场条件下，旅游路线规划设计主要针对两方面情况：一是区域旅游路线规划，连接依托中心与旅游景区（点）；二年旅游区内部的路线，即游览线的组织，一般以环形路线为最佳模式。

旅游线路可由开发者、经营者根据旅游者个人意愿确定，也可以根据旅游市场需求开发，还可以在大量旅游者自由选择、有一定客流规模后再由旅游开发者、经营者加以完善。旅游线路的组织与设计是旅游规划的重要内容，直接关系到旅游规划地区宣传重点及旅游产品能否实现。旅游线路的组织与设计应该侧重于以下几个方面：

1. 主题突出

为了使旅游线路具有较大的吸引力，在路线设计时，应把性质或形式有内在联系的旅游点有机地串联起来，形成一条主题鲜明、富有特色的旅游线路，并在旅游交通、食宿、服务、购物、娱乐等方面加以烘托。不同类型的旅游路线，应设计不同的主题，体现出各具特色的吸引力。如果是一条观光旅游线，则应尽量安排丰富多彩的游览节目，在有限的时间内让游客更多地参观和领略该国、该地区代表性的风景名胜和社会民俗风情。

2. 层次丰富

规划者应充分利用规划地区或周围的旅游点，设计出沿线景点多变的多层次旅游路线，以最大限度地满足旅客的需求，并可根据旅游市场的变化，机动灵活地推出不同的旅游线路。小范围的旅游规划也可充分利用规划地区范围内及周围旅游点，组成各具特色的旅游线路，以适应市场需要。

3. 秩序井然

在旅游线路设计时，要预先筹划线路的顺序与节奏点，使旅游活动做到有起有伏、有动有静、有快有慢，有游览又有参与娱乐，既要使游客的整个旅游活动始终保持在兴奋点上，又要考虑旅游者的心理和生理、精力状况应做到有张有弛。只有这样，旅游者才能获得心理、生理上的满足。旅游线路如同一部艺术作品，有序幕、发展、高潮和尾声。

4. 热冷点兼顾

在旅游规划设计和游线组织时，还必须从规划地区乃至周围地区出发，抓住旅游热点，带动温点和冷点，充分发挥区域旅游功能的优势。游客对旅游线路选择的基本出发点是以最小旅游消费和有限的旅游时间获取最大的旅游收益，旅游线路上的选点多是著名的、最有价值的旅游点，旅游设计者在旅游线路带动性的设计中应该做到：首先，选择的旅游冷点与温点要特色突出，可游性、可观性强，互补性强、可达性高，设计要利于增强主题思想；其次，应加强开发力度，提高其文化品位，使其真正地充当旅游热点的辐射点、分流点。总之，只要设计者了解旅游者心理及其变化趋势，独具慧眼，大胆创新，不断开拓新线路、新景点，可以使"冷"点通过扶植变成"热"点。

5. 线路创新

由于旅游市场具有不稳定性和可选择性，因此旅游线路的设计要随着市场的变化而不断创新和更新换代，才能使旅游点（地）具有强大的吸引力和生命力。更重要的是规划设计者要有超前意识，深厚的文化知识涵养、旺盛的创新感。

（四）旅游线路组织

旅游线路组织需精心安排全程的交通方式、工具以及它们之间的相互衔接，要求做到：

1. 安全、舒适、便利、快捷、经济、高效

这是旅游者选择旅游交通线路与工具的首要条件，也是游线组织中首先要想到的。因此，旅游规划者必须对规划地区交通的现状进行深入调查，并制定具体的线路计划，使线路合理、形式多样、衔接方便。在保证安全的同时，尽量缩短交通旅游，增加游览时间，降低旅游费用。

2. 多样化、网络化、配套化、等级化

游线组织除了解决游客旅游中"旅"的问题外，还可增加"游"的交通设计，丰富旅游内容，增添游兴。这就需要从旅游的主题思想出发，根据旅游规划地区实际情况，尽可能安排一些丰富多彩的旅游交通节目，如骑马、骑骆驼、乘船、坐马车、乘索道、缆车等，并将它们有机地组织到旅游项目中，起到调节旅客情绪的重要作用。建立区域旅游交通网络是旅游规划和布局的重要问题。从规划地区看，便捷的交通线可以使规划开发者根据旅游资源的空间地域结构，把若干各具特色的风景区（点）、旅游城市连成一体，组成旅游网络体系，促进旅游线路的生产与销售，使旅游者得到满意的旅游效果和旅游经营者获得最佳效益。可以说，旅游交通网络化是实现旅游线路多层次化和多样化的前提与保证。旅游交通网络化组织要以规划地区现有水路、公路、铁路、航空等交通网和工具为基础，依据其旅游发展的规模、结构与趋势，合理布局，完善交通路网和工具，加大投入，使旅游交通配套化、高质量化及等级化。

七、容量规划

（一）环境容量特征

环境容量是表征环境自我调节功能量度和判断旅游可持续发展依据的重要概念，是衡量环境与生态旅游活动之间是否和谐统一的重要指标。环境容量有以下几个重要特征：

1. 综合性

生态旅游环境容量这一概念体系包括自然生态、社会文化生态、生态经济、生态旅游气氛等四个系列的若干环境容量指标，并组成具有时、空、功能和多组分的多维结构。

2. 反馈性

生态旅游活动行为与环境之间存在着正、负反馈作用。良好的生态旅游环境在一定程度上往往吸引生态旅游者。而一旦旅游活动过渡或其他活动导致环境质量恶化，就会降低或损害生态旅游者兴趣，导致该区域环境容量降低；若旅游者和当地居民注重保护环境质量，与环境关系和谐，则可能导致环境容量适当扩大。

3. 可变性

生态旅游环境中某一或几个要素或者整个系列发生了变化也会导致其容量发生变化，如水质发生了污染、森林遭受病虫害或火灾，则其容量会减少；相反如原来遭受破坏的植被得到恢复，引进了新的生物品种、增加了新功能生态旅游产品等，可能会导致容量略有增大等。

4. 可控性

环境容量的可变性、反馈性告诉我们，生态旅游环境容量按照一定的规律变化，人们认识并利用其规律，可以对生态旅游环境容量进行调控。

5. 有限性

环境容量概念本身就是一种限度值，往往有最大值的存在，达到这一数值即为饱和，超过这一数值即为超载。为了达到生态旅游环境系统良性循环，往往在实际运用中应用其最佳容量或者叫最适容量，以使生态旅游环境既达到最佳利用，又不受损害。

6. 可量性

生态旅游环境容量表现出为一个具有一定范围的值域，这一值域可以通过一定的手段或方法来进行把握和计算。现在所使用的方法多半是通过实地观测和调查研究来得出生态旅游环境容量的经验值。

（二）环境容量量测

生态旅游环境容量具有可量测量，其主要原因是生态旅游环境系统具有一定的稳定性，其变化于一定的阈值范围之内，它是生态旅游研究的难题之一，至今没有较完善的定量方法。

1. 指导思想

生态旅游环境容量量测涉及生态旅游的主体、客体、媒体等诸多要素多个信息群或多个信息群的组合，要解决如此广泛的复杂关系，必须要用唯物辩证法来进行指导，即宇宙间的一切事物都是发展变化，对立统一，相互依存、相互制约的。在认识生态旅游环境容量与生态旅游经济、生态环境等协调关系时，既要认识到旅游资源来源于旅游环境，是旅游经济发展的物质基础，又要认识到旅游经济发展会促进资源的开发，从而使更多的环境要素成为资源，还要认识到资源的过度开发、环境容量长期超载会造成旅游环境的恶化和资源枯竭等，从而制约旅游经济的发展，这就是生态旅游环境容量研究中的辩证思想。

2. 量测方法

借鉴目前旅游环境容量量测的一些方法，生态旅游环境容量量测方法主要有：

（1）经验量测法

通过大量的实地调查研究而得出其经验或经验公式的方法，主要有：

①自我体验法。

调查者作为一名生态旅游者，体验生态旅游所需要的最小空间，体验在不同旅游者密度情况下的感受，感受旅游者数量和活动强度对生态旅游环境的影响等；

②调查统计法。

在不同的生态旅游区域、社区、路段等，分别对不同的生态旅游者进行调查，了解其对生态旅游环境容量各方面的认知、感受与需求，并进行统计处理；

③航拍问卷法。

通过航拍了解生态旅游者人数和分布状况，同时采取问卷形式调查生态旅游者的看法，经分析得出生态旅游环境容量的经验值或相关结论。

（2）理论推测法

理论推测法往往在调查研究或经验量测的基础上，对生态旅游环境容量进行推算，以求得更合适的生态旅游环境容量，主要有单项推测法和综合推测法。

①单项推测法

对生态旅游环境容量体系中某一方面的容量进行推测。

②综合推测法

对生态旅游环境容量的各个方面做出综合推测。综合推测往往遵循最小因子限制律，即生态旅游环境容量的大小往往取决于最小的分容量，该分容量或因素决定了整个生态旅游环境容量。

值得说明的是，生态旅游环境容量的确定与量测，在理论容量推测中，很难全面地逐项定量量测，如生态旅游政治环境容量、文化环境容量等，未来随着研究的深入可能会逐渐找到定量量测方法。目前生态旅游环境容量研究要注重定性与定量方法相结合，尽量做到环境容量推测的科学性。

（三）环境容量调控

生态旅游环境容量的调控是生态旅游区实现可持续发展的重要手段之一。在生态旅游开发与管理中，实施环境容量调控主要有以下几项内容：

1. 饱和和超载的调控

生态旅游区域承受的旅游人数或活动量达到其极限容量为饱和，超过极限容量为超载。

（1）饱和和超载的类型

①短期性饱和和超载

包括周期性、偶发性饱和和超载两类。周期性饱和和超载根源于旅游的季节性，并与自然节律性有关，如北京香山的红叶季节、候鸟迁徙至该地的季节等；偶发性饱和和超载起因于生态旅游区或其附近发生了偶然性事件，在短时间内吸引了大量旅游者，如国际性博览会等。

②长期连续性饱和和超载

多发生在城市郊区的国家公园或郊野公园内，而且主要发生在一些知名度较高、生态环境较优良的场所。

③空间整体性饱和和超载

指的是该地域所有景区以及其设施所承受的旅游活动量均已超过了各自的生态旅游环境容量值。这种情况往往较少出现。

④空间局部性饱和和超载

指的是部分景区承受的旅游活动量超过了景区的生态旅游环境容量，而另外的景区并未饱和。在大多数情况下，整个旅游区承受的旅游活动量未超过旅游区的生态旅游环境容量。这种现象往往会造成"隐蔽式"的破坏。

（2）饱和和超载的影响和破坏

①对生物的影响与破坏

生态旅游环境容量饱和或超载对生态旅游区的生物影响颇大，仅仅因旅游者脚踏量急增就会导致重大压力，导致土壤压实等，这将影响植物的生长发育，也损坏了动物赖以生存的环境，造成生态系统的失调等。

②造成水体污染

水体的净化能力是有限的，假如生态旅游环境容量饱和或超载，绝大多数情况下会导致对水体的污染，有时可能是导致水体污染的间接原因，水体污染会造成难以预料的后果。漓江的水体污染就毁坏了桂林山水的形象，滇池的水体污染影响了昆明旅游业的发展即是佐证。

③导致噪声污染

生态旅游环境容量饱和或超载，使生态旅游者感觉到拥挤不堪，不能获得应有的"回归自然"的感觉气氛，造成体验质量下降。一些动物也因发生恐吓等原因不得已迁移，会造成不良的生态后果。

（3）饱和和超载的调整

①求平衡与适当分流

针对整体性或长期连续性饱和或超载，适当地采取分流措施：一是通过大众传媒，向旅游者陈述已发生的饱和和超载现象及由此带来的诸多不便与危害，使旅游者改变旅游目的地的选择决策；二是替代性开辟生新的生态旅游区，选择一个总体旅游效果近似，而在时间上、价值上更节省的生态旅游区；三是选择本身具有较高吸引力、区位适中、价格较低的邻近生态旅游区，通过强大的传媒促销吸引大量旅游者。总之，主要是靠扩大旅游供给能力和延长旅游季节如抑制旺季、促销平季和淡季来增加分流。对局部性饱和或超载的生态旅游区，一是在饱和和超载的生态旅游景点、景区入口处设置计流设施，一旦景区达到饱和，则停止进入；二是对旅游者进行空间上和时间上的划区引导；三是对一些生态敏感景区实行申请许可证制度来控制。

②休养生息与环境补给

对短期生态旅游环境饱和或超载的生态旅游区，由于在旅游旺季，生态旅游环境系统的物质、能量、信息等消耗过量，在旅游淡季时，就不能仅靠环境本身的调节能力去休养生息，而需要人工补给大量物质、能量和信息等来促使生态旅游环境尽快恢复，保持其容纳能力。

③轮流开放与分区恢复

局部性饱和或超载的生态旅游区关闭一段时间，让受损的生态旅游环境系统有一个恢复阶段，以期可持续发展。在轮流开放时，要注意开放的景区类型的搭配，不要同时将同一类型、同一功能的景区或景点全部关闭，以免影响游人游兴和影响整个旅游区的形象。

④治理环境与环境恢复

对受干扰严重的自然生态环境要靠人工干扰恢复其生态平衡；对未受污染的水体等要采取相应的措施加以治理，若造成生态旅游者与当地居民关系紧张，则要多做疏导、宣传教育工作，以使生态旅游环境保持其较佳的容量。

2. 疏载的调控

（1）疏载的含义

旅游流量过于稀疏，旅游者数量或活动强度远离生态旅游环境容量的最宜或极限值，造成生态旅游资源和生态旅游环境容量闲置，而导致资源和设施等的浪费。

（2）疏载的原因

①开发特色不突出

特色是旅游开发的灵魂和生命线，无论是国际指向性、国内指向性、区域指向性的生态旅游资源开发，其开发一定要有特色，没有特色也就无法吸引旅游者，无法达到较理想的生态旅游环境容量。

②地域开发方式单一

有的生态旅游区域虽然旅游资源质量高、吸引力大，但由于开放方式单一，产品单调，可游览、可享受的景观或可开展的旅游活动项目少，旅游通达性较差等也会导致旅游资源闲置，生态旅游环境容量疏载。

③宣传促销力度不够

不少生态旅游区资源上乘，开发已有一定程度，项目也可以，但宣传促销力度不够，不为广大民众所知，难以激发旅游者前往，造成疏载，旅游投入产出达不到预期目标。

④产品周期律的影响

旅游产品和旅游区开发上都具有其生命周期。随着时间的推移，旅游产品和旅游区都有一个初创期、成长期、成熟期、衰退期，到衰退期就会出现旅游者数量减少，造成疏载。

（3）疏载的调控

疏载虽然不会导致旅游环境的破坏，但会影响生态旅游资源价值的实现，影响其旅游经济效益，从谋求经济、资源、环境协调发展的旅游可持续发展观点出发，也可以说是一种环境问题，因为它从经济上否定了环境的价值。因而有必要重视疏载的调控。

①充分挖掘资源特色。以市场为导向，以资源为基础，开发项目为支撑，突出特色为目标，完善旅游功能，抓龙头产品，实施"名牌"战略，吸引游客。

②大力实施综合开发

世界旅游产品开发日趋多样化和综合化，因此，为实现生态旅游资源和环境的价值，应开发多种多样的生态旅游产品，增加对不同层次的游客的吸引力，扩大旅游流量。

③重视旅游宣传促销

通过各种传播媒介，尤其是结合国家旅游促销主题，以及举办各种与生态旅游有关的节庆活动等，加大旅游促销投资，灵活运用多种促销手段，使信息及时传播给广大民众，激发其旅游动机，吸引旅游者前往。

④注意产品的更新换代

一些开发较早的生态旅游区因其产品逐渐进入衰退期，对游客吸引力下降，旅游开发应不断推出新的生态旅游产品，延缓其衰退速度，重新激发旅游者的旅游动机，实现生态旅游资源和环境的深层价值。

⑤以热带冷全面发展

生态旅游开发中往往是热点、热线出现环境容量的饱和或超载，而冷点、冷线则出现疏载，要想办法吸引旅游者前往冷点、冷线，适当分流游客，实施冷热搭配，以热带冷，推动区域生态旅游环境容量相对均衡，促进生态旅游的全面发展。

第四节　生态旅游开发影响

生态旅游的发展对当地经济、社会及生态环境的影响是两方面的，即积极和消极并存。

一、经济影响

（一）积极影响

1. 促进经济发展

外地游客在当地旅游，构成了一种外来的新的经济"注入"。旅游促销和游客的流动，会提高当地的知名度，逐步产生旅游区名牌效应，从而增加了无形资产，为经济联合和吸引外地资金进入创造了条件。

2. 增加区域收入

旅游开发为区域带来比较明显的经济效益，还可带来若干间接效益。据测算，中国旅游业每收入 1 美元，可带动国内生产总值增加 3.12 美元。特别是在一些贫困地区，发展旅游业可帮助当地脱贫致富，带动区域经济发展。

3. 促进经济转型

旅游消费是一种高水平消费，要求更新换代的建设高于一般耐用消费品，这就刺激了有关行业在生产方面采取技术、新材料、设备等来配合旅游消费结构，调整区域经济产业结构，较明显的是交通、通讯、轻工、建筑、农业等直接提供消费资料的部门。另一方面，也促进旅游区向开放型经济转化，激发旅游区域经济活力，并成为区域重要的支柱产业。

4. 促进基础设施建设

旅游的发展可以促进旅游区的交通、市政等基础设施建设，如促进交通多样化、网络化、快速化和高质量。同时，交通发展也能促进旅游发展，为旅游区方便快捷地输送更多的游客。

（二）消极影响

1. 引起物价上涨

一般情况下，外来旅游者的消费能力高于当地居民。当有大量外地游客进入时，有可能引起当地物价上涨，同时随着旅游业的发展。地价也会上涨，这势必造成对当地居民生活的重大影响。

2. 影响产业结构

原先以农业为主的地区经济，由于从个人收入看从事旅游服务的工资所得高于务农收入，因此大量劳动力弃田从事旅游业，其结果是一方面旅游业的发展扩大了农副产品的要求；而另一方面却是农副业产出能力下降，形成不正常的产业结构变化。

3. 影响国民经济的稳定

作为现代旅游活动主要成分的消遣度假旅游有很强的季节性，淡季时会出现劳动力和生产资料闲置或严重的失业问题，从而直接影响当地经济和社会问题。旅游开发在当地经济定位上要慎之又慎。

二、社会影响

(一) 积极影响

1. 增加就业机会

旅游的开展为当地提供了较多直接就业机会，按国际惯例，旅游业直接就业与间接就业比例是1∶5，旅游发展吸纳了大量社会闲散人员、失业人员、下岗人员，为社会经济发展和环境保护提供了稳定的社会秩序。

2. 提高对可持续发展的认识

旅游是在全社会范围内广泛宣传可持续发展战略的一种有效方式，让人们自觉接受可持续发展理念，变被动保护旅游资源和环境为主动积极保护。

3. 提高管理水平和技能

旅游要求较高的管理技能水平，要求充分运用新的技术进行管理，使其管理技能和水平得到迅速提高，旅游是面对面的服务，质量高低关系到一地之形象。

4. 促进民族文化的发展

旅游区的开发促进了民族文化资源的挖掘、整理和保护，实现资源的价值，提高民族文化的知名度，增加了民族的自信心。

(二) 消极影响

1. 不良的示范效应

旅游者将自己的生活方法带到旅游区，无形之中会渗透和传播，对当地社会产生"示范效应"，尤其是不良的生活方式会使当地一些居民在思想和行为上发生消极变化。

2. 干扰当地居民生活

由于旅游区所在地承载力是有限的，随着外来游客的大量涌入和游客密度的增大，当地居民生活空间相对缩小，因而会干扰其正常生活，侵害当地居民利益，从而造成对立情绪。

三、生态环境影响

(一) 积极影响

1. 促进生物保护

随着生态旅游的开展，一方面可以起到对当地人们和游客进行生态环境保护意识的教育；二是为旅游区内珍稀生物的保护寻求经济支持，增加保护和管理的力度；三是通过旅游开发可帮助当地人们通过生产和服务致富。

2. 促进水体保护

洁净的水体，山清水秀的旅游区环境优于周边其他区域的水体环境。工业污染减少，实施清洁生产；农业污染得到控制，减少农药、化肥的使用量等保护措施的实施，可使当地水环境得到很大的改善。

3. 促进大气环境保护

洁净的大气本身对游客就有较强的吸引力，也是旅游区环境质量较高的一种体现。因此，旅游区及当地政府对大气环境应尽力进行保护，对大气污染进行治理。以保证当地大气环境优于周边地区。通过旅游开发，提高了当地居民保护大气环境的意识。

4. 促进地质地貌保护

地质地貌现象不仅是自然生态环境的重要组成部分，还是重要的旅游资源，开发规划建设中，严格控制一些游乐项目，减少对土地大量占用、浪费，并且防治旅游项目对土地资源的环境污染，积极保护地质地貌不受破坏。

总之，旅游开发特别是生态旅游的开发，提高了人们对自然生态环境的认识，建立积极立法，若通过法律手段管理，会更有成就。一方面保护了自然生态环境及其组成要素，使生态环境进入良性循环之中，另一方面通过旅游开发，整治了生态环境，使山更青、水更秀，逐步提高环境质量，促进生态环境的保护和改革

（二）消极影响

1. 对植物的影响

旅游开发对植物的覆盖率、生长率及种群结构等均可能有不同影响，如对植物的采集会引起物种组成成分变化，会导致植被覆盖率下降；大量垃圾会导致土壤营养状态改变；空气和光线堵塞，致使生态系统受到破坏；大量游客进入，践踏草地，使一些地面裸露、荒芜、土地板结、树木生长不良，导致抗病力下降，发生病虫害。基础设施和旅游设施建设必然占据一定空间，会破坏一些植物，割裂野生生境，各类污染地会影响一些植物的存活。

2. 对水体的污染

旅游开发会造成水体水质变化、景观退化，丧失作为旅游水体的功能，制约旅游业的发展。因此，要在规划的基础上加强管理。应注意的是：未经适当处理的生活污水不能排入水体，过多的营养物质进入水体加剧富营养化的过程；过量的杂草生长降低了水中含氧量；一些有毒的污染化合物进入水体给生物和人体造成伤害；身体接触的水上运动可能将各种水媒介传播的病毒带入水中，造成疾病传播。

3. 对大气质量的影响

主要表现在车船排放的尾气、废气和旅游服务设施排放废气等方面，如生活服务设施对大气的污染源主要是供水、供热的锅炉烟囱、煤灶排气、小吃摊排放的废气等，又如汽车尾气、垃圾、厕所等排放的异味、封闭环境中的大气污染（餐厅）对大气质量影响很大。

4. 对动物的影响

一些设施对动物生境的破坏，交通噪声、废气等使动物受到惊吓，产生紧急病变，影响其生活、生长。

5. 旅游开发对地质地貌的影响

生态旅游容量超载，导致一些地貌形态侵蚀速度加快；交通工具的使用导致某些地貌形态改变，游客某些活动行为破坏地质地貌的保护；基础设施和旅游设施建设带来危害，旅游开发还会导致水土流失加剧。

参考文献

[1] 陈琦，赵衡宇.城市住区环境景观设计教程［M］.北京：化学工业出版社，2010

[2] 苏雁成，王佳华，洪杨.生态文明视域下城市园林景观设计［J］.陶瓷，2021（12）：119-120

[3] 中科华盛文化发展中心.绿色住区——最新居住区景观设计［M］.武汉：华中科技大学出版社，2010

[4] 鲁敏，徐晓波，李东和，等.风景园林生态应用设计［M］.北京：化学工业出版社，2015

[5] 鲁敏，孙友敏，李东和.环境生态学［M］.北京：化学工业出版社，2011

[6] 赵学明，李东和.涿州人才家园居住小区景观规划设计［J］.山东建筑大学学报，2014，29（4）：374-379

[7] 杨经文.生态设计手册［M］.黄献明，译.北京：中国建筑工业出版社，2012

[8] 傅伯杰.景观生态学原理及应用（第2版）［M］.北京：科学出版社，2011

[9] 李俊清.森林生态学［M］.北京：高等教育出版社，2010

[10] 李燕.生态文明视域下园林景观设计模式分析［J］.现代园艺，2020，43（20）：83-84

[11] 张宝平.生态文明视域下园林景观设计模式——评《城市园林景观设计》［J］.江西社会科学，2019，39（08）：261

[12] 周莹.城市生态风景园林设计中植物配置规划措施分析［J］.现代园艺，2021，44（16）：74-75

[13] 梁田.城市生态园林设计要点及注意事项［J］.现代园艺，2019（18）：124-125

[14] 曹霞.城市生态园林设计中植物的配置方法［J］.同行，2016（15）：30

[15] 张雨桐，刘清.城市居住区绿地景观设计研究［J］.山西建筑，2020，46（23）：35-37

[16] 张军平.居住区绿地设计应遵循的原则［J］.现代农村科技，2020

（06）：110

[17] 王荣璟.城市园林景观中广场与道路的绿地设计研究［J］.居舍，2020
（16）：133-134

[18] 吕艺超.城市园林景观中道路与广场绿地设计探究［J］.大众文艺，2018
（04）：121-122

[19] 吴楠，吴澌灏.景观生态学视野下的城市生态公园规划设计探究［J］.中
外建筑，2020（06）：148-150

[20] 陈芳婷.景观生态学视野下的城市生态公园规划设计探究［J］.明日风尚，
2018（09）：77

[21] 肖笃宁.景观生态学（第二版）［M］.北京：科学出版社，2010

[22] 毕留举.城市公共环境设施设计|M］.长沙：湖南大学出版社，2010

[23] 袁雪，刁海涛.探究我国城市水景观的设计应用［J］.工业设计，2016
（08）：95-96

[24] 缪华芳.景观规划在旅游规划设计中的作用及影响［J］.南方农业，2021，
15（27）：58-59

[25] 王山林.景观规划设计在旅游规划中的作用［J］.海峡科技与产业，2018
（03）：103-104

[26] 汪洋，朱建佳，王建梅.冬奥会背景下旅游城市秦皇岛市的体育健身景观规
划设计［J］.河北科技师范学院学报，2020，34（03）：80-84

[27] 张海林，董雅.城市空间元素——公共环境设施设计［M］.北京：中国建
筑工业出版社，2007

[28] 安秀.公共设施与环境艺术设计［M］.北京：中国建筑工业出版社，2007

[29] 马克辛，李科.现代园林景观设计［M］.北京：高等教育出版社，2008

[30] 杨经文.生态设计手册［M］.黄献明，译.北京：中国建筑工业出版社，
2012

[31] 傅伯杰.景观生态学原理及应用（第2版）［M］.北京：科学出版社，2011

[32] 李俊清.森林生态学［M］.北京：高等教育出版社，2010

[33] 廖飞勇.风景园林生态学［M］.北京：中国林业出版社，2010